Pythonではじめる iOSプログラミング

iOS+Pythonで数値処理からGUI, ゲーム, iOS機能拡張まで

掌田津耶乃
SYODA-Tuyano

Rutles

iPhoneで、Pythonプログラミング！

「プログラミングをしてみたい」という人にとって、今、もっとも人気が高いプログラミング言語は「Python（パイソン）」でしょう。まもなくスタートする小中学校でのプログラミング教育でもPythonはかなり注目されています。

このPythonを使うためには、コンピュータが必要です。以前なら、これは別に何の問題にもなりませんでした。が、今は違います。今、「自宅に自分専用のコンピュータがある」という人は、実は少数派になりつつあります。特に25歳以下では、個人のパソコン所有率は着実に低下しており、既に50%を切っている、というデータもあります。ネットもコミュニケーション手段も情報収集もすべてスマホで行う時代、自宅にコンピュータを用意する意味を見いだせない、という人も多いことでしょう。

そんな時代に、プログラミングをするにはどうすればいいのか？

答え。「スマホでプログラミングすればいい！」

時代は常に変化します。もし、あなたの使っているスマートフォンがiPhoneなら、あなたは今すぐPythonでプログラミングをスタートできます。iPhoneには、「Pythonista3」というクールなアプリがあるのです。

Pythonista3は、iPhoneで動くPythonアプリです。Pythonの基本的な機能はもちろんですが、それ以外にも「iPhoneのための機能」が充実しており、iPhoneのさまざまな機能を使うことができます。また、2Dグラフィックに関する機能も強力で、すぐにでもリアルタイムゲームを作ることができます。

本書では、「標準モジュールを使った数理計算」「UI部品を使ったプログラム」「2Dグラフィックを使ったゲーム作成」「iOSのさまざまな機能の利用」といった事柄について説明をしています。また付録として、Pythonの基礎文法についてもまとめてあります。

「Pythonでプログラミングしたい。でも、iPhoneしかない」――そう思って諦める必要は、もうありません。今日から始めましょう。iPhoneでPythonプログラミング！

2019年9月　掌田津耶乃

C o n t e n t s

Pythonではじめる iOS プログラミング

Chapter 1

Pythonista3開発を始めよう

Pythonista3は、iPhoneでPythonを実行する強力なアプリです。
まずはアプリをインストールし、その基本的な使い方を覚えていくことにしましょう。

Chapter 1

1.1. Pythonista3を準備しよう

iPhoneでプログラミング?

iPhoneでは、あらゆるアプリが用意されています。それまでパソコンで行っていたほとんどすべてのことがiPhoneで行えるようになりました。既に、利用者の中には「パソコンは持ってない、何でも全部iPhoneでやる」という人も多いことでしょう。

便利なアプリは本当に増えました。「利用する」という点では、iPhoneに不満はないことでしょう。では、「作成する」という点ではどうでしょうか?

写真やイラストなどは、既にiPhoneでも相当に高度なものが作れるようになっていますが、iPhoneのアプリを作ることは、iPhoneではできません。

また多くのプログラミング言語も、iPhoneでは長い間使えませんでした。「プログラミング」という点では、iPhoneはあまり強くはなかったのです。

義務教育でのプログラミングが2020年からスタートしようという今、「iPhoneしかない」という環境で「プログラミングを始めてみたい」という人も増えてきていることでしょう。パソコンを持っていたとしても、「iPhoneで動くプログラムを作る」ことに興味を持つ人はきっと多いはずです。

こうしたことから、最近では「プログラミング言語アプリ」というものが登場し、次第に利用されるようになってきています。iPhoneのアプリでありながら、その中でプログラミング言語でプログラムを書いて実行できる、そういうアプリです。

iPhoneでもプログラミングしたい!

「プログラミング」と一言でいっても、さまざまな種類があります。最近のトレンドとして、「本格的なプログラミング言語より、手軽に使えるライトウェイト言語」に注目が移りつつあります。中でも、もっとも注目されているのが「Python(パイソン)」でしょう。機械学習の分野で注目を集めたPythonは、特に初心者が最初に選択する言語として重要度を増してきています。学校教育でプログラミング言語を学ぶ際も、Pythonが選ばれるケースは増えてきていることでしょう。

そうした流れを考えれば、「iPhoneでPythonを使えないの?」と思う人はきっと多いはずです。そのような人たちの間で、現在、絶大な人気を誇っているのが「Pythonista3(パイソニスタ3)」というアプリです。

Pythonista3は、名前の通り「Pythonを実行するアプリ」です。これはPython 3というバージョンに準拠しており、スクリプトを記述しその場で動かせます。「iPhoneでPythonを使ってみたい」という人にとっては、最適な一本と言えるでしょう。

Pythonista3のWebサイトは、以下のアドレスになります。

http://omz-software.com/pythonista/

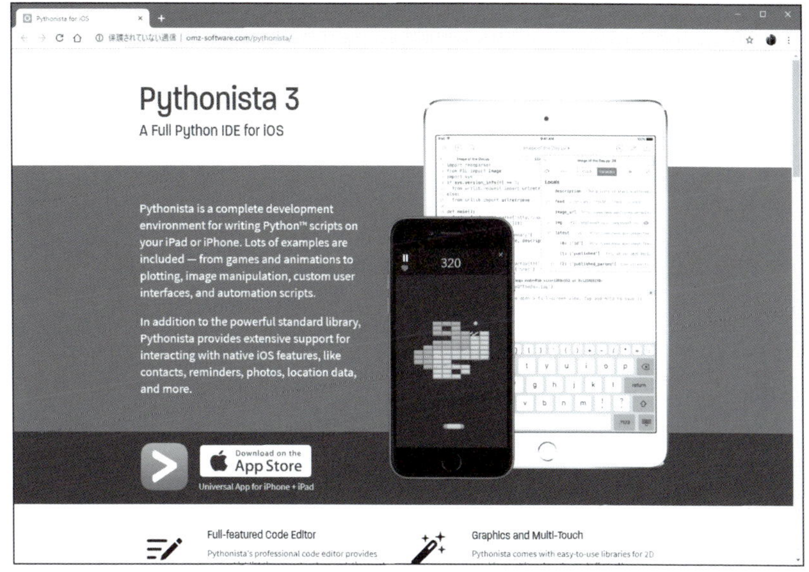

図1-1：Pythonista3のWebサイト。

Pythonista3とは?

こうしたプログラミング言語アプリは、従来の「iPhoneプログラミング」という言葉でイメージするものとはだいぶ違った世界を提供します。その特徴を簡単にまとめておきましょう。

●アプリは作れない!

何より重要なのは、「Pythonista3では、アプリは作れない」という点でしょう。多くの人がプログラミング言語に興味を持つのは、これまでは「アプリを作る」ことが目的でした。が、Pythonista3では、基本的にiPhoneアプリは作れません。

では、何をするものなのか？　それは、「その場でプログラムを書いて実行する」ものなのです。純粋に「プログラムを書いて動かす」ということのためにPythonista3は存在します。そして、実際使ってみるとわかりますが、実はそれで十分なのです。

●意外と標準機能装備

ただのアプリだから、一部の機能しか使えないサブセット版じゃないか、と思う人も多いでしょう。が、そんなことはありません。Pythonista3は、Pythonの主な機能をひと通り網羅しています。決して一部の機能だけしか使えないようなアプリではないのです。

また、numpy、sympy、matplotlibといったPythonの数値処理で広く使われているモジュールも標準で用意しています。これらを利用したプログラムもそのまま動かすことができます。

●iPhoneのUIを標準サポート

Pythonista3が他のプログラミング言語アプリに比べ高い人気を誇るのは、標準でiPhoneの基本的なUI(入力フィールドやボタン、メニューなど)をひと通りサポートしていることが大きいでしょう。つまり、App Storeで配布するようなアプリは作れませんが、アプリと同じようにiPhoneのUIを使ったプログラムを作成できるのです。違いは、ただ「App Storeで配布できるかどうか」だけです。

●ゲーム関係の機能が強力!

さらに、Pythonista3にはアクションゲームの作成で用いられるような技術が標準で用意されています。また、非常にユニークなことに、ゲームなどで利用できるグラフィックイメージや効果音なども標準で用意されているのです。これらを利用するだけで、簡単なアクションゲームがすぐに作れてしまいます。

iPhoneの「アプリ」でありながら、パソコン版のPythonとほとんど変わらない機能を持っており、しかもiPhone独自のUIやゲーム作成のための機能も充実している。「アプリなのに、やれることがものすごく幅広い」というところが、Pythonista3の魅力かもしれません。

Pythonista3を使おう

Pythonista3を利用するにはApp Storeで「Pythonista3」を検索し、購入してください。Pythonista3は有料アプリ(日本では1200円:2019年9月現在)です。Apple IDで支払いが可能になっていることを確認の上で購入を行ってください。

図1-2:Pythonista3のApp Storeページ。ここでアプリを購入する。

Pythonista3の画面

購入しインストールされたPythonista3のアプリを起動すると、「Welcome.md」というドキュメントが表示された状態で画面が現れます(図1-3)。これは、いわゆるリードミーファイルに相当するものです。Pythonista3の利用開始に関する説明などが記述されています(すべて英語です)。

この画面を見ただけでは、何をどうやって使うのかよくわからないでしょう。まだPythonを使うための画面になっていないからです。

Pythonista3では、Pythonのスクリプトを記述し実行するための方法が2通り用意されています。

●コンソールを利用する

Pythonista3には「コンソール」という画面があります。これは、Pythonの命令をその場で入力し実行する画面です。簡単なPythonの学習なら、これで十分行えます。

●スクリプトファイルを編集する

Pythonista3では、Pythonのスクリプトファイルを開いて編集する専用エディタが用意されています。ここでスクリプトを記述し、それをその場で実行することもできます。

まずは、使い方が簡単な「コンソール」によるPythonの実行を使ってみることにしましょう。そしてその後で、ファイルを作成する本格的な利用について説明していきましょう。

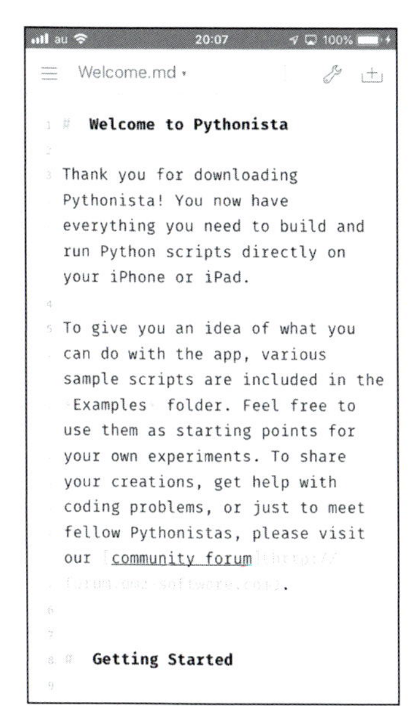

図1-3：Pythonista3の起動画面。ドキュメントが表示されるだけのシンプルなものだ。

コンソールを開こう

では、コンソールを開きましょう。これは、画面の右側に控えています。画面の右端の外側から内側に向けてゆっくりスワイプしてみてください。真っ白い表示画面がスワイプに合わせて引き出されてきます。これがコンソールの画面です。

そのまま左端までスワイプすれば、コンソールがすべて引き出され、使える状態になります（図1-4）。

このコンソールは、テキストが出力されるエリアと、入力するためのフィールドで構成されます。一番下に「>」と表示されている部分がありますが、これが入力フィールドです。ここにPythonの命令文を書いてReturn（改行）すれば、その命令文が実行されるようになっています。実行結果は、その上の空白エリアに表示されます（図1-5）。

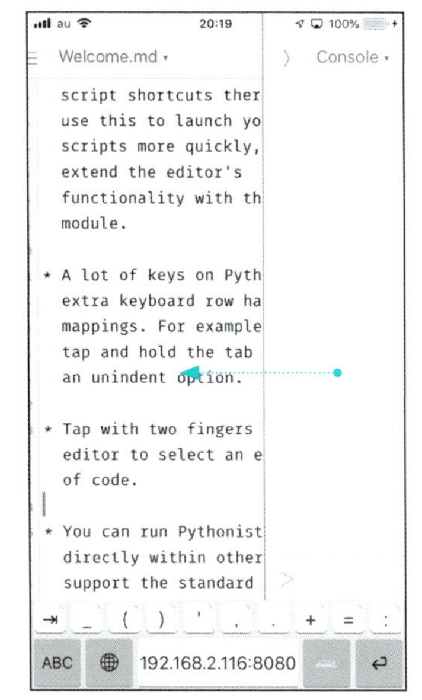

図1-4：右端からスワイプしてコンソールを引き出す。
※画面下部の数字については23ページで解説します

図1-5：コンソールでは、一番下に見える>の部分に命令を書いて実行する。

コンソールで実行してみる

では、実際にコンソールでPythonを実行してみましょう。フィールド（>の部分）に、以下のように記述してください。

```
print("Hello Python!")
```

入力し、Returnキーを押すと、入力した文が実行されます。上の空白エリアに、以下のように出力されるのがわかるでしょう。

```
>>> print("Hello Python!")
Hello Python!
```

上の>>>の部分が実行した命令文で、その下の「Hello Python!」が、実行結果として出力された値になります。こんな具合に、コンソールでは1行ずつ命令文を書いて実行していくことができるのです。

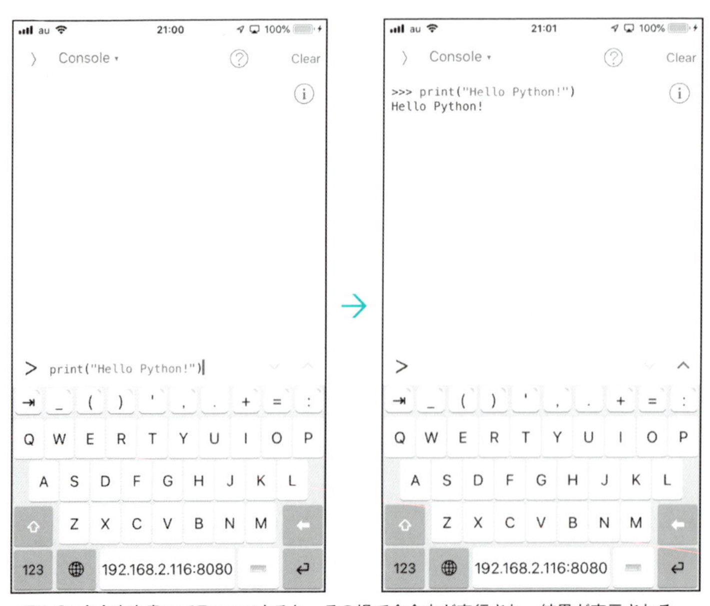

図1-6：命令文を書いてReturnすると、その場で命令文が実行され、結果が表示される。

ファイル管理について

コンソールの基本的な使い方がわかったところで、もう1つの「ファイルを作成して実行する」という方法も試してみましょう。

Pythonista3の画面の左端から右へとゆっくりスワイプしてください。すると左端から別の画面が現れます。これは、Pythonista3で扱うファイル類を管理するためのサイドバーで、メニューとして各種の項目がリスト表示されています。

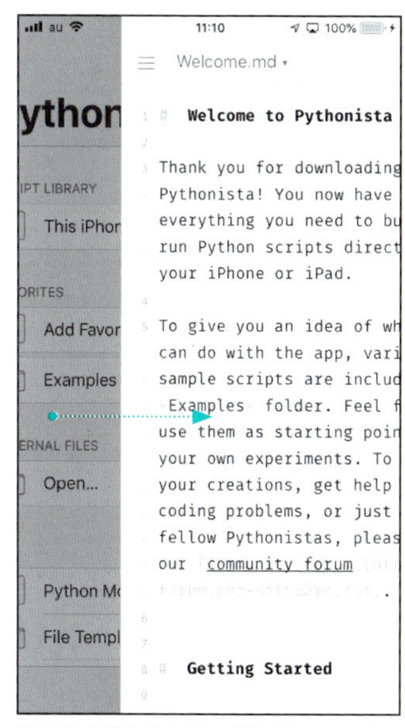

図1-7:左端からスワイプすると、ファイル管理の表示が現れる。

ファイル管理のメニュー項目

この画面はいくつかの項目がメニューとして表示されています。ここに表示されている項目の役割について簡単にまとめておきましょう。

This iPhone	このiPhoneに保存されているファイル類を表示し選択するものです。
Add Favorite...	「お気に入り」を指定するためのものです。
Examples	Pythonista3に用意されているサンプルをまとめたフォルダです。
Open...	ファイルを選択して開くためのものです。
Python Modules	Pythonのモジュール類がまとめらているフォルダです。
File Templates	テンプレートファイルとして保存されたものがまとめられたフォルダです。
Trash	ゴミ箱です。削除したファイル類がまとめてあります。

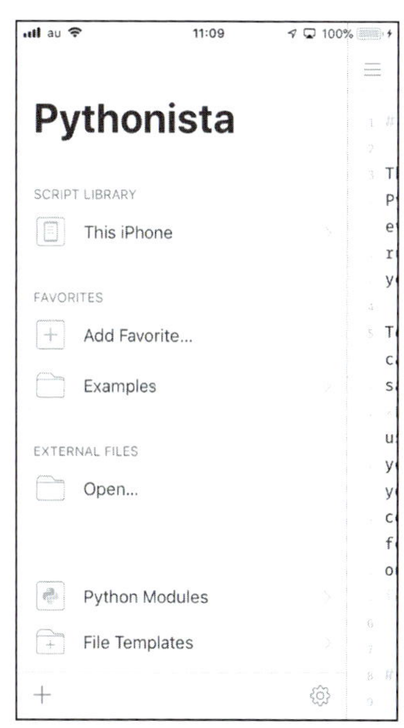

図1-8:ファイルを管理するためのメニューが表示される。

「This iPhone」を選ぶ

では、メニューから「This iPhone」をタッチして選んでみましょう。すると、「Examples」というフォルダと「Welcome.md」というファイルが表示されたリストに変わります。これは、このiPhoneに保管されているファイル類を一覧表示するものです。

ファイルを作成した場合は、ここにそのファイルが追加されることになります。そして、ここからファイルをタッチして選択することで、そのファイルを開いて編集することができます。

この他にもいくつかの項目がありますが、もっとも多用するのはこの「This iPhone」でしょう。「作成したファイルを開くときは、『This iPhone』を使う」と覚えておきましょう。

図1-9:「This iPhone」を選ぶと、このiPhoneに保存されているファイル類が表示される。

ファイルを作成しよう

では、新たにファイルを作成して使ってみましょう。これにはいくつかの方法があります。基本は、以下の2つです。

- サイドバーで、左下に見える「+」アイコンをタッチする。
- サイドバーを閉じた状態で、画面の右上に見える「+」アイコンをタッチする。

これらは、動作が少し違います。サイドバーを閉じた状態で、右上の「+」アイコンをタッチすると、新しい表示が開かれます。そこには操作のボタンが現れます。用意されているのは、以下の3つのボタンです。

New File	新しいファイルを作成します。
Open Recent...	最近、開いたファイルを再度開きます。
Documentation	Pythonista3のドキュメントを開きます。

ここから「New File」ボタンをタッチしてファイルを作成します。

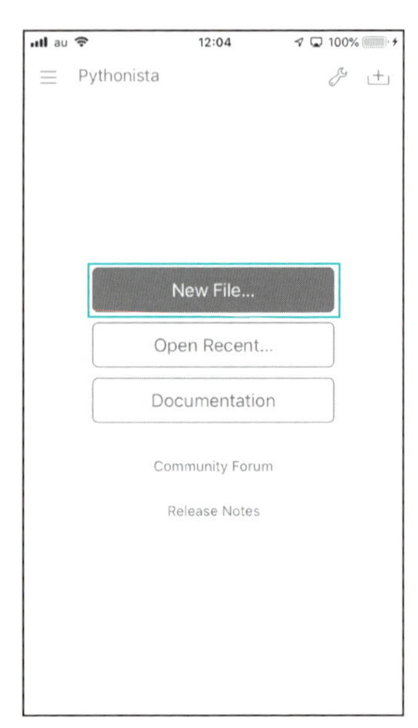

図1-10:右上の「+」アイコンをクリックすると、このような表示が現れる。

New Fileを選択

画面に、作成するファイルの種類を選択する表示が現れます。先ほど説明したもう1つのファイル作成法（サイドバーの左下の「+」アイコンをタッチする）だと、直接この画面が現れます。ここで、どのファイルを作るのかを選びます。

ここでは、以下のような項目が用意されます。

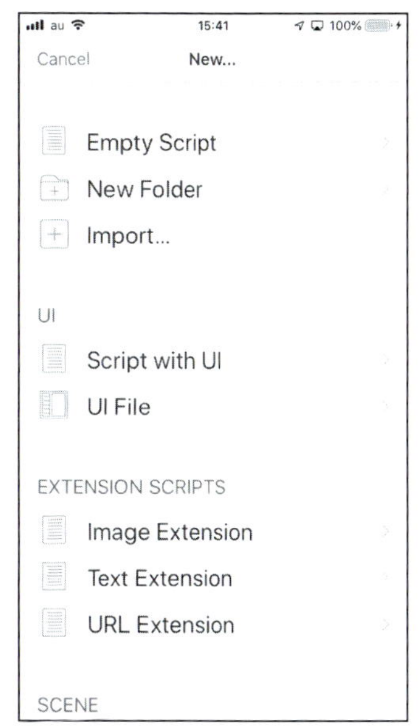

図1-11：「New File」の表示。さまざまなファイルをここから作成できる。

Empty Script	空のスクリプトファイルを作成します。Pythonのプログラミングを始めるときは、これを使うのが基本と考えていいでしょう。
New Folder	新しいフォルダを作成します。
Import...	ファイルやイメージファイルなどをインポートして使えるようにします。
「UI」部分	ユーザーインターフェイスを作成するための項目が用意されています。これは、実際にUIを利用したプログラムを作るようになったら利用します。
「EXTENSION SCRIPTS」部分	エクステンション関係のスクリプトを作成するためのものです。
「SCENE」部分	ゲームなどで使うシーンを作成します。
「TESTING」部分	テスト用のスクリプトを作成します。
「OTHER」部分	その他、テキストファイル、Markdownファイル、HTMLファイルなどを作成するためのものです。

これらの多くは、「あらかじめ基本的なスクリプトが書いてあるテンプレート」です。したがって、すべてのファイルの使い方を覚える必要はありません。「作るスクリプトの内容に応じていろいろテンプレートが揃っているみたいだ」という程度に理解しておきましょう。

スクリプトファイルを作る

では、一覧リストから一番上にある「Empty Script」をタッチしてください。これは、「何も書いてない空のスクリプト」を作るためのものです。

タッチすると、画面に保存場所とファイル名を入力するフィールドが表示されます。保存場所は、「Documents」という場所が選択された状態となっています。これは、そのままにしておきましょう。

一番上にある入力フィールドが、ファイル名を記入するところです。ここに、「sample_1.py」というファイル名を入力しましょう。そして右上の「Create」をタッチするとファイルが作成され、開かれます。

図1-12：ファイル名を「sample_1.py」と入力し、「Create」をタッチする。

ファイルが開かれる

作成したsample_1.pyが開かれ、スクリプトを編集する画面になります。これはコードエディタになっており、ここに直接スクリプトを書いていくことができます。

エディタ部分の上のところには「Welcome.md」「sample_1.py」と表示された細長いエリアが見えるでしょう。これは、エディタを切り替え表示するためのタブ部分です。Pythonista3では同時に複数のファイルを開き、タブをタッチして切り替えながら編集することができます。

図1-13：sample_1.pyの編集画面。Pythonのコードエディタになっている。

●新しい表示で開く

ここでやったように、画面右上の「＋」アイコンをタッチしてファイルを作ったり開いたりすると、それは新しい表示として開かれ、新たなタブが追加されます。既に開いているファイルなどをそのままにして新しく開きたいときは、この「＋」アイコンを使いましょう。

●現在の表示で開く

右上の「＋」アイコンを使わず、左端からスワイプしてサイドバーを開き、「This iPhone」からファイルを選ぶと、（新しい表示ではなく、現在の表示に）選択したファイルの内容を表示します。つまり、そのとき開いていたファイルを閉じて、そこに新たに開いたファイルを表示するわけですね。この違いをよく理解しておきましょう。

コードエディタについて

作成したsample_1.pyは、Pythonista3に組み込まれている専用のコードエディタで開かれ編集します。このコードエディタは、ただテキストを入力するだけのものではありません。Pythonのスクリプトを効率的に記述できるように各種の支援機能が組み込まれているのです。

●候補の表示

コードエディタで文字を入力すると、エディタの下部に、その文字で始まるキーワードや関数などの候補が表示されます。ここから入力しようと思う候補をタッチすれば、それが自動的に書き出されます。

この候補表示はリアルタイムに更新されるようになっており、1文字入力するごとに候補が変更され、最適なものが表示されます(図1-14)。

●テキストの色分け表示と自動インデント

スクリプトを入力していくと、入力した語の役割に応じてテキストの色やスタイルが自動的に変更されることに気がつくでしょう。例えば数値は青、テキスト値は赤、キーワードは赤、関数などの定義は緑のボールド……といった具合に、役割ごとに自動的にスタイルが変わるのです(図1-15)。

このため、スクリプトのスタイルを見れば、それがどういう役割を果たすものか(予約語なのか変数名なのか、など)がひと目でわかります。

また、Pythonはテキストのインデント(その文の開始位置)が文法上、非常に重要な役割を果たしていますが、Pythonista3のコードエディタでは改行時に文法を解析し、自動的に新しい行のインデント位置を調整してくれます。

図1-14:テキストをタイプすると、その文字で始まる候補が下に表示される。

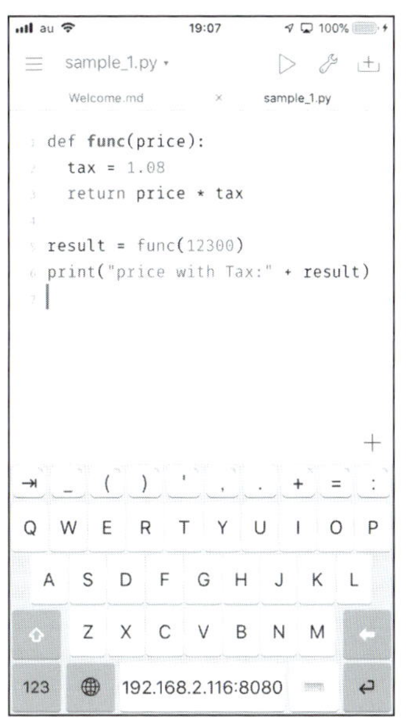

図1-15:スクリプトを記述すると、役割に応じて自動的に色分け表示される。

この他にも、エディタの左側に行番号を表示したり、テキストを長押ししてポップアップ表示されるメニューにインデントやブレークポイント（デバッグの設定をするもの）の項目が用意されているなど、iPhoneのエディタとしてはかなり強力なものであることがわかるでしょう。

スクリプトを書いて実行する

では、実際にPythonのスクリプトを書いて実行してみましょう。開いているコードエディタに以下の文を記述してください。ごく単純なものですが、これはテキストを表示するスクリプトです。

```
print("Welcome to Python!")
```

記述したら、スクリプトを実行しましょう。上部右側に▷アイコンが見えます（右端から3つ目のものです）。これがスクリプトの実行ボタンです。これをタッチしてください。表示がコンソールに切り替わり、「Welcome to Python!」とテキストが表示されます。これが実行したスクリプトによって表示されたものです。

こんな具合に、コードエディタでスクリプトを記述し、実行のアイコンをタッチして動かす、というようにしてPythonista3ではスクリプトを実行します（図1-16）。

実行したら、再びエディタ画面に戻しましょう。開かれたコンソール画面の左端からゆっくりスワイプすると、コードエディタの画面が現れます。そのまま右端までスワイプすれば、コードエディタに戻ることができます（図1-17）。

これで、スクリプトを書いて実行することまでひと通りできるようになりました！

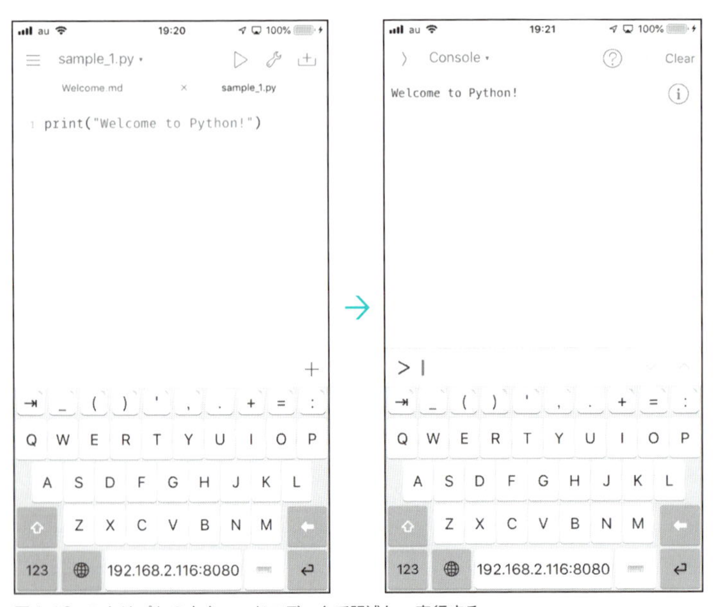

図1-16：スクリプトの文をコードエディタで記述し、実行する。

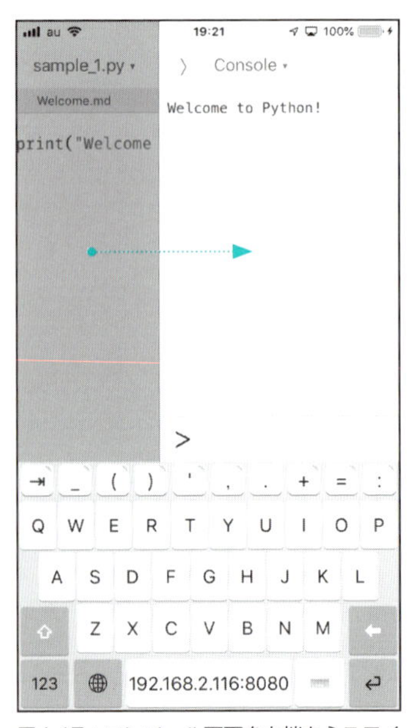

図1-17：コンソール画面を左端からスワイプすると、コードエディタの画面に戻すことができる。

Wifi Keyboardについて

基本的な操作はこれでだいたいわかりました。Pythonの学習に入る前に、開発を支援してくれるアプリを1つ紹介しておきましょう。

実際にPythonista3でプログラミングを行うと、やはりネックとなるのが「キー入力」です。よほどiPhoneでの入力になれた人ならば別ですが、長いスクリプトをiPhoneのキーボードで入力していくのは、確かにストレスを感じるでしょう。

もし、自宅にパソコンがあってWifi環境が整っているなら、パソコンでiPhoneにテキスト入力を行うことができます。

これは、「Wifi Keyboard」というアプリを使います。「Webサーバー型キーボード」と言えるものです。このアプリは無料ですが、フル機能を使うためには内部課金で料金を支払う必要があります。

図1-18：Wifi Keyboardのアプリページ。

キーボードに設定する

このWifi Keyboardは普通のキーボードと同様に、iPhoneのキーボードとしてWifi Keyboardを選ぶことができます。キーボードのグローバルアイコン（地球儀のようなアイコン）を長押しするとキーボードを選ぶ表示がポップアップで現れるので、そこからWifi Keyboardを選びます。

図1-19：キーボードの一覧からWifi Keyboardを選ぶ。

PCからアクセスする

Wifi Keyboardで入力可能な状態になると、キーの中央に「192.168.xxx.xxx:8080」(xxxは任意の数字)といった表示が現れます。これは、Wifi Keyboardのサーバーのアドレスです。

同じWifi内で接続しているパソコンでWebブラウザを起動し、Wifi Keyboardに表示されたアドレスをアドレスバーに直接記入してアクセスをしてみましょう。ブラウザに、テキストを入力するためのエリアが表示されます。これが、Wifi Keyboardの入力画面です。

この画面で、パソコンからテキストを入力すると、それがリアルタイムにiPhoneに送られ入力されます。実際に試してみると、パソコンのキーボードでストレスなくiPhoneに入力できることがわかるでしょう。

「iPhoneで長時間入力するのはちょっと……」という人は、一度試してみてください。

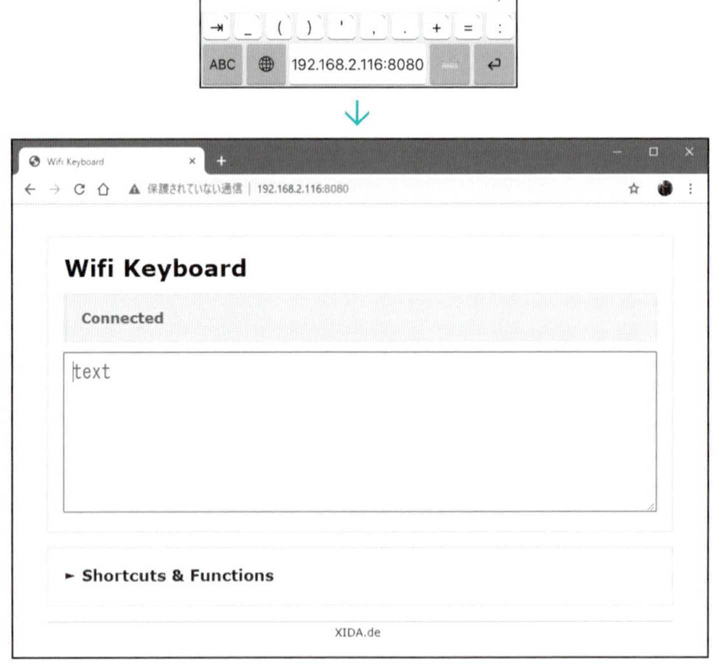

図1-20：Wifi Keyboardに表示されるアドレスにPCのWebブラウザからアクセスすると、Wifi Keyboardへの入力画面が現れる。

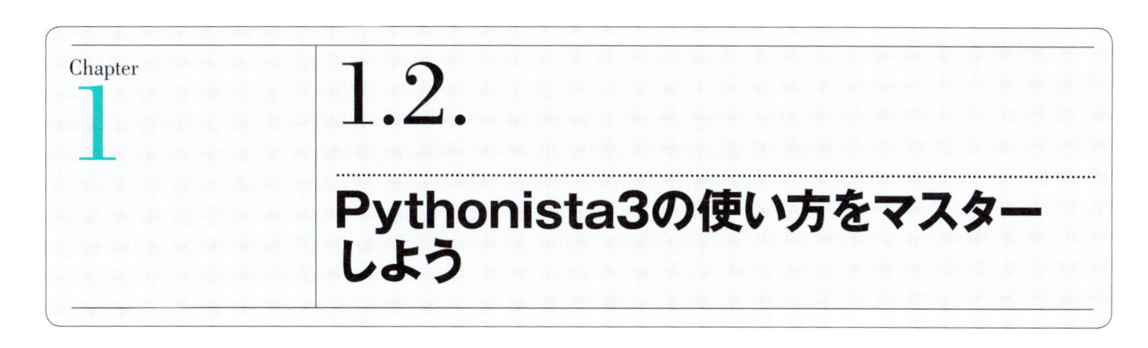

Chapter 1 1.2. Pythonista3の使い方をマスターしよう

Pythonista3の設定を行おう

Pythonista3には、エディタやコンソールに関する各種の設定が用意されています。これは、画面の左端からスワイプして現れるファイル管理のサイドバーから呼び出します。この画面の一番下を見ると、そこに歯車のアイコンが見えるでしょう。これが設定画面を呼び出すアイコンです。

図1-21：下部に見える歯車アイコンが、設定を行うためのものだ。

設定の一覧リスト

アイコンをタッチすると、画面に設定項目をリスト表示する画面が現れます。ここにPythonista3の設定がまとめられているのです。この中から項目をタッチして選択すると、その設定内容が表示されるようになっています。

では、順に説明していきましょう。まずは一番上の「GENERAL」にあるものからです。

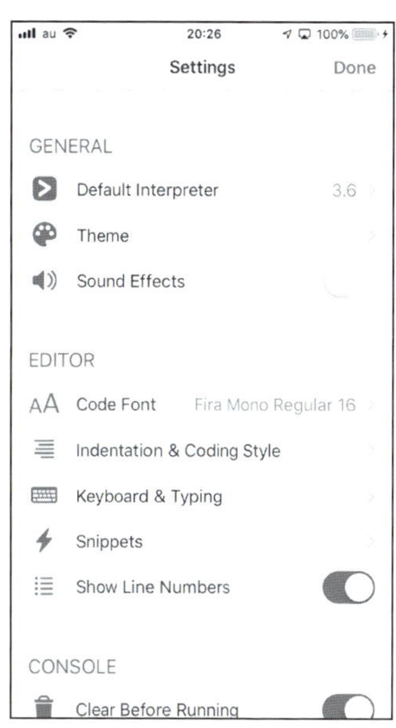

図1-22：Pythonista3の設定画面。ここに各種の設定項目がリストとして表示される。

Default Interpreter

これは、使用するPythonインタープリタを選択するためのものです。この項目をタッチすると、「Python 2.7」「Python 3.6」という項目が表示されます。これで、Pythonista3で使用するPythonのインタープリタを選択できます。

本書では、Python 3.6をベースにして説明を行いますので、こちらを選択しておくようにしてください。

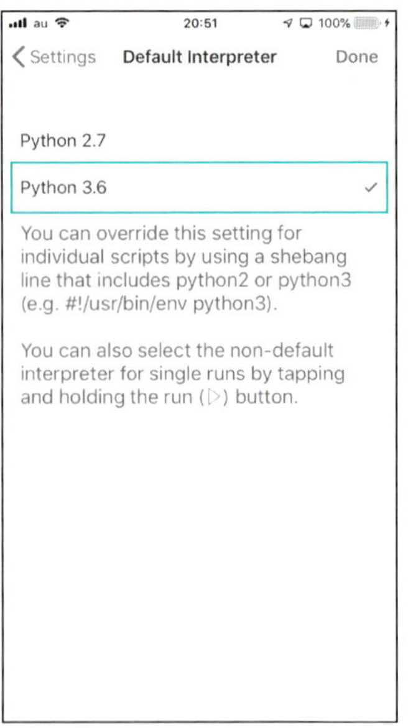

図1-23：Default Interpreterの設定では「Python 3.6」を選んでおく。

Theme

テーマを選択します。Pythonista3には標準で10種類のテーマが用意されています。ここからテーマを選択すると、Pythonista3の表示色が変わります。好みのテーマを選んで使いましょう(図1-24)。

Sound Effects

サウンドエフェクトの設定。これをONにすると、Pythonista3が用意する入力用のキーをタッチするとタッチ音が鳴ります。OFFにするとタッチしても無音です。

図1-25：Sound Effectsのスイッチ。ONにするとキーを押すとタッチ音が鳴る。

EDITORの設定について

「EDITOR」に用意されているのは、コードエディタの表示や動作に関する機能類です。おそらくは、この部分が一番必要となる設定でしょう。特に「Code Font」や「Show Line Numbers」は必ず設定を確認しておくようにしましょう。

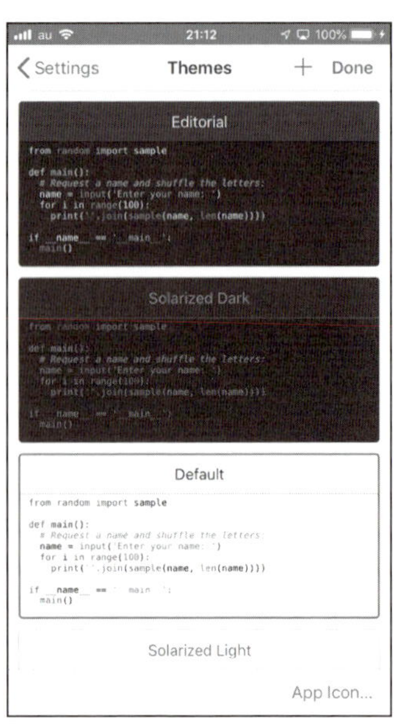

図1-24：Themeの選択画面。全部で10種類のテーマが用意されている。

Code Font

表示されるコードのフォントに関する設定です。これをタッチすると、表示されるコード（スクリプト）の表示サイズと使用するフォントを設定するための画面が現れます。

デフォルトでは文字もかなり小さめですので、筆者はフォントサイズを大きくして使っています。見やすい状態にカスタマイズして使いましょう。

図1-26：コードのフォントサイズと表示フォントを選択する。

Indentation & Coding Style

インデントとコードスタイル（コードの書き方）に関する設定を行うためのものです。ここにはいくつもの設定項目が用意されています。

項目は多いのですが、基本的に初期設定のままで困ることはありません。

Soft Tabs	タブ送りにtabキーによる制御文字ではなく半角スペースを用います。Pythonでは、ソフトタブを使うのが一般的でしょう。
Tab Width	ソフトタブをONにした際、1つのタブを半角スペースいくつで表すかを指定します。デフォルトでは2つになっています。
Show Mixed Indentation	ソフトタブとタブの制御文字によるインデントが混在した状態を表示するためのものです。
Enabled Warnings	警告機能をON/OFFします。これをタッチすると、Pythonista3のコードエディタに用意されている警告機能の一覧リストが表示されます。ここで、個々の警告についてON/OFFすることができます。非常に数が多く、また警告をOFFにすると問題あるコードをかく原因となるので、特別な理由がない限り変更しないほうがいいでしょう。
Reset to Defaults...	設定を初期状態にリセットします。
Line Length Warning	長すぎる行をハイライトして警告する機能をON/OFFします。

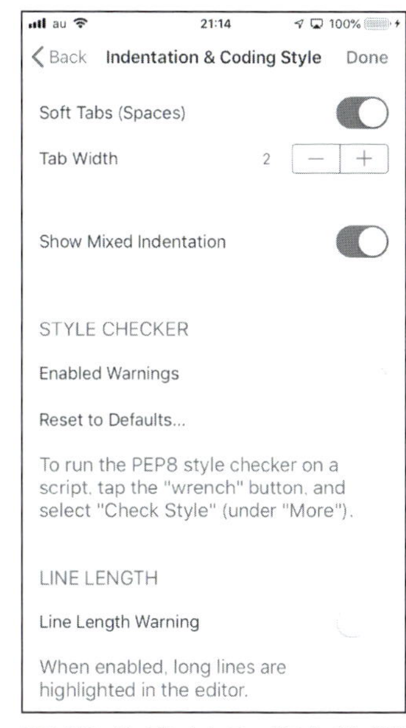

図1-27：インデントとコードスタイルの設定。項目は多いが基本、デフォルトのままでいい。

Keyboard & Typing

キータイプに関する設定です。これをタッチすると、設定項目のリストが表示されます。が、現在のバージョンでは「Automatic Character Pairs」という項目が1つ用意されているだけです。これは、カッコやクォートをタイプしたときに、それを閉じる記号も自動的に挿入する機能です。

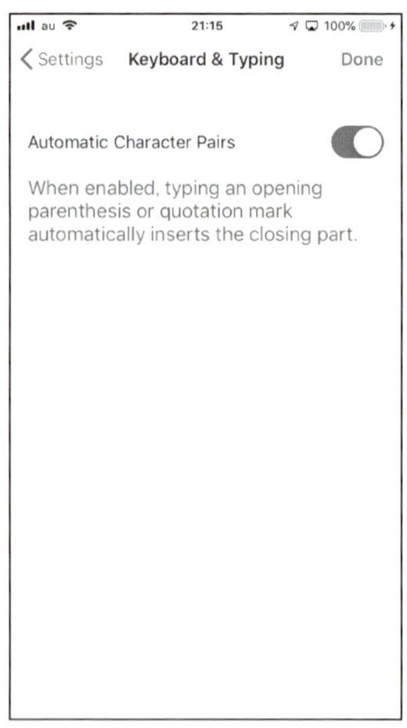

図1-28：キータイプに関する設定。現バージョンでは1つしかない。

Snippets

スニペットの設定です。スニペットというのは、汎用性の高いコードの断片のことです。Pythonista3では、よく使うスクリプトなどをスニペットとして登録しておけます。タッチすると、登録されたスニペットの一覧リストが表示されます（デフォルトでは、何もありません）。

このスニペットは、その場で作成できます。右上にある「＋」アイコンをタッチすると、スニペットを記述するコードエディタに切り替わります。ここでスニペットの名前とコードを記述すれば、スニペットが作成できます。

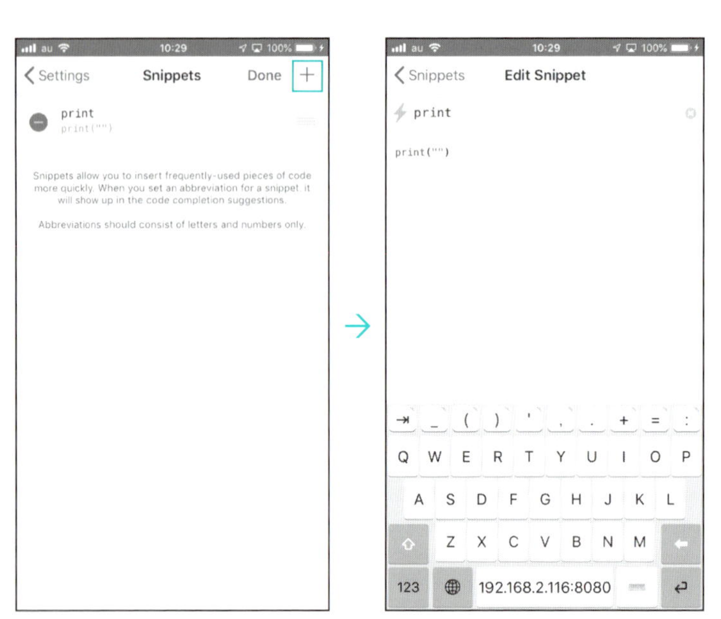

図1-29：スニペットのリスト。「＋」アイコンをタッチすると、コードエディタに切り替わり、スニペットを作成できる。

Show Line Numbers

これは、コードエディタの左端に行番号を表示する機能をON/OFFするものです。デフォルトではONになっていますが、OFFにすることもできます。行番号は、スクリプトを読む上で必須といっていいものなので、特別な理由がない限りONのままにしておきましょう。

図1-30：行番号のON/OFF。通常はONにしておく。

「CONSOLE」について

「CONSOLE」には、コンソールに関する設定が用意されています。といっても、あるのは「Clear Before Running」という項目1つだけです。

これはコンソールに関する設定で、入力した文を実行する際に、コンソールの表示をクリアするためのものです。これをOFFにすると、実行結果はクリアされず、実行結果はそれまでの表示の下に追加されていきます。

図1-31：コンソール実行時にクリアするための設定。

「Today Widget」について

これは、Pythonista3に用意されている「Todayウィジェット」で実行するスクリプトを設定するものです。タッチすると、Todayウィジェットに組み込むスクリプトのリストが表示されます。「Select Script」をタッチしてスクリプトを選択することで、Todayウィジェットに組み込めます。

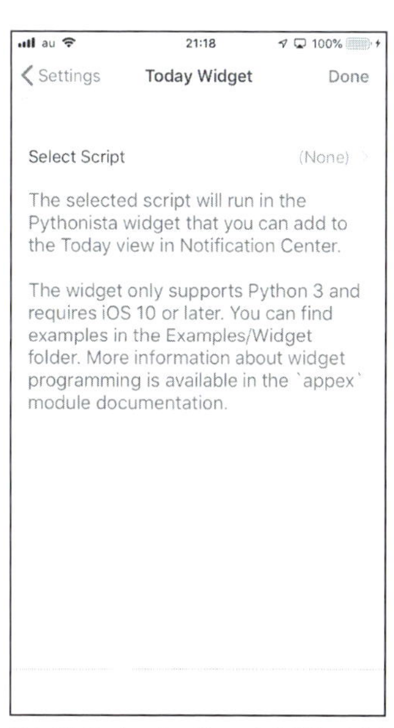

図1-32：Todayウィジェットの設定。ここでスクリプトを組み込む。

Todayウィジェットって何?

Todayウィジェットというのは、iPhoneの通知センターに表示されるウィジェットです。iPhoneのホーム画面を左端から右にスワイプすると、ニュースやマップ、カレンダーなどの情報が通知センターに表示されます。これが「Today（今日）」のウィジェットを表示するエリアです（※Todayウィジェットの作成についてはChapter 5で説明します）。

ここで「編集」ボタンをタッチしてPythonista3の項目を追加すると、Pythonista3ウィジェットが追加表示されるようになります。このウィジェットに、「Today Widget」で選んだスクリプトの表示が組み込まれるのです。

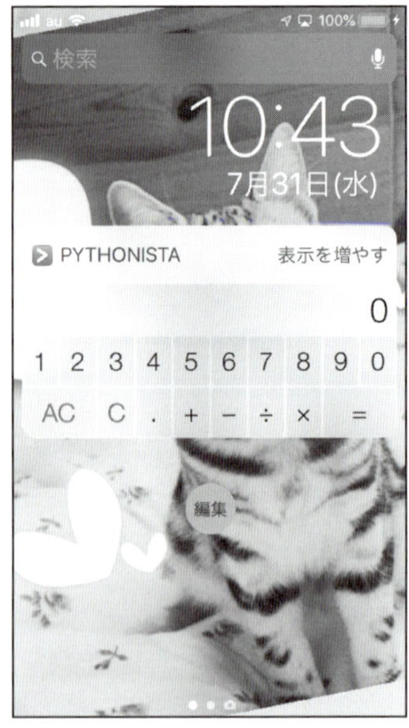

図1-33：通知センターに表示されるPythonista 3のウィジェット。これはサンプルとして用意されているCalculatorを組み込んだ例。

「Share Extensions Shortcuts」について

これは、共有シートに追加するショートカットを指定するものです。iPhoneには「共有シート」という機能があります。その共有シートに、Pythonista3のスクリプトを追加するためのものです。ここに表示されるアイコンが、共有シートで利用可能になります。「+」アイコンをタッチし、スクリプトを選択してアイコンを選ぶと、新たに機能を追加することができます。

図1-34：共有シートの設定。スクリプトをアイコンとして追加できる。

共有シートってなに?

共有シートは対応するアプリから呼び出す機能です。例えばSafariでアクションアイコンをタッチすると、共有シート（※共有シートのスクリプト作成についてはChapter 5で説明します）のリストを呼び出すことができます。

ここから「Run Pythonista Script」アイコンをタッチすると、「Share Extensions Shortcuts」に用意したショートカットアイコンが表示されます。ここでアイコンをタッチすると、そのスクリプトを実行することができます。

図1-35：共有シートから「Run Pythonista Script」アイコンをタッチすると、Share Extensions Shortcutsのアイコンが表示される。

その他の設定

その下には「SCRIPT LIBRARY」と、その他の項目がありますが、これらは実は「Pythonista3の設定」ではありません。ある意味、おまけの機能ですので、特に深く考える必要はありません。以下、簡単にまとめておきます。

Restore Examples...

これは、サンプルをリストアするためのものです。これをタッチすると、リストアするか確認するダイアログが現れます。ここで「Restore」を選ぶと、サンプルファイルがリストアされます。

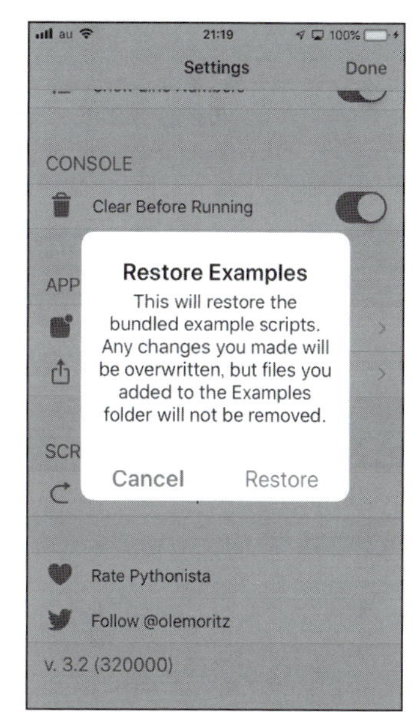

図1-36：「Restore Examples...」をタッチすると確認のダイアログが現れる。

Rate Pythonista/Follow @olemoritz

Pythonista3アプリの評価とTwitterのフォローを行うためのものです。Pythonista3の機能というわけではありません。これら評価やフォローは、行わなくてもPythonista3の利用には何ら影響は与えません。無理に評価やフォローをする必要はないですよ。

コンソールの働きを知ろう

これでPythonista3の基本的な設定はだいたいわかりました。後はもう、すぐにでも「Pythonを使ってみる」ということでOKなのですが、その前に、Python利用で使う「コンソール」について少しだけ触れておきます。これは、実際にPythonの命令文を実行した際に知っておきたい事柄なので、今すぐ理解する必要はありません。

また、ある程度、Pythonの基礎文法を知っていないと意味がわからない部分でもあります。ですから、Pythonの基本がよくわからない人は、巻末の「Python文法超入門」をひと通り読んでから、ここに戻って説明を読んだほうがわかりやすいでしょう。

コンソールでの実行

コンソールでのスクリプトの実行は、先に簡単に触れましたね。一番下に見える>の部分に文を書き、Returnするとそれが実行されました。例として、このように実行をしてみました。

```
print("Hello Python!")
```

これで「Hello Python!」とテキストが表示されました。続けてまた文を実行するとどうなるでしょうか。

```
print("OK, Python.")
```

実行すると、先に実行した結果の下にさらに続けて命令文が表示され、その実行結果が表示されます。こんな具合に実行すると、その結果が順に表示されていきます。

図1-37：2つの文を続けて実行したところ。

変数を利用する

　このコンソールは、実行により作成されたオブジェクトをアプリ終了時までメモリ内に記憶しておく、という機能を持っています。例えば、下の文を1行ずつ順に実行していってみましょう。

```
x = 100
y = 200
z = (x, y, x + y, x * y)
print(z)
```

　実行していくと、最後に (100, 200, 300, 20000) と表示されます。変数zの内容を表示しているのですね。この内容を見れば、それまで実行して値を代入した変数x, y, zがすべて記憶され、いつでも利用できるようになっていることがわかるでしょう。

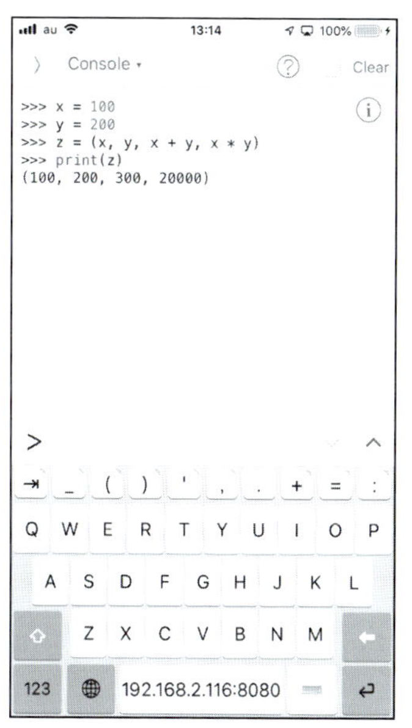

図1-38：実行すると、変数zのタプルが表示される。

Object Inspectorを使う

　では、作成された変数が記憶されていることを確認しましょう。コンソールの右上に見える「i」アイコンをタッチしてください。画面に「Object Inspector」という表示が現れます。

　これは、生成されたオブジェクトの情報を表示するものです。ここに「x」「y」「z」といった項目が表示され、それぞれの値が保管されているのが確認できるでしょう。

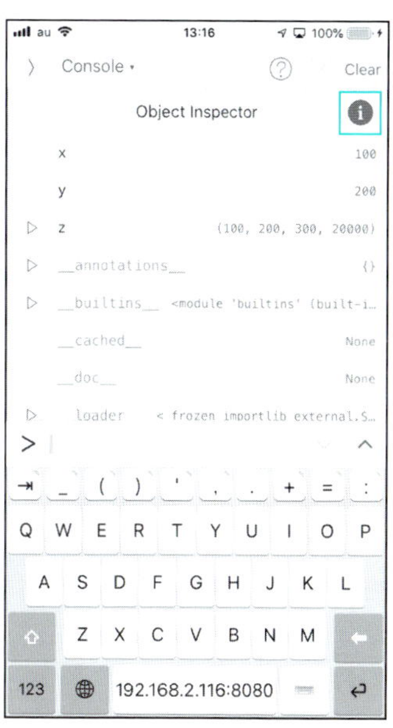

図1-39：Object Inspectorの画面。作成した変数が記憶されているのがわかる。

ここで、表示されている変数「z」をタッチしてみてください。すると画面にパネルが現れ、以下のように表示がされます。

```
<type: tuple>
(100, 200, 300, 20000)
```

これは、変数zの内容を表示したものです。ここでは単純な値だけしか用意していませんが、もっと複雑なオブジェクトになれば、その内容をこうして表示して確認できるわけです。

図1-40：変数zの内容を確認する。

履歴をチェックする

実行した文は、履歴として記憶されています。Object Inspectorの画面で、下の>部分を見ると、右端に「V」「Λ」といった表示が見えます。これは、実行した文の履歴を順に表示するものです。

「Λ」をタッチすると、直前に実行した「print(z)」がフィールドに表示されます。さらに「Λ」をタッチしていけば、実行した文をどんどん遡っていけます。また、文が表示された状態でReturnすれば、その文を再実行できます。

このObject Inspectorは、右上の「i」アイコンを再度タッチすれば消え、元のコンソール表示に戻ることができます。

図1-41：入力フィールド右端のアイコンをタッチして履歴を遡る。

コンソールの入力支援機能

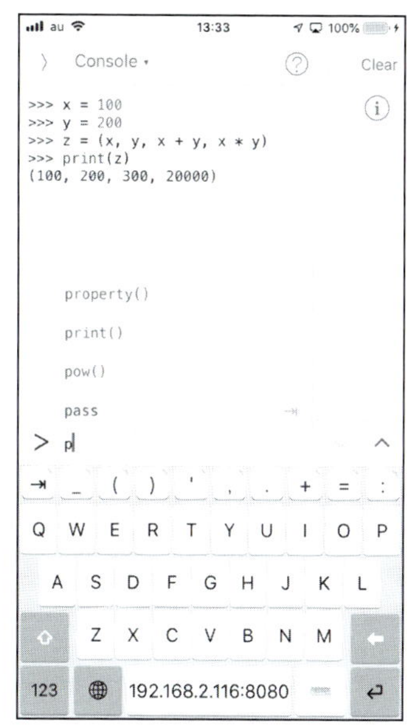

図1-42：「p」とタイプすると、pで始まるものがポップアップ表示される。

再びコンソールに戻って、入力フィールドに「p」をタイプしてみてください。すると、その上に「property()」「print()」「pow()」「pass」といった項目がリスト表示されます。これは、「pで始まるもので現在、利用可能なもの」のリストです。ここから項目をタッチすれば、その文が自動的に入力されます。

これがコンソールの入力支援機能です。コンソールでは入力中、リアルタイムに「利用可能なもの」がポップアップリストとして表示されます。これを利用することで、英語のつづりなどを間違えることなく入力できます。ユーザーは、実行したい文の最初の1文字か2文字をタイプするだけでいいのです。後は候補から選択するだけです。

実行インタープリタの変更

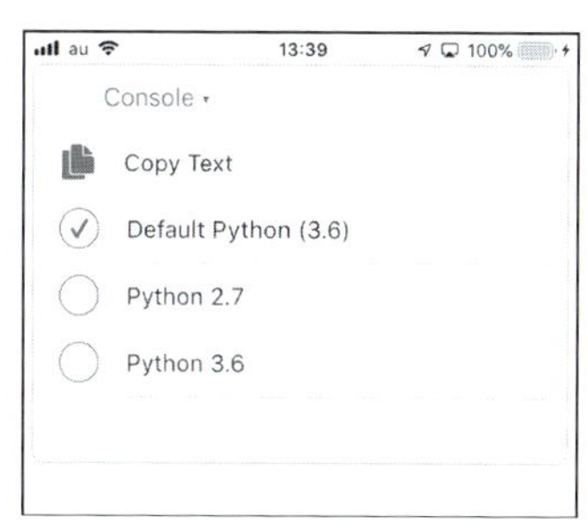

図1-43：「Console」をタッチすると、インタープリタを選択するリストが現れる。

コンソールで文を実行しているのは、設定画面の「Default Interpreter」で選んだPythonインタープリタです。このインタープリタは、その場で変更することもできます。

コンソールの丈夫に見える「Console」という表示をタッチしてください。リストがプルダウンして現れ、そこに使用中のPythonインタープリタに関する項目が表示されます。通常は「Default Python」が選択されています。これは、Default Interpreterで選んだものが使われていることを示します。

その下にある「Python 2.7」「Python 3.6」といった項目をタッチすれば、その場でインタープリタを変更することができます。

C O L U M N

インタープリタを変更するとオブジェクトは消える！

インタープリタの変更は、スクリプトを実行しているエンジン部分が切り替わることを意味します。これは、新しいインタープリタによりPython環境が初期化されリスタートすることを示します。

したがって、メモリ内に保管されていたオブジェクトなどは、エンジンが初期化されるためすべて消えて初期状態に戻ってしまいます。これは、インタープリタ切り替えの副作用として頭に入れておきましょう。

構文の入力は?

単純な文をコンソールで実行するのは、このように非常に単純です。では、もう少し複雑な文を実行させる場合はどうでしょうか。このような文を実行してみましょう。

```
for i in range(10):
  print(i)
```

最初の「for i in range(10):」を実行し、Returnしても、文は実行されません。そのまま改行され、インデントして次の行を入力するようになります。そのまま「print(i)」を入力すれば、2行の文が入力フィールドに記入できます。

これは、実行には注意が必要です。そのままReturnしても、記入した文は実行されず、さらに改行され次の行が入力できるようになるだけです。

これは、インデントが原因です。改行すると自動的にインデントされ、冒頭に半角スペースが挿入されるようになっていますね。そのままReturnすると、「まだ文が続いている」と判断され、実行されないのです。

冒頭の半角スペースをすべて削除してからReturnしてみましょう。すると、記述した2行の文が実行され、0～9の数字が書き出されます。

こんな具合に、複数行に渡る構文を使ったスクリプトもコンソールで実行できます。

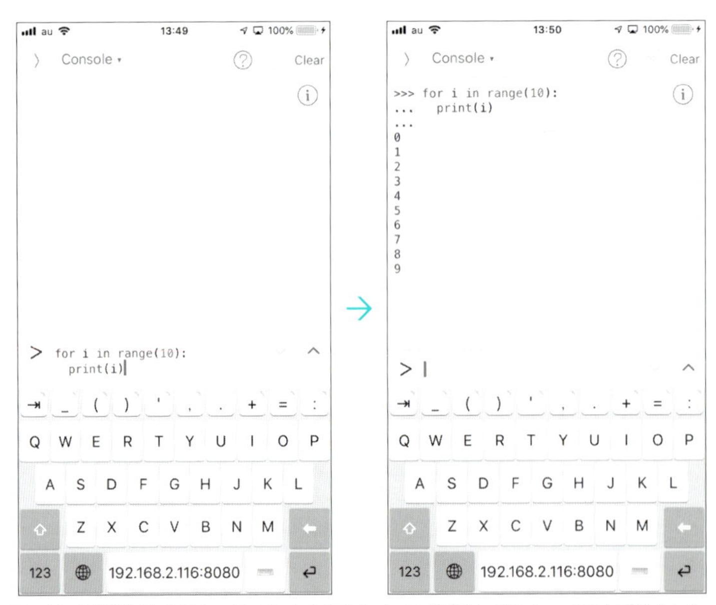

図1-44：複数行に渡る文は、インデントの半角スペースを削除してReturnすると実行される。

Pythonista3で何をする?

実際にコンソールを使ってPythonの文を実行してみれば、Pythonista3でのPython実行がどんな感じになるかよくわかるでしょう。

これでPythonista3の基本的な使い方はだいたいわかりました。次章から実際にPythonプログラミングをスタートします。が！「Pythonプログラミング」と一口に言っても、さまざまな用途があります。

Pythonista3にも、多くの機能が用意されています。「Pythonプログラミングをスタート」といっても、一体何から始めればいいんでしょう。というか、そもそも「Pythonista3で何ができるの？」と思う人、多いんじゃないでしょうか。

Pythonista3では、どのようなことができるんでしょうか。その主な機能を整理し、どういう内容についてどのような順番で説明していくのか、ここで簡単にまとめておきましょう。

●Pythonの基本文法（付録）

まったくPythonを使ったことがない人にとっては、Pythonの基本文法から理解していく必要があります。ただ、これは本書が目指す「Pythonista3でiOSプログラミング」以前の部分です。できれば、そのあたりはそれぞれで勉強しておいてほしいところです。

というわけで本書では、Pythonの基本文法については、巻末に「Python文法超入門」という付録を付けておく形で対応します。これで、基本的な部分についてはだいたい理解できるでしょう。もし、「もっとしっかり勉強したい」と思ったなら、別途Pythonの入門書などで学習してください。

●numpy/sympy/matplotlibの利用（Chapter 2）

Pythonはさまざまなモジュールを追加して機能拡張していけます。Pythonista3では、Pythonでもっとも広く使われるモジュールの「numpy」「sympy」「matplotlib」などが標準で組み込まれています。これら「Pythonista3に標準で組み込まれているモジュール」について、Chapter 2で説明をします。

なぜ、Pythonista3ではこれらのモジュールを標準で組み込んでいるのか。それは、これらがそれだけPythonで重要な役割を果たしているからです。「あんまり必要とは思えないな」という人もいるでしょうが、覚えれば必ず役に立つものなので、ここでしっかり学んでおきましょう。

●GUI関連の機能（Chapter 3）

Pythonista3には、iOSの基本的なUIに相当する部品が用意されています。これにより、入力フィールドやボタンなど、基本的なUIを使ったプログラムが作成できます。こうしたGUI関連についてはChapter 3で説明をします。

●グラフィックとアニメーション（Chapter 4）

Pythonista3には、リアルタイムゲームで使う「スプライト」と呼ばれる機能が標準で用意されています。これを使うことで、キャラクタを自由に動かすアクションゲームが簡単に作れます。そのためのグラフィックやアニメーション関連の機能などについて、Chapter 4でまとめて説明します。

●iPhoneの機能（Chapter 5）

Pythonista3には、iPhoneに用意されている機能を利用するためのライブラリ類が標準で用意されています。例えばセンサーやカメラ、フォトライブラリなど、iPhone固有の機能をPythonista3のスクリプトから利用できるのです。こうしたiPhone独自の機能については、Chapter 5で説明をします。

「基礎から」の人は付録へ!

というわけで、Pythonについてどの程度の知識があるかによって、スタートする場所は変わってきます。

- まったくPythonを知らない、という人は、付録の「Python文法超入門」から始めてください。
- 基本的な文法ぐらいはわかる、という人は、そのままChapter 2に進んでください。
- numpyなど基本的なモジュールぐらいは使えるけれど、Pythonista3の機能が知りたいんだ、という人はChapter 3に進んでください。

それぞれのレベルに合わせて、自分に適したところからスタートをしましょう。では、Pythonプログラミング、スタート！

Chapter 2

標準モジュールをマスターしよう

Pythonista3には、numpy, sympy, matplotlibといった、
数値処理に関するモジュールが標準で用意されています。
これらの基本的な使い方についてひと通り説明しましょう。
「数値処理なんて興味ない」なんて言わず、少しだけ時間を割いてみてくださいね！

Chapter
2

2.1.
numpyを使おう

numpyって何?

Pythonista3には、Pythonで広く使われているいくつかのモジュール(各種の機能を追加するためのプログラム)が標準で用意されています。それが「numpy」「sympy」「matplotlib」といったものです。この章では、これらのモジュールの使い方について説明をしていきます。

これらは、主に数学的な演算処理で利用します。大まかにいえば、こんな感じでとらえればいいでしょう。

- numpy = 配列・行列
- sympy = 代数演算その他
- matplotlib = グラフ作成

Pythonを勉強しようと思う人のうち、けっこうな割合の人が学生であったり、数値処理や数値解析などを目的としています。そうした人にとっては、これらは必須のモジュールといってよいものです。

ただし、数値処理にまったく興味のない人にとっては、この章の説明はあまり意味がないかもしれません。そうした人は、この章を飛ばして次の章に進んでもかまいません。この章を理解していなくとも、これより先の説明は問題なく読み進められるはずです。

ただ、せっかくPythonを学ぶのですから、これらのモジュールの基本ぐらいは知っておいても損にはなりませんよ。これらは多くのPythonプログラマから絶大な支持を得ているモジュールです。そんなにも広く使われるには、それだけの理由があるはずですから。

まずは、「numpy」から説明を行いましょう。

numpyは、Pythonで科学計算を行うための機能をまとめたモジュールです。numpyは、特に多次元配列に関する機能が充実しています。もし、あなたが多量のデータを扱うような作業を行っている場合は、numpyの機能が非常に役に立つはずです。

モジュール利用とimportについて

numpyは、「モジュール」と呼ばれるプログラムです。これは、汎用的に利用できるプログラムのかたまりで、Pythonにはモジュールをスクリプトにインポートして使えるようにするための仕組みが用意されています。

numpyを利用する場合はスクリプトの冒頭で、以下のような形でimport文を用意しておきます。

```
import numpy as np
```

モジュールの機能を使うには、このように「import」というものを使ってインポートします。これは、以下のように記述をします。

▼モジュールのインポート

```
import モジュール名
import モジュール名 as エイリアス
```

numpyモジュールならば、「import numpy」と記述すればモジュール内の機能を使えるようにします。ただし、今回はその後に「as np」と追記をしておきます。

この「as ○○」というものはエイリアスと言って、モジュールを別名で使えるようにするためのものです。長いモジュール名の場合は、こんな具合にエイリアス名を指定して、もっと短い名前で使えるようにすることもあります。

ここでは、import numpy as npと書くことで、本来ならnumpyの機能を使うのに「numpy.○○」と書かなければいけないところを、「np.○○」と書けるようになります。こんな具合に、長い名前を短い別名で使えるようにしたいとき、「as」を使います。

配列を作成する

では、numpyの機能について順に機能を説明していきましょう。

numpyの基本は「配列」です。「配列」はたくさんの値をまとめて扱うためのものです。Pythonの「リスト」のことだ、と考えてください。

numpyでは、「array」という関数を使って配列を作成します。

```
変数 = np.array( リスト )
```

このarrayによる配列は、「ndarray」というクラスのインスタンスとして作成されます。このndarrayの使い方を理解するのが、numpy利用の第一歩といってよいでしょう。

配列を使ってみる

では、実際に配列を作成してみましょう。Chapter 1で、sample_1.pyというファイルを作りましたね？あのファイルをPythonista3で開いてください。

そして、ここにスクリプトを書いて実行していきましょう。

▼リスト2-1

```
import numpy as np

arr = np.array([10, 20, 30, 40, 50])
print(arr)
```

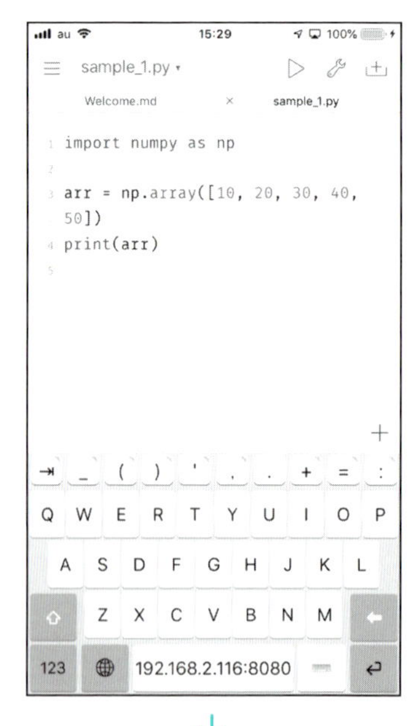

図2-1：実行すると、配列が表示される。

実行すると、[10, 20, 30, 40, 50]といったテキストがコンソールに出力されます。これが、作成した配列arrです。見ればわかるように、np.arrayで引数にリストを指定しているだけですね。adarrayによる配列の作成は、こんな具合にとても簡単です。

配列の四則演算

「配列っていっても、Pythonのリストと同じじゃないか」と思った人もいるかもしれませんね。どこが便利なんだ？　と。便利なんです、numpyの配列は。

まず、「四則演算ができる」という点が挙げられるでしょう。これは、実際に試してみればすぐにわかります。スクリプトを以下のように書き換えてください。

▼リスト2-2

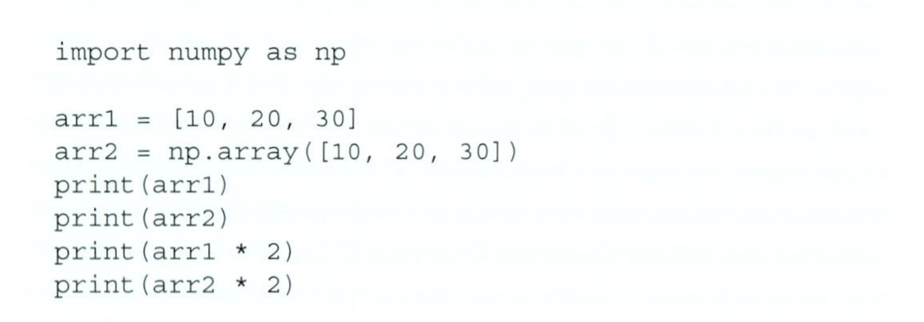

```
import numpy as np

arr1 = [10, 20, 30]
arr2 = np.array([10, 20, 30])
print(arr1)
print(arr2)
print(arr1 * 2)
print(arr2 * 2)
```

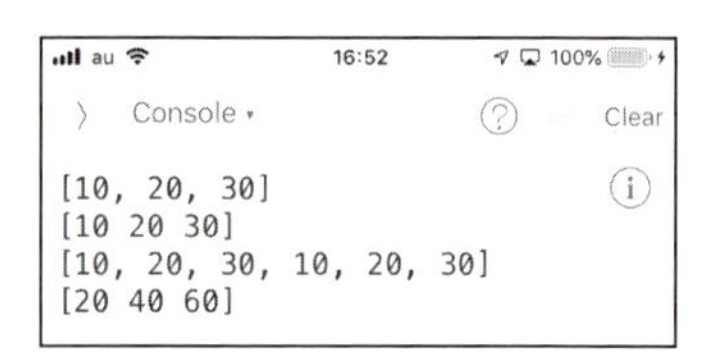

図2-2：実行すると、10, 20, 30という3つの要素があるリストとndarrayを作り、それぞれ2倍したものを表示する。

これを実行すると、[10, 20, 30]という3つの要素を持つリストとndarrayを作成し表示します。そして、それぞれに×２したものをさらに表示します。はたして結果はどうなるでしょうか。

▼リストの場合

```
[10, 20, 30, 10, 20, 30]
```

▼ndarrayの場合

```
[20 40 60]
```

このように結果が表示されます。リストの場合、*2だと「リストを2つつなげる」ことになり、同じリストが2つつながったものが表示されます。まぁリストの性質として間違ってはいませんが、「リスト×2」を計算してこの結果は「コレジャナイ」感でいっぱいですね。

他方、ndarrayは、[20 40 60]と、配列の各要素を2倍したものがちゃんと得られます。ndarrayでは四則演算すると、配列の各要素に演算がされるようになっているのです。

ここでは掛け算をしましたが、もちろんndarrayは四則演算すべてをサポートしています。

配列どうしの演算

この「配列の演算」は、配列どうしでもちゃんと行うことができます。では、スクリプトを以下のように書き換えてみましょう。

▼リスト2-3

```
import numpy as np

arr1 = np.array([1, 2, 3])
arr2 = np.array([10, 20, 30])
print(arr1)
print(arr2)
print(arr1 + arr2)
print(arr1 * arr2)
```

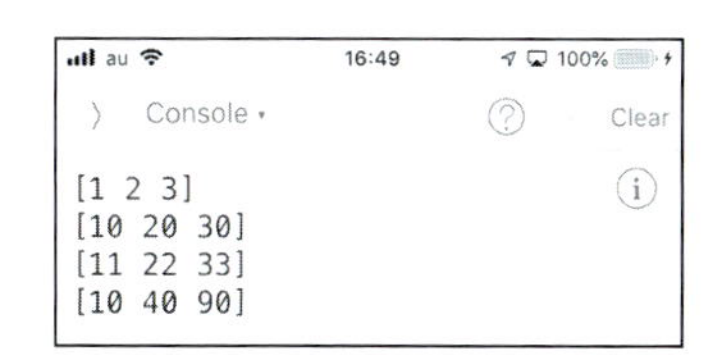

図2-3：実行すると、2つの配列を足し算・掛け算した結果を表示する。

実行すると、[1, 2, 3]と[10, 20, 30]という2つの配列を作成し、この2つを足し算・掛け算して表示します。結果を見るとこうなっていますね。

▼足し算の結果

```
[11 22 33]
```

▼掛け算の結果

```
[10 40 90]
```

配列の各要素どうしがちゃんと演算されていることがわかります。配列の演算機能は、こんな具合にリストとは比較にならないほど強力です。

C O L U M N

配列の演算は要素数に注意！

配列どうしを演算させるとき、要素の数には注意しましょう。両者の要素数が異なっている場合、掛け算はちゃんとできますが、足し算はエラーになります。「配列どうしの四則演算」は、同じ要素数のもので行うのが基本と考えましょう。

ゼロ配列と1配列

ndarrayは、基本的にリストを使って作成しますが、「全部ゼロの配列」「全部１の配列」といった特殊なものは、専用関数で作成することができます。

▼ゼロの配列

```
変数 = np.zeros( 要素数 )
```

▼１の配列

```
変数 = np.ones( 要素数 )
```

引数に要素数を指定すれば、その数だけゼロや１だけが入った配列が作成されます。これらは「どういうときに使うの？」と思うかもしれませんが、こうした特殊な配列が必要になったときは簡単に作れる、ということだけ覚えておきましょう。

等差数列

この他、決まった間隔で並ぶ数列（等差数列）の配列を作成する機能も用意されています。それぞれ、以下のように作成します。

▼間隔を指定する

```
変数 = np.arange( 開始数 , 終了数 , 間隔 )
```

▼分割数を指定する

```
変数 = np.linspace( 開始数 , 終了数 , 分割数 )
```

間隔を指定する場合、開始数と終了数の間で「一定間隔で数字を取り出す」のか、「いくつかに分割して値を取り出す」のか、その違いになります。arangeの場合、終了数は含まれないので注意しましょう。

では、これも実際の利用例を挙げておきましょう。

▼リスト2-4

```
import numpy as np

arr1 = np.arange(10, 20, 2)
arr2 = np.linspace(10, 20, 5)
print(arr1)
print(arr2)
```

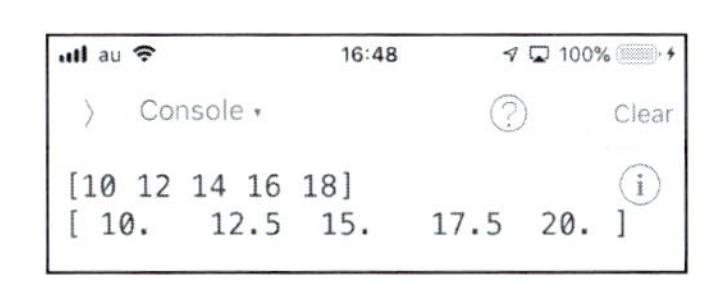

図2-4：実行すると、2つの配列を作成し表示する。

これは、10～20の間で、「2ずつ取り出す」「5つに分割して取り出す」という2通りの方法で数列を取り出すものです。実行すると、以下のような2つの数列が表示されます。

```
[10 12 14 16 18]
[ 10.   12.5  15.   17.5  20. ]
```

linspaceは開始数と終了数も含まれるので、「5つ」という場合、開始数と終了数、そしてその間を4分割してその分割地点3箇所の値の計5つが配列として取り出されます。そしてarangeでは[10 12 14 16 18]となり、終了数の20は含まれません。このあたり、ちょっと慣れが必要ですね。

行列を作ろう

1次元の配列というのは、数学では「ベクトル」と呼ばれるものですね。これよりさらに複雑なものとして「行列」というのも用いられます。これは、2次元の配列です。

この行列は、「matrix」という関数を使って作成します。

▼matrixを作成する

```
変数 = np.matrix( 2次元リスト )
```

引数には、2次元のリストを指定します。「なんだ、結局2次元のリストを自分で作ってやらないといけないのか」と思うかもしれませんが、そうなんです。ただし、特殊な行列は簡単に作れる関数がちゃんとあるので心配はいりません。

例を挙げておきましょう。

▼リスト2-5

```
import numpy as np

mtx = np.matrix([
     [1, 2, 3],
     [4, 5, 6],
     [7, 8, 9]])
print(mtx)
```

図2-5：行列を作って表示する。

これを実行すると、3×3の行列を作成して表示します。見た目には2次元のリストとあまり違いはないように思えますが、行列のほうはmatrixというクラスのインスタンスとして作成されています。matrixには、リストにはないさまざまな機能が用意されているのです。

単位行列とは?

行列でも、もちろん演算のための機能はあるのですが、その前に、行列で重要になる「単位行列」の作成についても触れておきましょう。

単位行列というのは、主対角線（左上から右下への対角線）上の要素がすべて1で、それ以外の要素がすべてゼロである行列です。例えば、こういうものですね。

```
[[1 0 0]
 [0 1 0]
 [0 0 1]]
```

これは何かというと、行列における「1」みたいな値になります。行列に単位行列を掛け算しても値は変わらないのです。これは、「数値に1をかけても値は変わらない」のと同じような感覚ですね。

では、利用例を挙げておきましょう。これは「identity」というもので作ることができます。

▼単位行列を作る

```
変数 = np.identity( 整数 )
```

引数には、行列の大きさを指定します。例えばidentity(3)とすれば、3×3の単位行列を作ります。

▼リスト2-6

```
import numpy as np

mtx1 = np.matrix([[1, 2, 3],
     [4, 5, 6],
```

```
    [7, 8, 9]])
mtx2 = np.identity(3)
print(mtx1)
print(mtx2)
print(mtx1 + mtx2)
print(mtx1 * mtx2)
```

１～９の数字を３×３の行列にしたものと、３×３の単位行列を用意して、それぞれ足し算と掛け算をしています。すると、こういう結果になります。

▼足し算の結果

```
[[ 2.  2.  3.]
 [ 4.  6.  6.]
 [ 7.  8. 10.]]
```

▼掛け算の結果

```
[[ 1.  2.  3.]
 [ 4.  5.  6.]
 [ 7.  8.  9.]]
```

足し算は配列の場合と同じように、対応する個々の要素を足し算した値になります。掛け算は見ればわかるように、最初の行列と同じです。単位行列をかけても値は変わらないんですね。

対角行列とは？

単位行列は「行列の１」に相当するものですが、こういう「主対角線上にのみ（１以上の）数字があって、他はすべてゼロ」という行列はよく使われます。こうしたものは「対角行列」と呼ばれます。

この対角行列も、簡単に作る関数が用意されています。

▼対角行列を作る

```
変数 = np.diag( リスト )
```

引数にリストを用意すると、それを主対角線上に配置した対角行列を作ります。例えば、[1,2,3]とdiagの引数に指定すると、作成されるのはこういう行列になります。

```
[[1 0 0],
 [0 2 0],
 [0 0 3]]
```

1, 2, 3が対角線上に配置されていますね。こんな具合に、３つの要素のリストを指定すれば、それを元に３×３の行列を作ります。これも利用例を挙げておきましょう。

▼リスト2-7

```
import numpy as np

mtx1 = np.diag([1,2,3])
mtx2 = np.matrix([
   [0,0,1],
   [0,1,0],
   [1,0,0]])
print(mtx1 * mtx2)
print(mtx2 * mtx1)
```

これを実行すると、[1, 2, 3]を主対角線上に配置した対角行列と、単位行列を90度回転させた行列（つまり、主対角でないほうの対角線上に1が配置された行列）を作って掛け算をします。これは「反対角行列」と呼ばれるものです。

この2つを掛け算した結果はこんな感じになります。

▼mtx1 * mtx2

```
[[0 0 1]
 [0 2 0]
 [3 0 0]]
```

▼mtx2 * mtx1

```
[[0 0 3]
 [0 2 0]
 [1 0 0]]
```

なんだか不思議な結果になりますね。行列は掛け算する値の順番を入れ替えると、結果も違ったものになったりします。よくわからないかもしれませんが、「対角行列というのがどんな具合に作成して利用されるか」という基本はわかったのではないでしょうか。

ランダムな配列・行列

データを用意するようなとき、乱数を使ってランダムなデータを作成したいこともあります。こうした場合、np.randomにある乱数関係の機能が便利です。中でも「randint」は、ランダムな整数を使って配列や行列を作成することができます。

▼乱数の作成

```
変数 = np.random.randint( 下限 , 上限 , 要素数 )
変数 = np.random.randint( 下限 , 上限 , ( 要素数, 要素数 ) )
```

第１引数と第２引数で、乱数の上限と下限を指定します。第３引数には要素数を指定します。例えば「５」とすれば５つの要素の配列が作成されます。この値を (5, 5) とすれば、５×５の行列が作成されます。
実際に乱数を使って配列や行列を作ってみましょう。

▼リスト2-8

```
import numpy as np

vtr = np.random.randint(0, 10, 5)
mtx = np.random.randint(0, 10, (5, 5))
print(vtr)
print(mtx)
```

これを実行すると、要素数５の配列と５×５の行列を作ります。値は０以上10未満の間でランダムに選びます。こんな感じで値が表示されているのがわかるでしょう。

▼ランダムな配列

```
[6 5 2 8 9]
```

▼ランダムな行列

```
[[5 1 1 5 4]
 [3 2 2 1 4]
 [8 1 2 2 3]
 [5 6 1 8 8]
 [4 5 5 2 4]]
```

もちろん乱数ですから、それぞれの値は違っているはずです。何度か試してみて、ランダムな数字が設定されていることを確認しましょう。

合計を計算する

行列は、２次元データを扱うのに利用することもよくあります。こうしたときには、データからさまざまな値を取り出すための機能が必要となります。特に、統計データを扱うような場合は基本的な関数類がほしくなりますね。
まずは、「合計」からやってみましょう。合計は「sum」関数で行えます。

▼行列の合計を計算する

```
変数 = np.sum(《matrix》, axis= 方向 )
変数 =《matrix》.sum( axis= 方向 )
```

np.sumでは、第1引数に計算する行列を指定します。その他に「axis」という値を用意します。これは合計を計算する方向を指定するもので、ゼロならば縦方向、1ならば横方向に合計をします。戻り値は、行列を指定の方向に合計した値の配列になります。

また、matirxインスタンス内にある「sum」メソッドを使っても、同様の結果を得ることができます。この場合、引数はaxisのみとなります。

では、実際に使ってみましょう。

▼リスト2-9

```
import numpy as np

mtx = np.random.randint(0, 100, (5, 5))
print(mtx)
print(np.sum(mtx, axis=0))
print(np.sum(mtx, axis=1))
```

これは、5×5のランダムな行列を作り、それを縦横に合計した結果を表示します。以下のような形で値が表示されます。

▼ランダムに生成した行列

```
[[70 27 54 46  9]
 [22 17 80 85 20]
 [74 32 56 13 34]
 [29 93 71  7 61]
 [49 18 89 68 98]]
```

▼縦方向の合計

```
[244 187 350 219 222]
```

▼横方向の合計

```
[206 224 209 261 322]
```

何度か実行してみて、ちゃんと合計が計算されていることを確認しましょう。

平均と中央値

統計的な処理では、平均の計算は必須でしょう。また、中央値もよく利用されるものですね。これらは「mean」「median」という関数で得ることができます。

▼平均

```
変数 = np.mean(《matrix》, axis= 方向 )
変数 = 《matrix》.mean( axis= 方向 )
```

▼中央値

```
変数 = np.median(《ndarray》)
変数 = 《ndarray》.median()
```

平均は行列の縦横の方向を指定して計算できますが、中央値は全体の中央の値を得るものであるため、行列ではなく配列(ndarray)を使います。

では、これも利用例を挙げておきましょう。

▼リスト2-10

```
import numpy as np

mtx = np.random.randint(0, 10, (100, 10))
print(mtx)
print(mtx.mean(axis=0))
print(np.median(mtx.ravel()))
```

ここでは、横10×縦100の行列をランダムに作成し、その平均と中央値を計算して表示しています。平均は縦方向に計算をしています。

実行すると、こんな値が出力されるでしょう。

▼作成した行列

```
[[2 9 5 6 8 5 2 1 1 2]
 [4 2 8 8 5 4 6 8 4 5]
 ……中略……
 [0 3 8 5 2 5 3 0 8 9]
 [9 7 2 6 9 8 8 9 2 5]]
```

▼平均

```
[ 4.47  4.42  4.05  4.59  4.89  4.16  4.62  4.74  4.5   4.51]
```

▼中央値

```
5.0
```

行列と配列の変換処理

ここでは、matrixをndarrayに変換して中央値を計算しています。
これは、以下のように行っています。

▼行列を配列にする

```
変数 = np.ravel(《matrix》)
変数 =《matrix》.ravel()
```

これで、行列を1つの配列にまとめたものが作成できます。これを利用して中央値を計算していた、というわけです。
反対に、配列から行列を作成する機能も、もちろん用意されています。

▼配列を行列にする

```
変数 = np.reshape(《ndarray》, ( 行数 , 列数 ) )
変数 =《ndarray》.reshape( ( 行数 , 列数 ) )
```

reshapeでは、引数として行数と列数をまとめたタプルを用意します。これを使って配列を一定数ごとに分割し、行列を作成します。
行列は2次元配列ですから、変換する配列の要素数は、行数×列数だけ用意されていないといけないので注意しましょう。

分散と標準偏差

さらに、分散や標準偏差を求める関数も用意されています。これらは以下のようになります。

▼分散

```
変数 = np.var(《matrix》, axis= 方向 )
変数 =《matrix》.var( axis= 方向 )
```

▼標準偏差

```
変数 = np.std(《matrix》, axis= 方向 )
変数 =《matrix》.std( axis= 方向 )
```

いずれも、基本的な使い方は平均などとだいたい同じですね。axisで計算する方向を指定し、戻り値は配列の形になります。
では、利用例を挙げておきましょう。

▼リスト2-11

```
import numpy as np

mtx = np.random.randint(0, 10, (100, 10))
print(mtx)
print(mtx.var(axis=0))
print(mtx.std(axis=0))
```

先ほどのサンプルを、そのまま分散と標準偏差に置き換えたものです。実行すると10×100のランダムな行列を作り、分散と標準偏差を計算して出力します。

▼分散の表示

```
[ 8.3531  6.7944  8.5444  7.7756  8.2196  8.0875  8.34    8.3444  7.8691  8.4459]
```

▼標準偏差の表示

```
[ 2.89017301  2.60660699  2.92308057  2.78847629  2.86698448  2.84385302
  2.88790582  2.88866751  2.80519162  2.90618306]
```

これで、「行列を元にデータの統計処理を行う」という基本は、なんとかできるようになりました。

配列や行列というと、あまり一般には馴染みがないものですが、「データを統計処理する」となると、それなりに必要な人は多いことでしょう。

numpyにはまだまだたくさんの機能がありますが、「配列・行列の統計処理」を入り口にして実際に使ってみると、その便利さが次第に実感できるようになるはずですよ。

Chapter 2

2.2. sympyを使おう

Pythonで代数計算!

Pythonは、計算に強いと言われています。Pythonは、さまざまな数値計算の分野で使われています。なんて言われても、「そんなに複雑な計算をすることなんてないしなぁ」と、今ひとつ実感がわかない人も多いことでしょう。

難しそうな計算で、「これがPythonで簡単にできたらすごいかも」と思えるのは何でしょうか。まぁこれは人それぞれでしょうが、筆者がまず頭に浮かぶのは「代数計算」です。「代数？　それってなんだっけ」と思った人。要するに「方程式」ですよ。長い複雑そうな式を解いて、「x =○○」とか答えを計算したでしょう？　あれがPythonでぱぱっと解けたら、すごいと思いませんか？

sympyは、そうした代数計算のための機能を提供するモジュールです。sympyは、数学で使われるさまざまな計算のための機能を持っています。基本的な計算機能として指数対数、平方根立方根や累乗などの計算機能をひと通り備えていますし、その他に変数を使って組み立てた代数式を作り、式の展開や因数分解、方程式の解など、代数式利用のための機能もほぼ揃っています。sympyをマスターすれば、学校の宿題なんか簡単に解けちゃいそうですね？

sympyを利用するには?

sympyは、Pythonista3に標準で組み込まれていますから、特にインストールなどの作業は必要ありません。スクリプトの冒頭に、以下のような形でsympyをインポートする文を用意しておくだけです。

```
from sympy import *
```

これで、sympyに用意されている機能がすべて使えるようになります。

まずは分数から

代数計算を行うには、それなりに知識が必要になります。順番にやっていきましょう。まず最初は、「分数」についてです。

分数は、意外なことに多くのプログラミング言語では標準では使えません。例えば、3分の1を扱える言語ってほとんどないのです。「そんなことはない。1 / 3ってやればいい」と思った人。それ、実行すると0.33333... って小数になりますよ。つまり、ほとんどのプログラミング言語では、分数は「それを計算した小数」として扱うことしかできないのです。3分の1を「3分の1という値」としてそのまま扱うことはできないんです。

が、sympyは違います。sympyは、分数の値を持っているのです。これは「Rational」というクラスで、以下のように記述します。

▼分数を作る

```
変数 = Rational( 分子 , 分母 )
```

これで、分数の値を作成することができます。では、実際にどういう具合に動くのか試してみましょう。

▼リスト2-12

```
from sympy import *

result = Rational(22, 7)
print(result)
print(22 / 7)
```

図2-6：実行すると22/7という分数と、22/7の小数値が表示される。

これを実行すると、7分の22の値をRationalと、22/7をそのまま書いたものそれぞれで出力します。実行結果はこうなっているでしょう。

```
22/7
3.142857142857143
```

Rationalは、「22/7」と表示されます。そのまま「7分の22」を表しているのですね。そして22 / 7を出力したほうは、計算した結果の小数が表示されます。違いは明らかですね。

IntegerとFloatもある

ここでは、分数を扱うRationalという値について触れましたが、実を言えば、この他にもsympy専用の値が用意されています。それは、「Integer」と「Float」です。

Integer	整数の値を扱うクラス
Float	実数の値を扱うクラス

まぁ、sympyで使うすべての数値でこれらのインスタンスを使わないといけない、というわけではありませんが、例えば得られる値がこれらのインスタンスとなることもありますし、これらのクラスに用意されている機能を利用するためにインスタンスとして値を作成することもあります。ですから、すぐに必要はなくとも「こういうものがある」ぐらいは覚えておきましょう。

Rationalの数値は?

では、Rationalの分数を実際の数値(実数)として取り出したいときはどうするのでしょうか。これには「N」という関数が役立ちます。

▼Rationalの実数値を得る

```
変数 = N( 値 , 桁数 )
```

第1引数に調べたいRationalインスタンスを指定し、第2引数には取り出す値の桁数を指定します。例えば、先ほどのサンプルの末尾に以下のように追記してみましょう。

```
print(N(result, 5))
```

すると、「3.1429」と値が表示されます。resultの値(22/7)の値を5桁で表示しているのですね。

べき乗と平方根

「○○の××乗」というように、同じ数字を繰り返しかけ合わせる計算があります。「累乗」とか「べき乗」と呼ばれるものですね。また逆に、「○○は、いくつの値を自乗したものか」を計算するものもあります。平方根というやつですね。これらは以下のような形で記述をします。

▼べき乗

```
値 ** 指数
```

▼平方根

```
sqrt( 値 )
```

べき乗は、**というように掛け算の記号を2つ続けて書きます。これはPythonの演算記号と同じですから、わかりやすいですね。平方根は演算記号ではなく、sqrtという関数を使うことになります。

では、これらの利用例を挙げておきましょう。

▼リスト2-13

```
from sympy import *

a = Rational(1, 2)
b = Rational(1, 3)
print(a * b)
print(a / b)
print(a ** 2)
print(b ** 2)
print(sqrt(300))
```

1/2と1/3の分数を用意し、それらの掛け算、割り算、自乗を計算します。また、最後に300の平方根を表示しています。

さあ、これらの結果はどのように表示されるでしょうか。

```
1/6
3/2
1/4
1/9
10*sqrt(3)
```

分数の計算は、すべて分数のまま行われていることがわかります。また平方根は、実数として表示されるわけではありません。300の平方根は「$10 \times \sqrt{3}$」という形で表されています。このsqrtも実際の数値ではなく、オブジェクトとして値が作成されるのですね（Mulというクラスのインスタンスになっています）。

こんな具合に、sympyではどのような計算も、その結果は数値ではなくオブジェクトとして返されます。

変数（シンボル）を使う

代数ではxやyといった変数を使います。これは、sympyでは「シンボル」と呼ばれるものとして扱われます。

▼シンボルの作成

```
変数 = symbols( "名前" )
```

▼複数のシンボル作成

```
( 変数1 , 変数2 , ……) = symbols( "名前1 名前2 ……" )
```

シンボルは、シンボル名を引数に指定してインスタンスを作成し、それを変数に代入して使います。というとわかりにくいですが、例えばこういうことです。

```
x = symbols('x')
```

これで、xという名前のシンボルが変数xに代入されたわけです。これで変数xは、「xというシンボル」として扱えるようになります。ちょっとわかりにくいですが、こんな具合に引数のシンボル名と、代入する変数名を同じものにすればあまり混乱はしないでしょう。くれぐれも、x = symbols('y') みたいに意味不明な使い方はしないよう注意してくださいね。

式を作る

これで、変数を使った式が作れるようになりました。例えば、こんなリストを実行てみましょう。

▼リスト2-14

```
from sympy import *

x = symbols('x')
f = x**2 + 2*x + 1
print(f)
```

ここでは、「xの2乗＋2x＋1」という式を作成して変数fに代入し、それを表示しています。すると、出力される値は「x**2 + 2*x + 1」となります。fに代入した式がそのまま表示されるのです。

これは、変数fが式の結果ではなく、「式そのものの値」であることを示します。式そのもの？　そうです。sympyには「式を表すクラス」というのもあって、これはそのクラスのインスタンスなのです。

式も値。これは、慣れないとちょっと理解しにくいかもしれませんね。でも、そうやって式を式の状態のまま扱うことで、式をいろいろと操作できるようになっているのです。

式を操作する

代数式というと、誰もが中学の頃に「式の展開」とか「因数分解」とかいったことで頭を悩ませた経験があるはずです。しかし、sympyがわかれば、もう夜中に因数分解の悪夢で目覚めることはありません。簡単に式を操作できるようになるのです。

▼式を展開する

```
expand( 式 )
```

式を展開します。例えば、「(x + 1)の2乗」を「xの2乗 + 2x + 1」にする、というような操作ですね。

▼式を単純化する

```
変数 = simplify( 式 )
```

複雑な式を整理し単純化するものです。例えば、「2x + 3 + 4x + 5」を「6x + 8」にする、といったことを行います。

▼式を因数分解する

```
変数 = factor( 式 )
```

因数分解、覚えてますか？　これは、式の展開の逆を行うものですね。「xの2乗 + 2x + 1」を「(x + 1)の2乗」にするような作業です。

これらが使えるようになると、変数を使った式を自由に操作できるようになります。では、実際の利用例を挙げておきましょう。

▼リスト2-15

```
from sympy import *

x = symbols('x')
f1 = x**2 + 10*x + 25
print(f1)
print(factor(f1))

f2 = (x - 3)**2
print(f2)
print(expand(f2))

f3 = f1 + f2
print(f3)
print(simplify(f3))
```

ここでは、２つの式をそれぞれf1、f2に用意し、それを因数分解したり展開したりしています。そして、２つの式の和をf3に取り出し単純化しています。出力結果を見ると、式が変化する様子がよくわかるでしょう。

▼f1の式

```
x**2 + 10*x + 25
```

▼f1を因数分解する

```
(x + 5)**2
```

▼f2の式

```
(x - 3)**2
```

▼f2を展開する

```
x**2 - 6*x + 9
```

▼f1＋f2をf3に設定

```
x**2 + 10*x + (x - 3)**2 + 25
```

▼f3を単純化

```
2*x**2 + 4*x + 34
```

いかがです？　式を自由に展開したりまとめたりしていることがわかるでしょう。こうした式の操作を簡単に行えるのがsympyのすごいところですね。

方程式を解こう

では、いよいよ方程式に挑戦しましょう。方程式を解く場合は「solve」という関数を使います。これは以下のように実行します。

▼方程式の解を得る

```
変数 =solve( 式 )
```

非常に単純ですが、使い方にはコツがあります。まずは、変数が１つだけ（１元）の方程式から解いてみましょう。方程式というのは、たいてい「○○ = ××」という形になっています。

```
3x + 6 = 12
```

みたいな感じですね。が、この式をそのままsympyで計算しようとすると、ちょっと困ったことになります。sympyでは、計算式はこんな具合に変数に代入しています。

```
f = 3*x + 6
```

わかりますか、違いが。「= 12」の部分がないのです。これはどういうことかというと、「= 0である前提で式を用意する」ということなのですね。つまりf = 3*x + 6は、「3x + 6 = 0」という前提で式をfに代入していたのです。

ですから、式はまず「= 0」の形に直してから変数に代入してやる必要があります。こんな具合ですね。

```
3x + 6 = 12
```

⬇

```
3x - 6 = 0
```

これで、「f = 3*x - 6」というように式を変数に代入し利用できるようになります。これは式を扱う際の大前提ですので、しっかり頭に入れておきましょう。

方程式を解いてみる

では、実際に簡単な方程式を問いてみましょう。以下のようにスクリプトを書いて実行させてみましょう。

▼リスト2-16

```
from sympy import *

x = symbols('x')
f1 = 3*x - 12
print(solve(f1))
f2 = 3*x**2 - 12*x + 9
print(solve(f2))
```

ここでは、「3x - 12 = 0」という一次式と、「3xの２乗 - 12x + 9 = 0」という２次式を解いてみました。

それぞれ、以下のように結果が表示されます。

▼3x - 12 = 0の解

```
[4]
```

▼3xの2乗 - 12x + 9 = 0の解

```
[1, 3]
```

うむ。ちゃんと答えが計算できていますね。式さえきちんと用意できれば、solveするだけでこんな具合にxの解が得られてしまうのです。

2元方程式を解く

xだけの1元方程式なら簡単に解けそうですが、xとyの2つの変数を使ったもの(2元方程式)になると、また難しさはぐっと上がります。けれど、実を言えばsolveの使い方はまったく同じです。ただし、オプションが追加されます。

▼方程式の解を得る

```
変数 =solve( 式 )
変数 =solve( 式 , 変数 )
```

そのまま式を引数に指定するだけなら、xとyについて一般的な回答が得られます(通常、x:○○というようにxについて値が用意されます)。第2引数に変数を指定すると、その変数についての回答が得られます。例えば「y」を指定すると、y = ○○という形で回答が得られるわけですね。

方程式を解いてみる

では、実際に2元の方程式を解いてみましょう。以下のスクリプトを書いて実行してみてください。

▼リスト2-17

```
from sympy import *

(x, y) = symbols('x y')
f = x**2 + 2*x*y + y**2 - 4
print(solve(f))
fx = solve(f, x)
fy = solve(f, y)
print('x = %s' % fx)
print('y = %s' % fy)
```

これを実行すると、solve(f)で一般的な解を得る場合と、x, yそれぞれについて解を得る場合の３通りの回答が出力されます。

▼solve(f) の解

```
[{x: -y - 2}, {x: -y + 2}]
```

▼solve(f, x) の解

```
[-y - 2, -y + 2]
```

▼solvle(f, y) の解

```
[-x - 2, -x + 2]
```

よく見ればわかりますが、solve(f)の値とsolve(f, x)の場合、得られる値は実質同じもの（x = ○○という形）になっています。こんな形で、xとyそれぞれについて解を求めることができます。

2元連立方程式を解こう

２元方程式の場合、１つの式だけで解こうとすると、xの値は変数yを使った式の形になってしまいます。数値で解を得るには、複数の方程式が必要です。いわゆる「連立方程式」というやつですね。

連立方程式も、solveで解くことができます。この場合、式の値をリストかタプルで１つにまとめたものを引数に指定します。

▼連立方程式を解く

```
変数 = solve( [ 式1 , 式2] )
```

では、これも実際に試してみましょう。以下のようにスクリプトを修正し実行してみてください。

▼リスト2-18

```
from sympy import *

(x, y) = symbols('x y')
f1 = x**2 + 2*x - y**2 - 2*y
f2 = 2*x + y - 1
print(solve([f1, f2]))
```

ここではf1とf2に2つの式を用意し、これらを使ってxとyの解を計算しています。実行すると、以下のような解が表示されます。

```
[{x: 1/3, y: 1/3}, {x: 3, y: -5}]
```

2通りの解がちゃんと得られていることがわかりますね。連立方程式では、このように各解がリストにまとめられた形で得られます。

極限値を求めよう

sympyは、方程式を解くためだけのものではありません。その他にもさまざまな機能があります。

まずは、「極限値」を使ってみましょう。極限値というのは、変数の値を指定の値まで近づけていくと答えがいくつになるか、というものでしたね。これは、「limit」という関数で計算できます。

▼極限値を得る

```
limit( 式 , 変数 , 値 )
```

第1引数には式を指定します。そして第2、3引数で、指定の変数をいくつの値に近づけるかを指定します。これも、実際の例を見てみましょう。

▼リスト2-19

```
from sympy import *

(x, n) = symbols('x n')
f = 1 / x**(1 / n) + 1
print(limit(f, n, oo))
```

ここでは「1 / x**(1 / n) + 1」という式を用意し、変数nの値を無限大に近づけるといくつになるかを計算しています。無限大は「oo」という記号(小文字のオー2つ)で表します。これで答えは「2」と表示されます。

微分を行おう

極限値とくれば、次は微分ですね。微分は「diff」という関数を使って解くことができます。これは以下のように使います。

▼微分の解を得る

```
diff( 式 , 変数 )
```

第１引数に式を指定し、第２引数にはどの変数に対して解を得るかを指定します。オプションとして、第３引数に階数を指定することもできます。省略した場合は１階微分になります。
では、簡単な例を挙げておきましょう。

▼リスト2-20

```
from sympy import *

(x, y) = symbols('x y')
f = 2*x**4
print(diff(f, x))
print(diff(f, x, 2))
print(diff(f, x, 3))
```

ここでは変数fに「2xの４乗」という式を用意し、xについて１階、２階、３階の微分を行っています。実行すると、以下のように結果が表示されます。

▼xの１階微分

```
8*x**3
```

▼xの２階・３階微分

```
24*x**2
48*x
```

「微分って、こんなのだったっけ」と少しだけ思い出した人も多いんじゃないでしょうか。こんな具合にsympyを使えば、微分もわりと簡単に行えてしまいます。

積分を行おう

微分とくれば、次はやっぱり「積分」ですね。積分は「integrate」という関数を使います。これは以下のように利用します。

▼不定積分を行う

```
integrate( 式 , 変数 )
```

▼定積分を行う

```
integrate( 式 , ( 変数 , 下限値 , 上限値 ) )
```

式と変数を指定するだけだと、不定積分になります。変数の代りに変数と下限値、上限値をタプルにまとめたものを指定すると、その範囲の定積分になります。

では、これも試してみましょう。以下のスクリプトを実行してみてください。

▼リスト2-21

```
from sympy import *

(x, y) = symbols('x y')
f = 2*x**4
print(integrate(f, x))
print(integrate(f, (x, 0, 1)))
```

ここでは2xの４乗（微分と同じ式ですね）を変数fに用意し、それを不定積分と０～１の範囲での定積分しています。実行すると、こんな値が表示されます。

▼不定積分

```
2*x**5 / 5
```

▼定積分

```
2 / 5
```

こちらも、ただ関数を呼び出すだけで簡単に積分が行えてしまいました。これも覚えておくと、高校の数学の問題ぐらいは簡単に解けますね。

数学が必要になることは?

以上、sympyを使って方程式、極限値、微積分といったものを計算する基本を説明しました。まぁ、正直いって「自分には必要ない」と思っている人も多かったことでしょう。

普段の生活でこうした数学が必要になることはあまりないかもしれませんが、学生や業務などによっては数学的な処理が必要となる場合もあるでしょう。こうしたとき、sympyに用意されている機能は非常に簡単に数学的な処理を行ってくれます。ちょっとでも「自分の学問・業務に関連あるかも」と思う人は、基本的な使い方ぐらいは覚えておきましょう。

Chapter 2

2.3. matplotlibを使おう

matplotlibは「グラフ」化モジュール

次は、matplotlibというモジュールです。「また数学のわけわからない機能の説明か」と思った人。確かにnumpyやsympyは数学的な処理が必要ない人にはほとんど無縁のものだったかもしれません。が、matplotlibは、そんなことはありませんよ。これは、「グラフ化」のためのモジュールです。

どのような業務であっても、簡単なグラフを作成することぐらいはきっとあるはずです。そんなときに、必要なデータを使って簡単にグラフを作成できるmatplotlibは、覚えておいて損はないはずですよ。

matplotlibの「pyplot」を使う

matplotlibを利用する場合は、このモジュールにある「pyplot」というモジュールをインポートして使います。例えば、スクリプトの冒頭にこんな具合に記述をします。

```
import matplotlib.pyplot as plt
```

これで、pltというエイリアスでpyplotが使えるようになります。この他、データを扱うのにnumpyは必須となるはずなので、併せてインポートしておきましょう。

グラフ作成の基本を覚える

このpyplotの使い方は比較的簡単です。「plot」でグラフを描画し「show」で表示する、これだけです。

▼グラフを描く

```
plt.plot( xデータ , yデータ )
```

▼グラフを表示する

```
plot.show()
```

plot関数は、引数にx軸とy軸のデータをそれぞれ用意します。これはいずれもリストやタプル、numpyの配列などを使います。

plotは、デフォルトでは折れ線グラフを描きます。

plotを実行しただけでは、画面にグラフは表示されません。showを実行して、初めて表示されます。

簡単な直線グラフ

では、実際に簡単なグラフを描いてみましょう。以下のスクリプトを記述し実行してください。

▼リスト2-22

```
import numpy as np
import matplotlib.pyplot as plt

x = np.arange(0,10)
print(x)
y = np.arange(0,20, 2)
print(y)
plt.plot(x, y)
plt.show()
```

これを実行すると、左下のゼロ地点から右上の[9, 18]地点まで直線に伸びるグラフが表示されます。

ここではnp.arangeを使い、x軸用とy軸用の2つの配列を用意しています。グラフに使うものですから、両者の要素数は等しくなるようにしておきます。そしてこれらを引数に指定してplotを実行し、showすればグラフが表示されるというわけです。

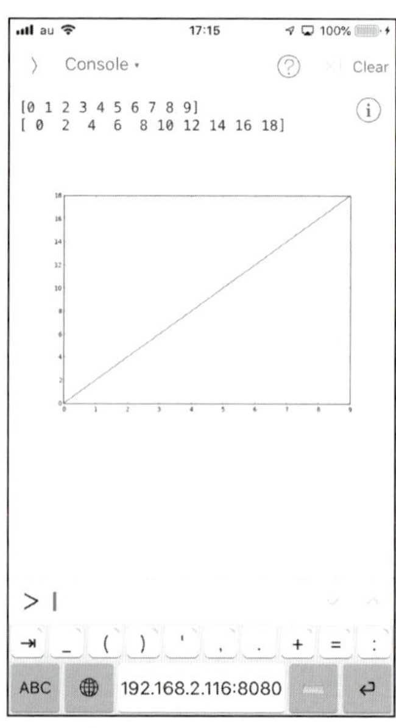

図2-7：左下から右上にまっすぐ伸びる直線グラフができた。

三角関数グラフを描こう

numpyでは、配列を普通の値と同じ感覚で演算に使うことができました。これがわかっていれば、さまざまな関数などをグラフ化することも簡単に行えるようになります。

最初に元データとなる数列(x軸のデータ)を配列として用意しておき、それを使って計算をしてy軸のデータを作ればいいのです。

例として、三角関数のグラフを描いてみましょう。

▼リスト2-23

```
import numpy as np
import matplotlib.pyplot as plt

x = np.arange(0,np.pi * 2, np.pi / 36)
y1 = np.sin(x)
y2 = np.cos(x)

plt.plot(x, y1)
plt.plot(x, y2)
plt.show()
```

実行すると、0～2πの範囲でsin曲線とcos曲線を描きます。ここでは、まずnp.arangeを使って0～2πの間で36分のπ間隔で数列を作成しています。要するに、三角関数でぐるりと一周する間を36×2＝72分割したデータを作成したわけですね。

そして、それを元にsin関数とcos関数で処理した値をy1, y2に取り出します。これで、「0～2πのxデータ」と「sin/cos関数で計算したyデータ」が用意できたわけです。

後は、これらを使ってplotでグラフを描きます。ここではsinとcosで2回、plotを呼び出しています。plotは、こんな具合に複数回呼び出せば、複数のグラフを描かせることもできます。そしてshowすれば、グラフが表示されます。実際に表示されたグラフの値がどう変化しているかよく眺めてみましょう。

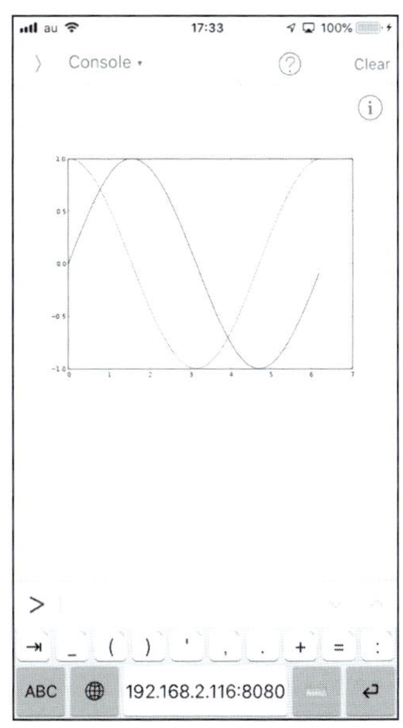

図2-8：sinとcosのグラフを描く。

グラフの表示を整えよう

pyplotのグラフは簡単に描けますが、描かれたグラフはかなりそっけないものです。これはデフォルトの状態だからで、用意されているグラフ表示の設定をいろいろと調整することで、よりわかりやすいグラフにすることができます。まずは、グラフの基本的な表示に関するものを覚えておきましょう。

▼タイトルの表示

```
plot.title( テキスト )
```

グラフのタイトルを設定します。引数にタイトルテキストを指定して呼び出すだけです。グラフの上部に表示されます。

▼x軸、y軸のラベル表示

```
plt.xlabel( テキスト )
plt.ylabel( テキスト )
```

x軸とy軸にラベル(各軸の説明テキスト)を表示するものです。各軸の中央付近に表示されます。

▼凡例の表示

```
plt.legend()
```

凡例を表示するためのものです。引数などは不要で、ただ呼び出すだけで凡例がグラフに追加されます。ただし！　凡例を表示するためにはplotで描画をする際、「label」という引数で凡例に表示する項目のラベルを用意しておく必要があります。

▼グリッド線の表示

```
plt.grid( 設定 )
```

主な設定の引数

color	グリッドの色。6桁の16進数などで設定。
alpha	透過度。0～1の実数で設定。
which	メジャーな線(major)、マイナーな線(minor)、両方(both)のいずれか。
axis	描画する方向。'x' または 'y'。省略すると両方表示。
linestyle	ラインの種類。'-'だと直線、':'だと点線。他、'--', '-.'などがある。
linewidth	ラインの太さ。

グラフにグリッド線を引くためのものです。たくさんの引数が用意されており、必要に応じて値を用意します。

基本的に、すべての引数はオプション扱いなので、省略しても問題ありません。その場合は、デフォルトの設定が自動的に行われます。

グラフの表示を設定する

では、実際にグラフの表示をいろいろと行ってみることにしましょう。先ほどのsin/cosグラフに表示の設定を追記してみます。

▼リスト2-24

```
import numpy as np
import matplotlib.pyplot as plt

x = np.arange(0,np.pi * 2, np.pi / 36)
y1 = np.sin(x)
y2 = np.cos(x)

plt.plot(x, y1, label='sin')
plt.plot(x, y2, label='cos')
plt.title('Sin/Cos curve.')
plt.xlabel('radian')
plt.ylabel('value')
plt.legend()
plt.grid()
plt.show()
```

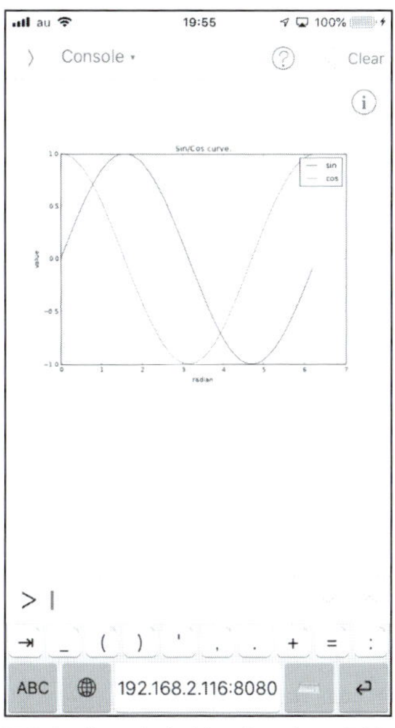

図2-9：グラフにタイトルやラベル、凡例、グリッド線を表示する。

実行すると、グラフにタイトル、x/y軸のラベル、凡例、そしてグリッド線が表示されます。ここでは、先ほどと同じようにsinとcosのデータを用意して描画をしていますが、plotの書き方が少し違うので注意してください。

```
plt.plot(x, y1, label='sin')
plt.plot(x, y2, label='cos')
```

labelという引数が追加されていますね。これは、legendで表示される凡例で使われる項目名です。これを用意しないと凡例は表示できないので注意しましょう。

後は、先に紹介したメソッドを呼び出してタイトル、x/yラベル、グリッド線などを表示しているだけです。

グリッド線は引数がたくさんありますが、すべて省略して問題ないので、単にgrid()とだけ書いて実行しています。これでも、それなりに見やすいグリッド線が表示されることがわかるでしょう。

棒グラフを描くには?

基本的なグラフの表示を整えられるようになったら、次は「さまざまなグラフの表示法」を覚えることにしましょう。これまでのグラフはすべて折れ線グラフでしたが、もちろん、それ以外のグラノも描くことができます。

まずは、「棒グラフ」からです。これは「bar」という関数を使います。plotと同様、xデータとyデータを引数に指定して実行します。

▼棒グラフを描く

```
plt.bar( xデータ , yデータ )
```

基本的な使い方はplotと何も違いはありません。利用例を挙げておきましょう。sin関数のみを棒グラフで表示してみます。

▼リスト2-25

```
import numpy as np
import matplotlib.pyplot as plt

x = np.arange(0,np.pi * 2, np.pi / 36)
y1 = np.sin(x)
y2 = np.cos(x)

plt.bar(x, y1, label='sin')
plt.plot(x, y2, label='cos')
plt.legend()
plt.grid()
plt.show()
```

実行すると、sin曲線の形に棒グラフが表示されます。棒グラフも折れ線グラフも基本的な使い方は同じことがよくわかりますね。

また、棒グラフと折れ線グラフを重ねても問題なく表示されるのもわかりました。こうした種類の異なるグラフを重ねることができれば、複雑な表現も作れそうです。

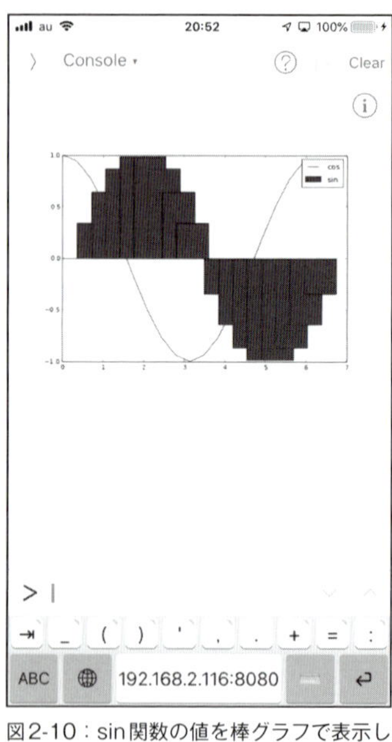

図2-10：sin関数の値を棒グラフで表示したところ。

円グラフを描く

折れ線グラフと棒グラフは、基本的には同じような座標の中にデータをグラフ化するものであり、単にグラフのデザインが違うというだけです。が、円グラフはそうはいきません。これはデータを円の中に割合として表すものですから、基本的なデータの構造からして違います。

この円グラフは「pie」という関数として用意されています。データの他、細かなオプション引数がいろいろと用意されています。

▼円グラフを描く

```
plt.pie( データ )
```

オプション引数

labels	表示する各データに割り当てるラベル。テキストのリストとして用意。
shadow	影を付けるかどうか。Trueにすると影を付ける。
explode	特定の項目をグラフ本体から少し離して表示するためのもの。各データの位置の値をリストにしたものを用意。
startangle	円のスタート位置(スタート位置の角度)。デフォルトでは時計の3時の方向。
autopct	各円弧にパーセント値を表示するためのもの。これは'%1.nf%%'というフォーマットで記述する。nには小数点以下の桁数を示す整数を指定する。

これらはオプションなので、用意しなくとも問題ありません。では、円グラフの表示例を挙げておきましょう。

▼リスト2-26

```
import numpy as np
import matplotlib.pyplot as plt

x = [40, 30, 20, 5, 3, 1, 1]
labels = ['a','b','c','d','e','f','g']

plt.pie(x, labels=labels, shadow=True, autopct='%1.f%%')
plt.legend()
plt.show()
```

変数xにデータを用意し、それをpieで表示しています。labelsには、各値に設定するラベルを用意してあります。このラベルは各データに割り当てられるものなので、データの要素数と揃えて用意してください。

autopctはパーセント表示をするためのものです。値にはフォーマットを示すテキストを用意しますが、これは'%1.f%%'と書くと覚えてしまっていいでしょう。

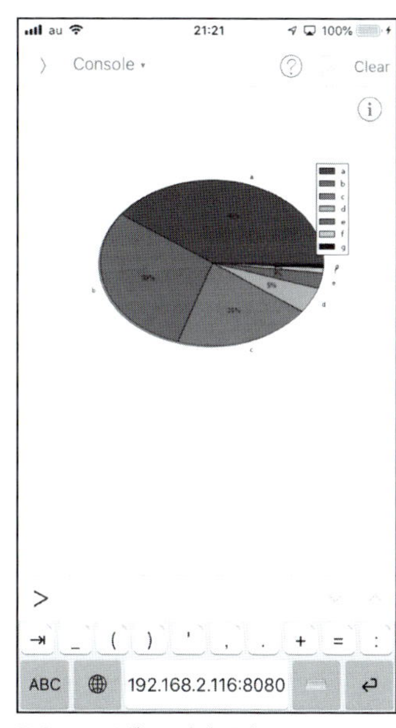

図2-11：円グラフを表示する。

ヒストグラムを描く

多量のデータをグラフ化するのによく用いられるのが「ヒストグラム」というものです。データを一定幅ごとに整理してグラフ化するものですね。自分でデータ数を数えて棒グラフを作ることはできますが、かなり面倒です。matplotlibには、多量のデータを引き渡せば自動的にヒストグラム化してくれる関数がちゃんと用意されています。それが「hist」です。

▼ヒストグラムを作成する

```
plt.hist( データ , 分割数 )
```

このhist関数の便利なところは、データと分割数を指定するだけで、自動的にヒストグラムを作成してくれるところです。この「分割数」を引数に指定できるところがポイント。この値を調整するだけで、ヒストグラムの粒度を簡単に変えられます。また、データを配列やリストの形でまるごと渡せばいいという点も非常に楽ですね。

では、実際の利用例を挙げておきましょう。

▼リスト2-27

```
import numpy as np
import matplotlib.pyplot as plt

x = np.random.randn(1000) * 100
plt.hist(x, 20)
plt.show()
```

実行すると、作成したデータをヒストグラム化します。ここではまず、1000個のランダムな値を用意しています。「np.random.randn」というのは、正規表現分布に沿った乱数を作成するもので、引数に個数を指定すると、その数だけ乱数を作成した配列を返します。この乱数は0～1の実数なので、それを100倍して使っています。

こうして作成されたデータを引数に指定し、分割数を20にしてhistを呼び出しています。分割数をいろいろと変更して、グラフがどう変わるか試してみましょう。

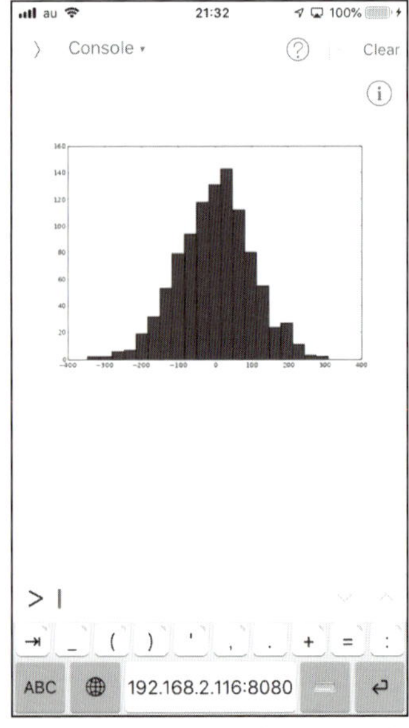

図2-12：1000個のランダムなデータを作成し、ヒストグラム化する。

複数データをスタックするには?

ヒストグラムでは、複数セットのデータをひとまとめにして表示する場合もあります。こうした場合、hist関数にデータのリストを指定することで、1つのグラフにまとめて表示させることができます。

▼複数データを表示

```
plt.hist( [ データ1, データ2, ……], 分割数 )
```

ただし、これは複数データのヒストグラムをそのまま併記する形になります。つまり、各データのグラフが並んで表示されるわけですね。

これでもいい場合もありますが、複数データを1つにまとめる場合、「各データを1つにスタックして表示する」ということが多いでしょう。つまり、複数のデータを1つに積み上げる形でグラフ化するわけです。

これは、引数に「stacked」という値を用意することで行えます。この値をTrueに設定することで、複数データのグラフを1つに積み上げる形で表示します。

まあ、これは実際に見たほうがわかりやすいでしょう。

▼リスト2-28

```
import numpy as np
import matplotlib.pyplot as plt

x1 = np.random.randn(1000) * 100
x2 = np.random.randn(1000) * 100
plt.hist([x1, x2], 20, stacked=True)
plt.show()
```

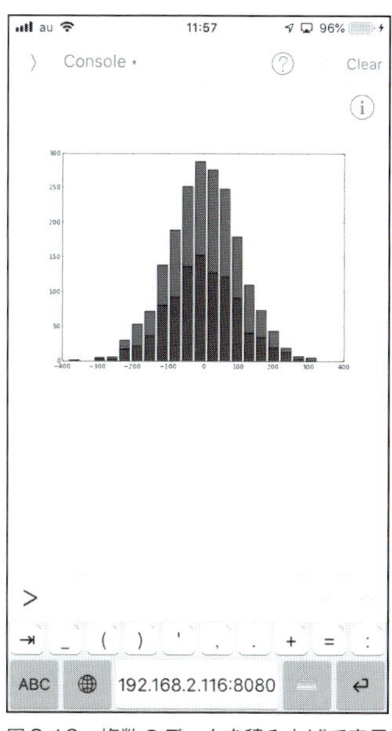

図2-13：複数のデータを積み上げて表示する。

ここでは、x1とx2にそれぞれ1000個のランダムなデータを用意し、それをスタックしてヒストグラム化しています。x1のグラフの上に積み重なるようにしてx2のグラフが描かれていることがわかるでしょう。

こんな具合に、複数のデータを積み上げ「全体としての傾向」がひと目でわかるような形にヒストグラムを作成できます。

散布図を描く

多量のデータを扱うグラフとしてもう１つ、「散布図」についても触れておきましょう。散布図は、いくつかのデータをグラフ化するのに用いるものです。

例えば２つのデータがあったとき、それぞれをx軸とy軸に割り当ててデータを２次元グラフとして表示します。ヒストグラムのように一定量ごとにまとめてグラフ化するのでなく、すべてのデータを点として描くことで、その密度から全体の傾向がわかるようにします。

この散布図は、「scatter」という関数で作成をします。

▼散布図を作成する

```
plt.scatter( xデータ , yデータ )
```

散布図は、１つのデータだけでは意味をなしません。２つ以上のデータがあって、初めてグラフ化できます。この他、第３、第４のデータを扱いたい場合のために、「s」「c」といった引数も用意されています。これらは設定したデータを各点の大きさと色として反映させます。これらを利用することで、最大４種類のデータを１つのグラフに表示させることが可能です。これも実際の例を挙げておきましょう。

▼リスト2-29

```
import numpy as np
import matplotlib.pyplot as plt

x = np.random.randn(1000) * 100
y = np.random.randn(1000) * 100
plt.scatter(x, y)
plt.show()
```

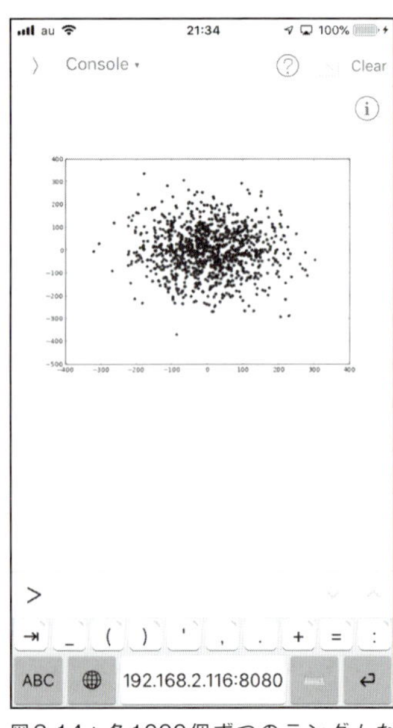

図2-14：各1000個ずつのランダムなデータを２セット用意し、散布図でグラフ化する。

ここでは、1000個のランダムな値をまとめたデータを２つ用意し、それを使ってscatterで散布図を作成しています。データはrandnを使って作成しています。「２つのデータを用意する」という点さえわかっていれば、散布図の作成はそう難しくはありませんね。

グラフに注釈を付ける

基本的なグラフはだいたい描けるようになりました。後は、グラフにさまざまな要素を付け加えて描く機能について説明をしましょう。

まずは、「注釈」についてです。注釈というのは「吹き出し」のように、テキストと矢印が組み合わせられたようなものです。テキストから指定の地点まで矢印を描き、特定の位置に説明などを追加することができます。

この注釈は、「annotate」という関数を使って作成します。

▼注釈を描く

```
plt.annotate( テキスト )
```

基本的には、表示する注釈のテキストだけを引数指定すればいいのですが、これでは、どこに矢印を引き伸ばして示すのかわかりません。そこで、注釈の表示に関するさまざまなオプション引数が用意されています。

オプションの引数

xy = (X値 , Y値)	注釈の矢印の先端位置を指定する。値は、X値とY値をタプルでまとめたものになる。
xytext = (X値 , Y値)	表示するテキストの位置を指定するもの。X値とY値をタプルでまとめる。
fontsize = 数値	表示するテキストのフォントサイズを指定するもの。数値で指定。
color = 色の指定	表示するテキストの色を指定する。色を表すショートカット値(アルファベット1文字)を使う。
arrowprops = dict(属性 = 値 , ……)	矢印の属性を設定する。値は設定内容を辞書にまとめたもの。利用可能な属性には以下のものがある。 color : 矢印の色 arrowstyle : 矢印のスタイル。'simple', 'fancy', 'wedge' 他。 width : 矢印の太さ。 headwidth : 頭部分の横幅。 headlength : 頭部分の長さ。

グラフに注釈を付けてみる

実際にグラフに注釈を表示させてみましょう。先に作成したsin/cosグラフを使い、注釈を追加します。

▼リスト2-30

```
import numpy as np
import matplotlib.pyplot as plt

x = np.arange(0,np.pi * 2, np.pi / 36)
y1 = np.sin(x)
y2 = np.cos(x)

plt.plot(x, y1)
plt.plot(x, y2)
plt.annotate('Here!!', xy=(1.5, 0),
    xytext=(3, 0.5), color='r', fontsize=30,
    arrowprops=dict(arrowstyle='simple', color='r'))
plt.show()
```

ここではグラフの[0, 1.5]の地点に赤い矢印を付け、「Here!!」とテキストを表示しています。annnotateでxy, xytext, color, fontsize, arrowpropsといった値を用意して注釈を表示していますね。

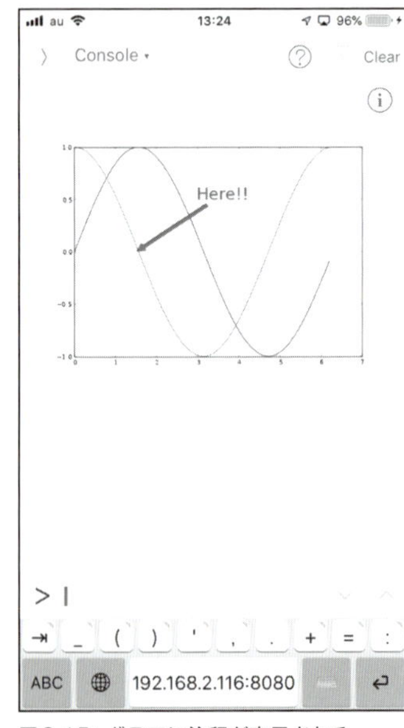

図2-15：グラフに注釈が表示される。

arrowpropsの設定がちょっと面倒ですが、それ以外はそれほど難しいものでもありません。「面倒くさい」というだけであって、「難しい」わけではないことがわかるでしょう。

直線を描く

グラフにはグリッド線を描くことができますが、そうしたグラフの線分とは別に、特定の値を強調するなどの目的で線を引きたいことがあります。

こうした場合に用いられるのが、「axhline」「axvline」といった関数です。これらは、指定した位置に縦横の直線を引きます。

▼水平に直線を引く

```
plt.axhline( y= 位置 )
```

▼垂直に直線を引く

```
plt.axvline( x= 位置 )
```

オプションの引数

color	線分の色。
alpha	透過度。0～1の実数で指定。
linewidth	線の太さ。
xmin, xmax	axhlineにおけるXの最小値と最大値。
ymin, ymax	axvineにおけるYの最小値と最大値。

どちらも、xまたはyの位置を指定するだけで、その位置に直線を引きます。このxまたはyの値は必須です。その他にオプションの引数がいろいろと用意されており、それらを指定することで色や太さなどを細かく設定できます。サンプルを挙げておきましょう。

▼リスト2-31

```
import numpy as np
import matplotlib.pyplot as plt

x = np.arange(0,np.pi * 2, np.pi / 36)
y1 = np.sin(x)
y2 = np.cos(x)

plt.plot(x, y1)
plt.plot(x, y2)
for n in range(0,10):
  plt.axhline(y=(n / 10))
  plt.axvline(x=(n / np.pi))
plt.show()
```

図のように、縦横にそれぞれ10本ずつ直線を描画しています（垂直線は一番左端が座標軸に重なっているので、9本に見えます）。

ここでは、単純にxまたはyを引数に指定して関数を呼び出しているだけです。こんな具合に、非常に簡単に直線を付け加えることができます。

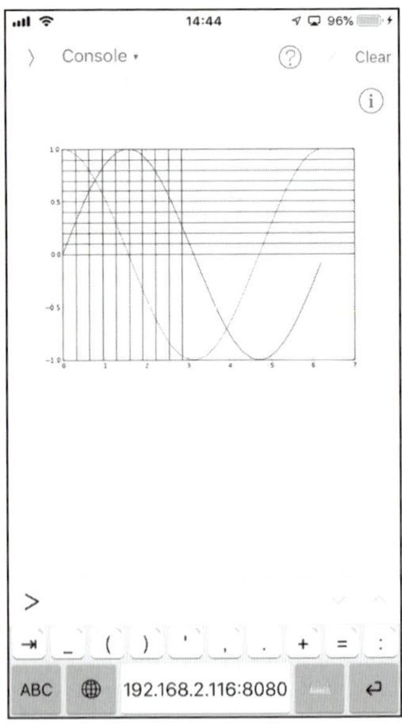

図2-16：縦横に直線を描画する。

一定領域を塗りつぶす

グラフ内の一定領域を塗りつぶす機能もあります。グラフなどでは、よく「ここからここまでの範囲」というように、一定の範囲を色付けしたりすることがあります。

こうした場合に用いるのが、「axhspan」「axvspan」といった関数です。

▼y軸方向で一定幅を塗りつぶす

```
plt.axhspan( 最小値 , 最大値 )
```

▼x軸方向で一定幅を塗りつぶす

```
plt.axvspan( 最小値 , 最大値 )
```

axhspanは、y軸方向で最小値から最大値までの範囲を塗りつぶします（つまり、グラフの左端から右端まで一定幅を塗りつぶす横長なエリアが描かれます）。axvspanは、x軸方向で最小値から最大値までの範囲を塗りつぶします（つまり、縦長な塗りつぶしエリアになります）。

これらは、そのまま実行するとグラフと同じ色で塗りつぶされるので、グラフ自体の表示がかなり見づらくなります。オプションの引数がいろいろと用意されているので、それらを使って調整します。

オプション引数

color	塗りつぶす色。
alpha	透過度。0～1の実数で指定。
xmin, xmax	axhspanにおけるXの最小値と最大値。
ymin, ymax	axvspanにおけるYの最小値と最大値。

colorとalphaあたりを設定すれば、見やすく塗りつぶしを行うことができるでしょう。これも実際の利用例を挙げておきましょう。

▼リスト2-32

```
import numpy as np
import matplotlib.pyplot as plt

x = np.arange(0,np.pi * 2, np.pi / 36)
y1 = np.sin(x)
y2 = np.cos(x)

plt.plot(x, y1)
plt.plot(x, y2)
plt.axhspan(0, 0.5, alpha=0.25)
plt.axvspan(1.0, 2.0, alpha=0.25)
plt.show()
```

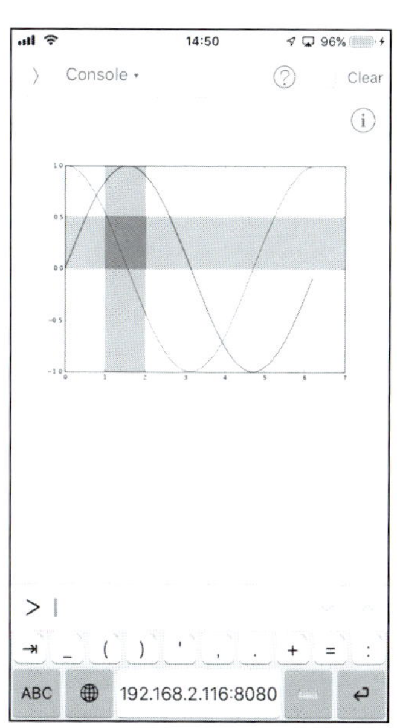

図2-17:グラフ内の一定範囲を塗りつぶしたところ。

ここでは、x軸のゼロから0.5までの範囲と、y軸の1.0から2.0の範囲をそれぞれ塗りつぶしています。alpha=0.25とすることで半透明に塗りつぶしているので、グラフが見づらくなることもないでしょう。

こんな具合に、一定の範囲に色を付けられると、グラフの説明などもしやすくなります。注釈や線分描画とこの塗りつぶしは、「グラフを見やすくするための工夫」として覚えておくと便利ですよ！

3Dグラフも描ける！

ここまでいろいろなグラフを描いてきましたが、それらは基本的にすべて「2D」でした。が、matplotlibには、3Dのグラフを描く機能も用意されているのです。これを使うには、「Axes3D」というモジュールをインポートする必要があります。

```
from mpl_toolkits.mplot3d import Axes3D
```

このような文をスクリプトの冒頭に記述しておくと、Axes3Dが使えるようになります。このAxes3Dは、オブジェクトです。ここから必要なメソッドを呼び出すことで、3D描画の設定をしたり、実際にグラフを描いたりできます。

3Dグラフを使うには、まずAxes3Dオブジェクトを用意する必要があります。

▼Axes3Dを取得する

```
変数 = plt.figure().gca(projection='3d')
```

これは、「こうやってAxes3Dを得る」と丸暗記してしまいましょう。オブジェクトが取得できたら、そこからメソッドを呼び出して3Dグラフを描画します。

▼塗りつぶして描く

```
《Axes3D》. plot_surface( Xデータ , Yデータ , Zデータ )
```

▼ワイヤーフレームで描く

```
《Axes3D》. plot_wireframe( Xデータ , Yデータ , Zデータ )
```

これで3Dのグラフが描けてしまうのです。実に簡単！　この他にもいくつか引数が用意されています。

オプション引数

cmap	カラーマップ。以下のいずれかの値で設定する。 autumn, bone, copper, flag, gray, hot, hsv, jet, pink, prism, spring, summer, winter
linewidth	ワイヤーフレーム時の線の太さ。
antialiased	アンチエイリアス処理。Trueにするとアンチエイリアスされる。

特にcmapは、設定するカラーマップを変更するだけで、いろいろなカラーバリエーションが楽しめます。

3Dデータについて

非常に簡単に3Dグラフが作成できるAxis3Dですが、実際にやってみようとすると、「どうやってデータを用意するか」という問題にぶち当たるでしょう。

plot_surfaceなどでは、x, y, zの各軸方向のデータが必要です。このうちxとyは、いってみれば「各軸に割り当てられる数列」を用意するだけです。例えばx = [0, 1, 2, 3, 4]という具合に、グラフに割り当てる値を配列として用意したものをyデータの数だけ並べて2次元配列にします。

問題は、zデータです。xデータとyデータによる2次元配列（行列）に、各地点の値を設定したものが必要になります。これをいかようにするかで3Dグラフが決まります。

整理すると、例えばこんな具合にデータを用意します。

```
x = [
    [0, 1, 2, 3, 4],
    [0, 1, 2, 3, 4],
    [0, 1, 2, 3, 4],
    [0, 1, 2, 3, 4],
    [0, 1, 2, 3, 4]
]
y = [
    [0, 0, 0, 0, 0],
    [1, 1, 1, 1, 1],
    [2, 2, 2, 2, 2],
    [3, 3, 3, 3, 3],
    [4, 4, 4, 4, 4]
```

```
]
z = [
  [0, 1, 2, 3, 4],
  [1, 2, 3, 4, 3],
  [2, 3, 4, 3, 2],
  [3, 4, 3, 2, 1],
  [4, 3, 2, 1, 0]
]
```

xとyは、それぞれ数列の並ぶ方向が違うという点に注意しましょう。実際にグラフの作成に用いられるのが、zのデータになります。このzデータをいかにうまく用意するかがポイントと言えるでしょう。

グラフの表示角度

3Dのグラフは、グラフによって「どの方向から見るとわかりやすいか」が違ってきます。デフォルトの表示では思うようにグラフが見えない場合、グラフの向きなどを調整する必要があります。

▼視点を設定する

```
《Axes3D》. view_init( 仰角 , 回転角度 )
```

これは、グラフを表示する視点を変更するためのものです。引数に仰角（水平方向がゼロ、垂直方向が90）とグラフの回転角度をゼロ～360の範囲で指定します。これで、グラフを表示する視点を自由に変更できます。いろいろ調整して、一番見やすい位置を探して表示するとよいでしょう。

3Dグラフを表示してみる

では、実際に3Dグラフを表示してみることにしましょう。以下のようにスクリプトを修正してください。

▼リスト2-33

```
import numpy as np
import matplotlib.pyplot as plt
from mpl_toolkits.mplot3d import Axes3D

ax = plt.figure().gca(projection='3d')

xarr = np.arange(0, np.pi * 1.5, 0.01)
yarr = np.arange(0, np.pi * 1.5, 0.01)
(x, y) = np.meshgrid(xarr, yarr)
z = np.sin(x * y)

surf = ax.plot_surface(x, y, z, cmap='bone', linewidth=0, antialiased=True)
ax.view_init(45, 90)
plt.show()
```

実行すると、sin曲線による波紋のようなグラフが表示されます。ここではsin関数を使ってzデータを作成しています。

データの作成部分を見てみましょう。

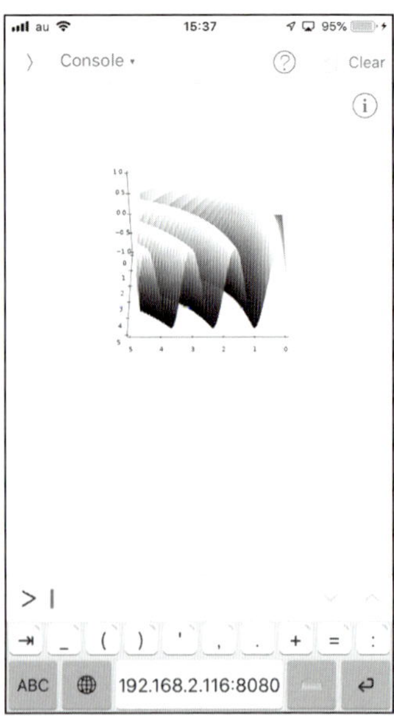

図2-18：3Dグラフを表示する。

▼x, yのデータを作成する

```
xarr = np.arange(0, np.pi * 1.5, 0.01)
yarr = np.arange(0, np.pi * 1.5, 0.01)
```

まず、xとyのデータを作成します。これはarangeを使います。ゼロから1.5πの範囲で、0.01刻みで数列を作成します。これで、[0.01, 0.02, 0.03, ……]といった配列が作成できました。これがグラフの描画範囲になります。

この2つの数列を使って、2次元配列を作ります。

```
(x, y) = np.meshgrid(xarr, yarr)
```

meshgridという関数を使っていますね。xとyの配列を元にそれぞれの2次元配列を生成して返します。まぁ、これは「3Dグラフのx,yデータを作成する専用関数」と考えてしまっていいでしょう。

そして両データが用意できたらzデータを作成します。これは、sinを使います。

```
z = np.sin(x * y)
```

numpyの配列や行列は、普通の数値と同じ感覚で演算することができましたね。ここでは、xとyをかけた値を引数にしてsinを実行しています。

これで、引数の2次元配列をsinで処理した結果の2次元配列が得られます。つまり、「引数の2次元配列の各要素の値をそれぞれsinした2次元配列ができた」わけです。

これをzデータとして使えばsin曲線の立体版ができる、というわけです。

必要に応じてモジュールを学ぼう

というわけで、Pythonista3に用意されているnumpy、sympy、matplotlibの基本についてひと通り説明しました。matplotlibのグラフなどはけっこういろんなところで使えるでしょうが、sympyはあまり使う機会がない人も多いかもしれません。

せっかく数値処理に強いPythonを学ぶのですから、こうした機能についても学んでおいて損はありません。ぜひ機会を見て、しっかりと復習して使い方を覚えておきましょう。Pythonでプログラミングを行っていきたいなら、これらの知識は時間を割いて学んでも決して損にはなりませんよ。

Chapter 3

GUIを使おう

Pythonista3には、iOSで使われる基本的なGUIが部品として用意されています。
ラベルや入力フィールド、ボタンといった基本はもちろん、
アラートの表示やリスト表示、ナビゲーション表示なども標準で用意されています。
これらのGUIの使い方をここでマスターしましょう!

Chapter 3

3.1. UI利用の基本をマスター!

iOS用UIの利用

Pythonのモジュール類は、基本的にはパソコンなどの一般的なPythonでの利用を想定しています。Pythonista3の場合、iOSで動きますが、iOS用のPythonモジュールというのはあまり聞いたことがありません。

そこでPythonista3では、独自にiOSを利用するためのモジュールを作成し使えるようにしています。これらを使えば、iOSの独自機能が使えるようになるのです。iOS独自の機能といってもさまざまなものが思い浮かびますが、何より最初に覚えるべきは「UI」でしょう。

UI (User Interface)は、わかりやすくいえば「ユーザーがプログラムとやり取りするために操作する部品」のことです。例えばボタンや入力フィールド、メニューなどといったものが思い浮かぶでしょう。iOSのアプリは、こうした基本的なUI部品を組み合わせて作られています。これらUIが使えれば、iPhoneらしいプログラムがPythonista3で作れるようになります。

UIは専用ファイルで作る

このUIを利用するには、いくつかの方法があります。もっともわかりやすいのは、「専用ファイルを作成してUIを設計する」というものでしょう。Pythonista3ではUIデータのファイルを作成し、それをスクリプトからロードして利用できるようになっています。

このUIファイルは、Pythonista3に組み込まれている専用のデザインツールで開かれます。そして、画面タッチでUIがデザインできるようになっているのです。専用ツールを使うので、使い方さえわかれば比較的簡単にUIを作ることができます。

UI&スクリプトファイルを作ろう

では実際にファイルを作成して、作業しながら使い方を覚えておきましょう。画面の右上に見える「+」アイコンをタッチしてください。これで画面に新規ファイル作成の表示が現れます。ここから「New File...」ボタンをタッチします(図3-1)。

ボタンをタッチすると、作成するファイルのリストが表示されます。ここから「Script with UI」という項目をタッチして選択してください。これは、UIファイルとそれを利用するスクリプトファイルをセットで作成するものです(図3-2)。

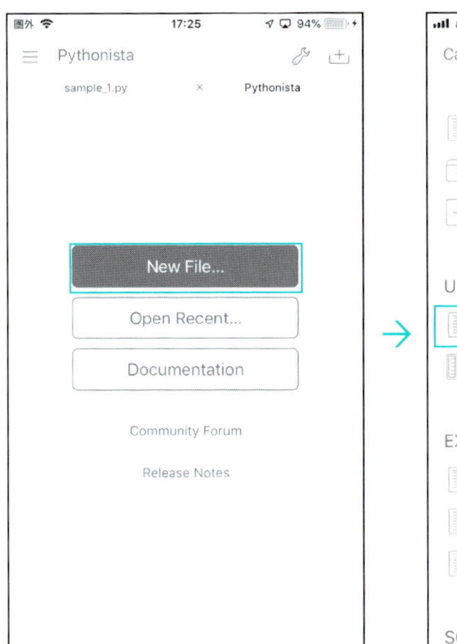

図3-1：「＋」アイコンをタッチしてこの画面を呼び出す。

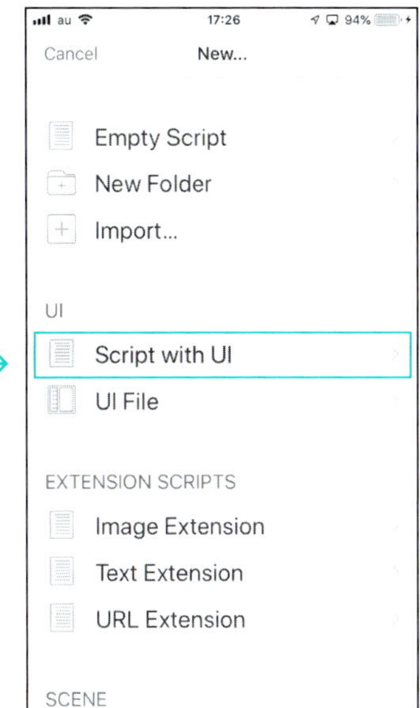

図3-2：リストから「Script with UI」を選択する。

画面にファイル作成のための表示が現れます。一番上の入力エリアにファイル名を入力し、下のリストで保存場所を選択します。

保存場所は、デフォルトで「Documents」が選択されています。これはそのままでいいでしょう。ファイル名は「MyPythonApp」としておきましょう。そして右上の「Create」をタッチすると、ファイルが作成されます。

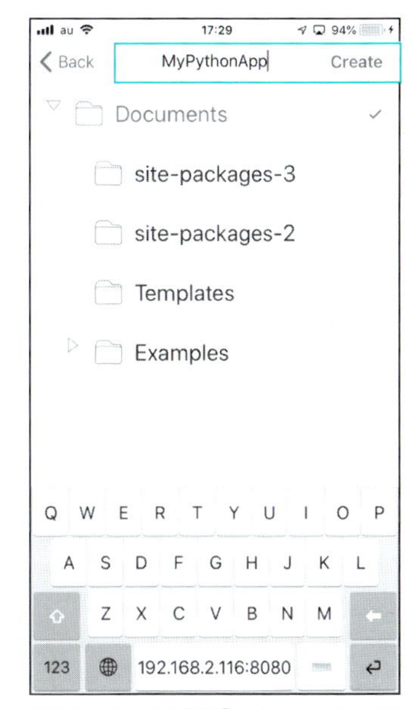

図3-3：ファイル名を「MyPythonApp」と入力してCreateする。

作成される2つのファイル

ファイルを作ると、画面に新たなコードエディタが開かれます。これが作成されたファイルです。エディタの上部をよく見てみましょう。そこに「MyPythonApp.pyui」「MyPythonApp.py」という2つのタブが表示されているはずです。実は、Createでこの2つのファイルが作成され、同時に開かれていたのです。

この2つのファイルは、それぞれ次のような役割を果たします。

MyPythonApp.pyui

Pythonista3のUIファイルです。これは専用のデザインツール（「UIデザイナー」というものです）で開かれ、ビジュアルにUIを設計できます（図3-4）。

MyPythonApp.py

MyPythonApp.pyuiのUIを利用するスクリプトファイルです。ここにUIを利用した処理を記述します（図3-5）。

図3-4：UIファイルは専用のツールで開かれる。

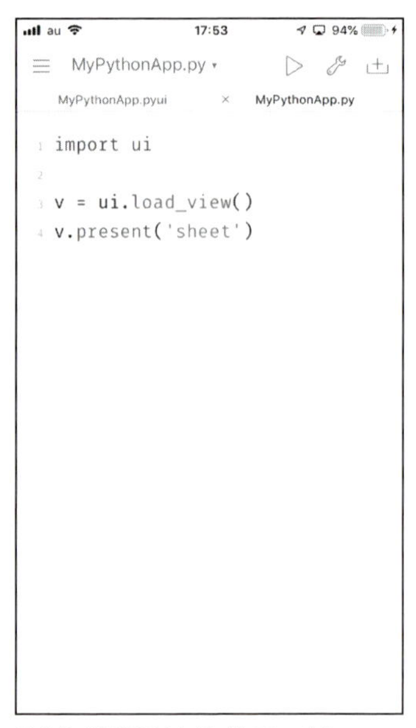

図3-5：UI用のスクリプトファイル。

C O L U M N

不要なファイルは閉じておこう

これで、前章まで使っていた「sample_1.py」も含めて3つのファイルが開かれた状態になっていることでしょう。中には、最初に表示されていた「Welcome.md」も開いたままになっている人もいるんじゃないでしょうか。

作成されたファイルはいつでも開けるので、今使わないファイルは閉じておきましょう。画面の上部にある、ファイル名を表示したタブには、ファイルを閉じる「×」アイコンがついています。これをタッチすれば、そのファイルを閉じることができます。

UIデザイナーの基本を覚えよう

まずは、UIデザイナーを使ったUIデザインの基本から覚えましょう。上部のタブで「MyPythonApp.pyui」をタッチして表示を切り替えてください。この画面では、中央にうっすらとグレーで四角いエリアが表示されているでしょう。これが、UIを作成するエリアです。

このままでは、何がどうなっているかわかりませんね。では画面を横にして、上部右側に見える「i」アイコンをタッチしてください。すると、画面の右側に「Inspector」という表示が現れます。

このInspectorは、UI部品に関する設定情報（「属性」と呼ばれます）を管理するものです。ここに、選択されたUI部品の細かな属性がリスト表示されます。また、設定の変更もここから行うことができます。

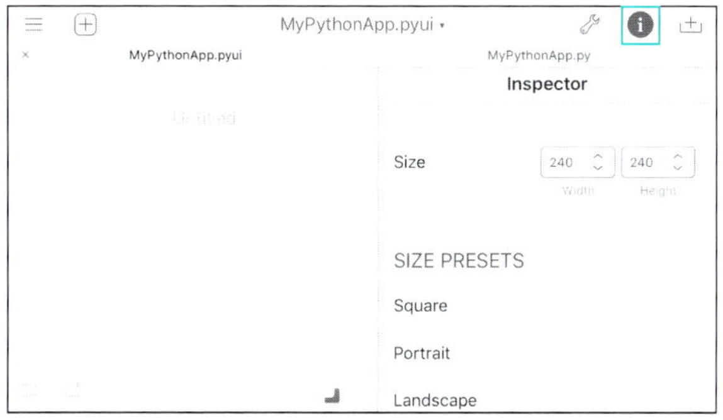

図3-6：「i」アイコンをタッチすると、Inspectorが表示される。

Viewの基本設定

最初にInspectorに表示されているのは、Viewという部品の属性です。これは、UIのベースとなる部分（画面に表示されているグレーの四角いエリアがこれ）です。ここには以下のような項目が表示されています。

Size	部品の大きさです。デフォルトでは縦横とも「240」になっています。これを調整して表示エリアの大きさを変更できます。
SIZE PRESETS	下に「Square」「Portrait」「Landscape」といった3つの項目が表示されていますが、これは画面の初期状態を選ぶものです。それぞれ「正方形」「縦長方形」「横長方形」になります。
Custom View Class	この部品のクラスです。これは「View」となっています。

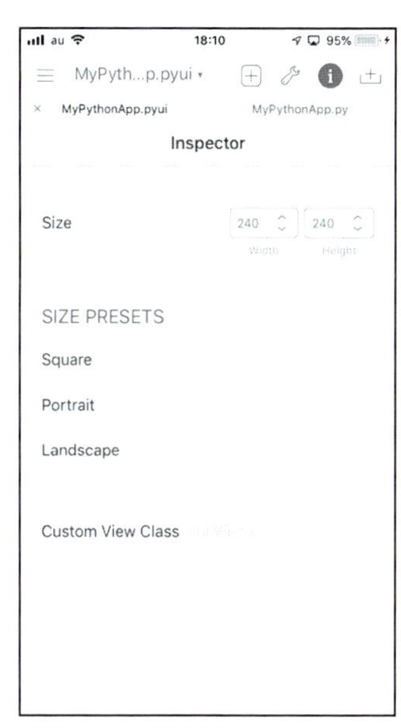

図3-7：Viewの属性項目。

Viewに名前を付けよう

では、表示されているViewに名前を付けておきましょう。グレーのエリアの上部に、うっすらと「Untitled」とテキストが見えるでしょう。これをタッチしてください。テキストが記入できるようになります。

ここでは、「Hello」と入力しておきましょう。

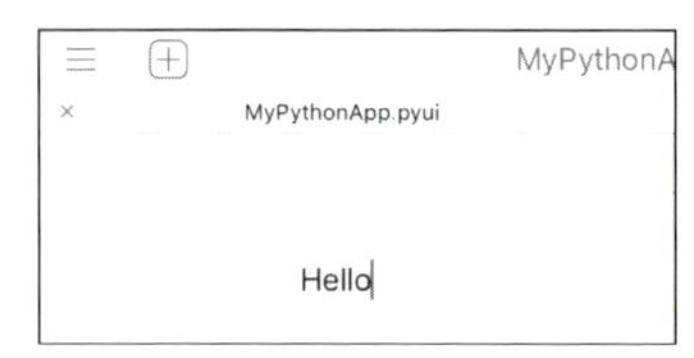

図3-8：Viewの上部に「Hello」と記入しておく。

Labelを配置しよう

では、実際に何かUI部品を配置してみましょう。まずは、UIの基本である「テキストを表示する」部品から。これは、「Label」という部品です。これをViewに配置してみましょう。

部品の配置は、UIデザイナーを開いた状態で上部の左端に見える「＋」というアイコンをタッチして行います（画面上部には右端にも「＋」のアイコンがあるので間違えないように！　左端の「＋」がUI部品の追加です）。これをタッチすると、画面に利用可能なUI部品の一覧が現れます。ここから「Label」と表示されているアイコンをタッチしてください。これで、Labelが組み込まれます。

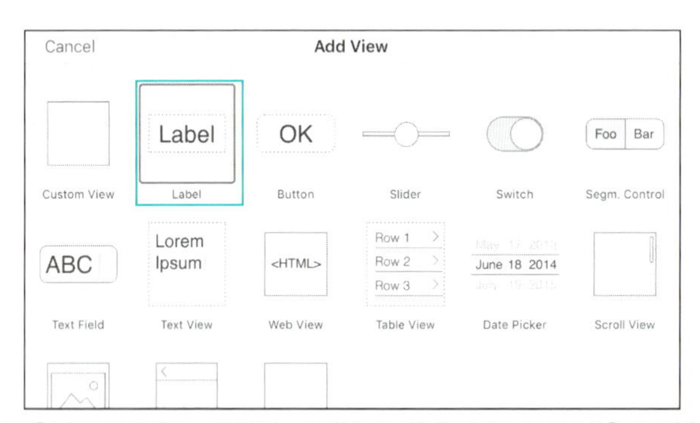

図3-9：左上の「＋」アイコンをタッチすると、UI部品の一覧が現れる。ここから「Label」を選択する。

UIの一覧が消え、Viewの中にLabelが１つ配置されます。Inspectorの表示も、選択されたLabelの属性に変わります。これが、記念すべき最初のUI部品というわけです。

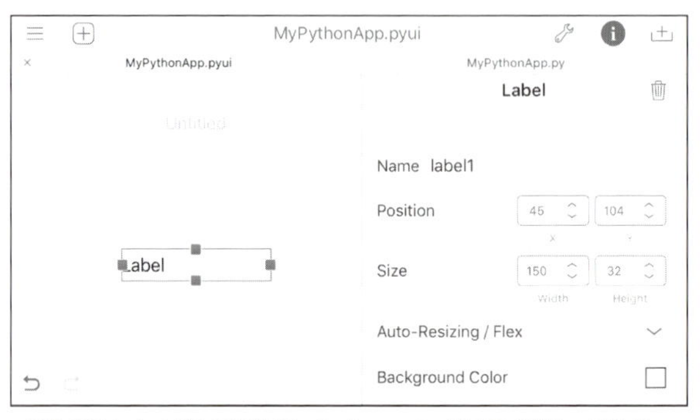

図3-10：Labelが１つ配置された。Inspectorも表示が変わっている。

UI部品の基本操作

配置したLabelは、タッチして選択すると青い枠線が表示されます。配置したUI部品は、指先で触れて基本的な操作が行えます。

●UI部品の移動

Labelの内部をプレスし、ゆっくり動かすとLabelの位置を移動できます。

●UI部品のリサイズ

表示されている枠線の上下左右には■マークが表示されていますね。この部分をプレスし、そのままゆっくり動かせば、Labelをリサイズすることができます。

UI部品のカット&ペースト

Labelの内部をタッチすると、「Delete」「Copy」「Front」「Back」といった項目がポップアップ表示されます。これを使って、UI部品の基本的な操作が行えます。

Delete	選択した部品を削除する。
Copy	選択した部品をコピーする。
Paste Attributes	選択した部品に設定だけをペーストする。
Front	選択した部品を手前に移動する。
Back	選択した部品を奥に移動する。

Paste Attributesは、同じ種類のUI部品をコピーしてあった場合に用いるものです。例えば、Labelをコピーして別のLabelを選択し、Paste Attributesすると、コピーしてあったLabelの設定だけがペーストされます。

FrontとBackは、複数の部品を配置したときの重なり順を調整するものです。これは、いくつもUI部品を配置するようになってくると必要性がわかってくるでしょう。

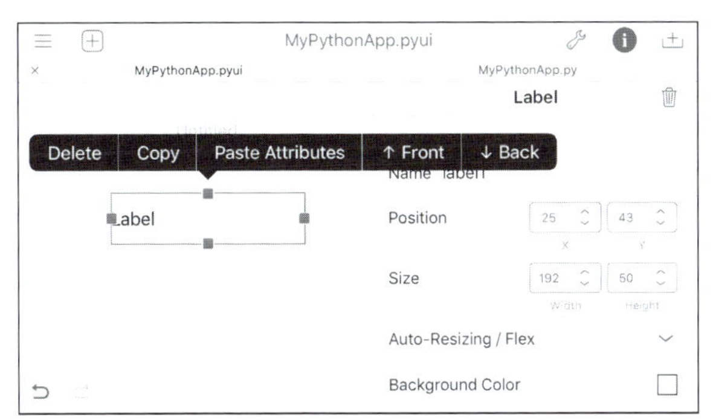

図3-11：Labelの内部をタッチしたところ。利用可能な機能がポップアップ表示される。

UI部品に用意されている属性

ではLabelを選択し、Inspectorで設定を行いましょう。

Inspectorにはたくさんの項目が表示されます。どのような項目が用意されているのか見てみましょう。

ここに表示されている属性にはUI部品共通のものと、Label独自のものがあります。まずは、UI部品共通の属性から説明します。

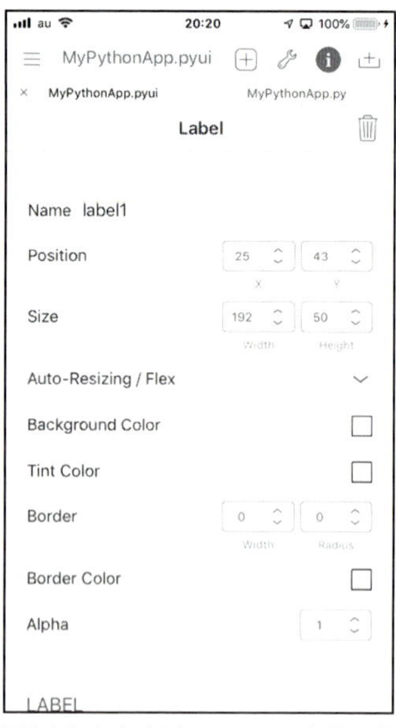

図3-12：LabelのIspector。これはUI部品に共通のもの。

Name	Labelの名前。デフォルトで「label1」になっている。
Position	Labelの配置場所。左右と上下を数値で設定する。
Size	Labelの大きさ。横幅と高さを数値で設定する。
Auto-Resizing/Flex	Viewの大きさが変更されたときの自動サイズ調整設定。右端の「v」をタッチすると設定が現れる。左側に見える四角い枠がUI部品で、その上下左右と、内部の縦横幅の部分に青い線が薄く表示されている。これで、どの部分を自動調整するかを指定する。

Auto-Resizing/Flexでは、内部の横線（横幅を示す部分）をタッチしましょう。これで、リサイズするとLabelの横幅が自動的に調整されるようになります。

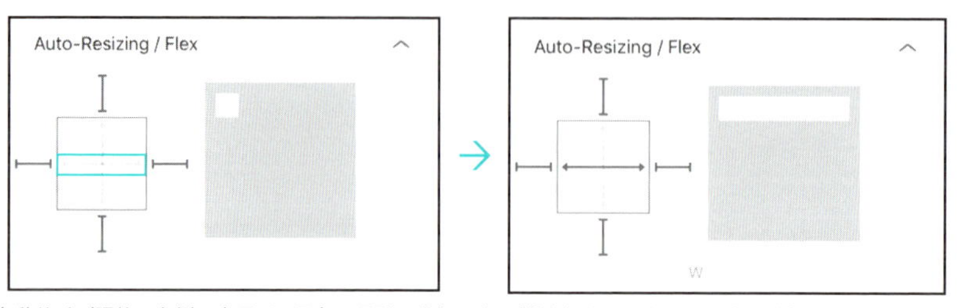

図3-13：自動サイズ調整。左側の表示で、四角い図形の内部にある横線をタッチすると、横幅が自動調整されるようになる。

Background Color	背景色の設定。右側のチェックボックスをタッチすると、画面にカラーパレットが現れる。ここで色を選択(ダブルタップ)すると、背景色が変わる。今回は特に変更しない。
Tint Color	UI部品のTint Color(UIを描いている色)の設定。タッチすると、カラーパレットが現れる。

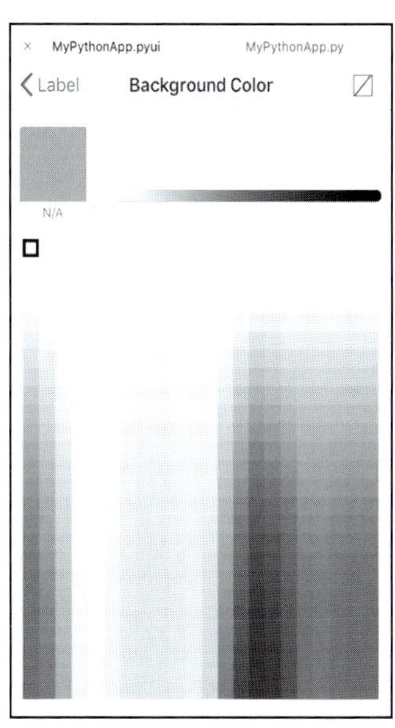

図3-14:色はカラーパレットで選べる

Border	ボーダー(枠線)の太さ。先の太さと丸みをそれぞれ設定できる。
Border Color	ボーダーの色。カラーパレットで設定する。
Alpha	透過度の設定。0～1の間で設定。

Labelに用意されている属性

続いて、Labelに独自の属性についてです。Inspectorをスクロールしていくと、「LABEL」という表示が出てきます。これより下が、Label独自の属性になります。

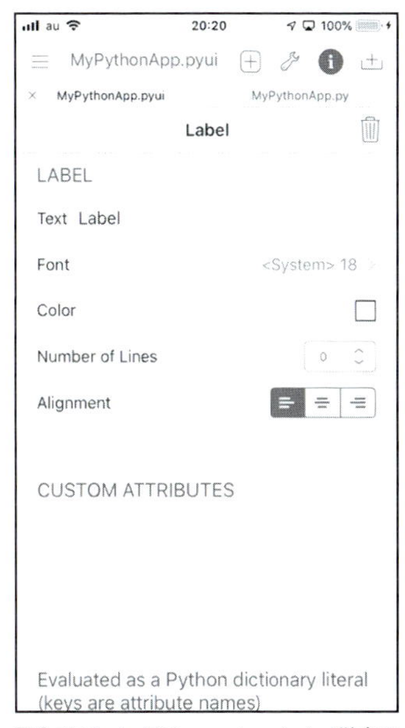

図3-15:LabelのInspector。Label独自の属性。

Text	Labelの表示テキスト。タッチすると変更できる。ここでは、「Hello!」と変更しておく。

図3-16：Textを「Hello!」と変更する。

Font	使用フォント。タッチすると、フォントを選択する画面に切り替わる。ここでは、フォントサイズを30にしてやや大きくしておいた。

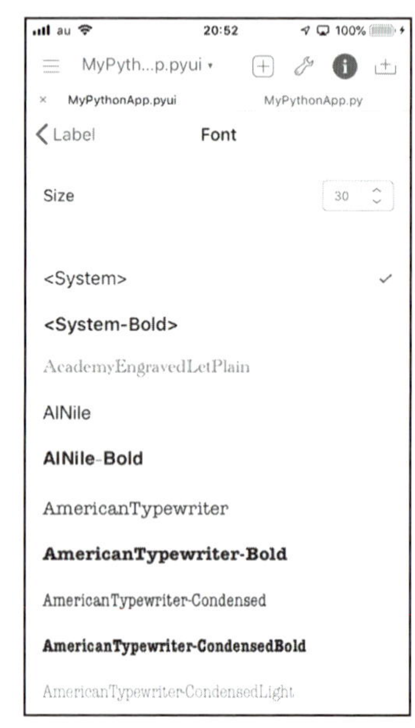

図3-17：Fontの設定画面。フォントの種類やフォントサイズを設定できる。

Color	テキストの色。タッチすると、カラーパレットが現れて選択できる。
Number of Lines	テキストの行数。複数行のテキストを表示するときに使う。デフォルトはゼロで、複数行表示しない。
Alignment	文字揃え。左揃え、中央揃え、右揃えをアイコンで選択する。

プログラムを実行しよう

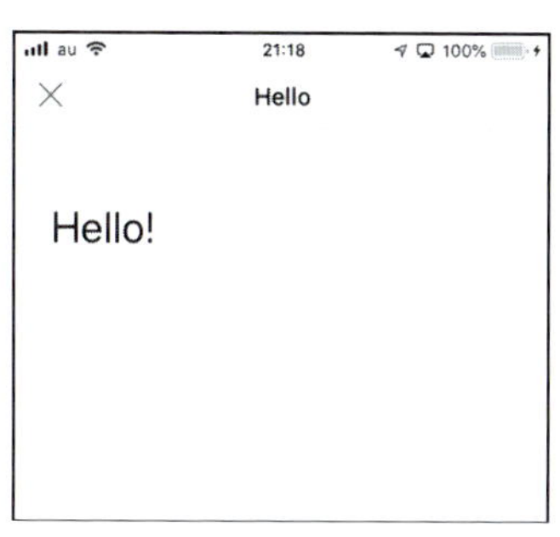

図3-18：MyPythonAppの実行画面。

実際にプログラムを実行して、どのように表示されるか確かめてみることにしましょう。

プログラムの実行は、UIファイルでは行えません。Pythonのスクリプトファイルを開いて実行する必要があります。

では、「MyPythonApp.py」のタブをタッチして表示を切り替えてください。Pythonのコードエディタ画面になったら、上部にある実行アイコン（「▷」のアイコン）をタッチして実行しましょう。

スクリプトが実行され、画面に「Hello!」とテキストが表示されます。このテキストの表示が、配置したLabelですね。

また、上のタイトル部分を見ると、「Hello」と表示がされています。これは、Viewの上部に入力した名前です。Viewの名前は、こんな具合にタイトルとして使われるものだったわけです。

表示が確認できたら、左上の「×」マークをタッチしてプログラムを終了しましょう。

実行スクリプトをチェック！

実行したMyPythonApp.pyのスクリプトがどんなものか、チェックしましょう。こういう内容が書かれていましたね。

▼リスト3-1

```
import ui

v = ui.load_view()
v.present('sheet')
```

非常に短いものですが、UIを使ったプログラムを実行する必要最小限の処理が用意されています。順に説明していきましょう。

▼uiをインポートする

```
import ui
```

UI関連の部品は、すべてuiというモジュールに用意されています。利用の際は、まずこれをインポートしておきます。

▼pyuiファイルをロードする

```
ui.load_view( ファイル名 )
```

UIファイルをロードします。引数にファイル名を指定します。引数を省略した場合は、スクリプトファイルと同じ名前のpyuiファイルをロードします。通常、UIのプログラムはスクリプトファイルとUIファイルがセットで作成されるので、ファイル名を指定せず、ただload_viewを呼び出すだけでロードできます。

ロードされたデータは、Viewクラスのインスタンスとして返されます。これが、画面に表示されるUIのベースとなる部品です。

▼Viewを画面に表示する

```
《View》.present( スタイル )
```

Viewインスタンスを画面に表示します。引数には、表示するViewのスタイル名を指定します。これは、どういう形でViewが表示されるかを示すもので、以下のいずれかを指定します。

full_screen	フルスクリーン表示
sheet	シートとして表示(一般的なアプリの表示)
popover	ポップオーバー(必要に応じて画面にポップアップされる表示)
panel	パネル(アプリ上に一時的に表示されるもの)
sidebar	サイドバー(横からスライドして引き出されるもの)

ここでは、'sheet'としてViewを表示していた、というわけです。ゲームなどではfull_screenを使うこともありますが、UIを使ったプログラムは基本的にsheetを使う、と考えましょう。

Buttonを使おう

UI部品の配置と表示ができるようになったところで、次は「操作するUI部品」を使ってみましょう。操作の基本は、なんといっても「ボタン」でしょう。タッチして操作するボタンを配置して動かしてみることにします。

UI部品の配置は、画面の左上に見える「+」アイコンを使って行いましたね。では、アイコンをタッチして画面にUI部品のリストを呼び出しましょう。そこから、「Button」という部品を探してタッチします。

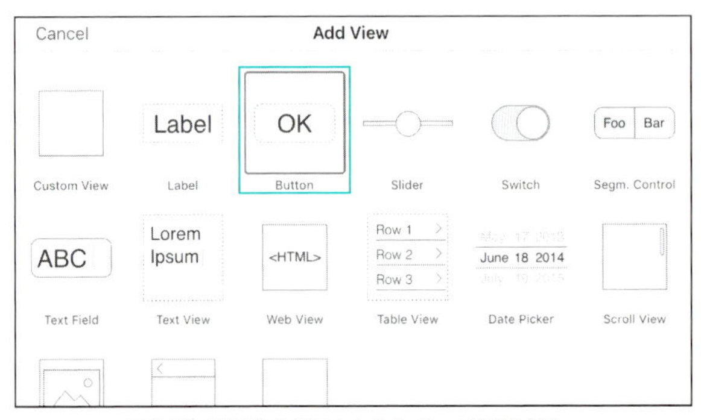

図3-19:UI部品のリストからButtonを選択する。

これで、画面にButtonというUI部品が配置されました。これを選択し、設定などを調整していきます。

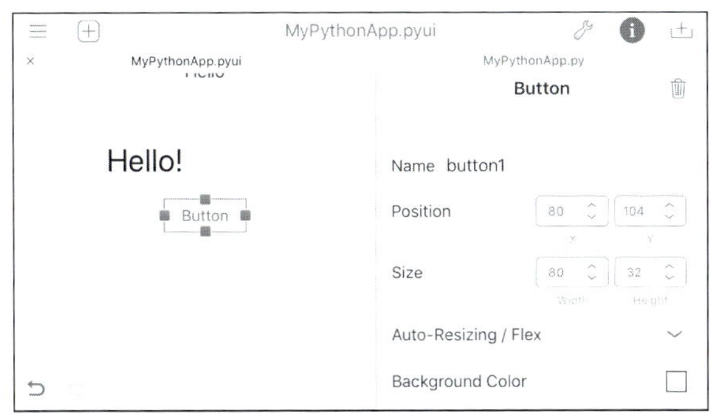

図3-20：Buttonが配置されたところ。

Buttonの属性について

配置されたButtonを選択すると、InspectorにButtonの属性がリスト表示されます。前半は、すべてのUI部品に共通の属性（名前、位置、サイズ、表示に関する色やフォントなど）が並んでいます。その下の「BUTTON」という表示以降が、Buttonのための属性です。ここには以下のようなものが用意されています。

Title	ボタンに表示されるテキスト。デフォルトでは「Button」となっている。
Font Size	表示されているテキストのフォントサイズ。
Bold	テキストをボールド表示にするかどうか。
Image	ボタンに表示するイメージ。
Action	ボタンをタッチしたときに実行する処理の指定。

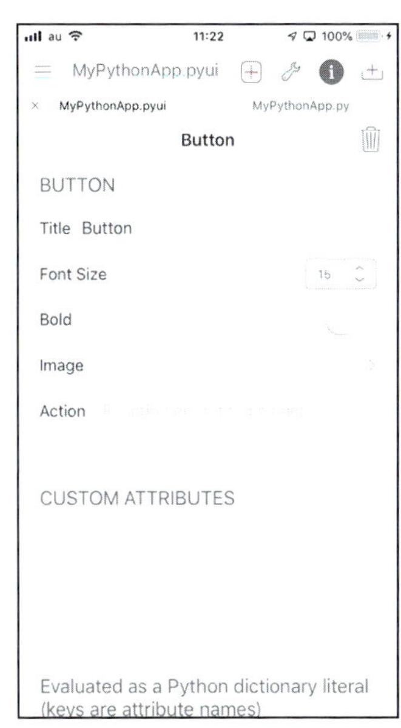

図3-21：Inspectorに表示されるButtonの属性。

表示を整えよう

では、配置したButtonを調整しましょう。位置や大きさ、表示テキストやフォントサイズは、それぞれで適当と思うように修正してください。なるべく見やすく、操作しやすい大きさにしておきましょう。

図3-22：Buttonの表示を調整する。

ButtonにActionを設定する

ボタンをタッチしたときの処理を実装しましょう。これは、「アクション(Action)」という設定として用意されています。Inspectorの「BUTTON」の下のほうに「Action」という属性が用意されています。これをタッチして入力できるようにし、「onAction」と記入しましょう。

このActionは、「イベント」というものを利用するための設定です。イベントというのは、ユーザーの操作やプログラムの動作状況などに応じて発生する一種の信号です。Pythonista3のUI部品では、発生したイベントに応じて処理を実行できるようになっています。

このActionは、「ボタンをタッチしたとき」に発生するイベントです。これに関数などを設定しておくことで、そのイベントが発生すると自動的に指定の関数が実行されるようにできるのです。

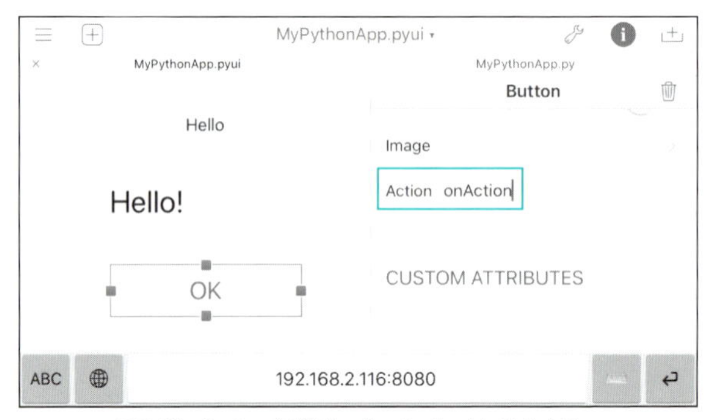

図3-23：Actionを選択し、「onAction」と記入する。

onAction関数を作成する

では、Actionに設定した「onAction」関数を作成しましょう。

「MyPythonApp.py」に表示を切り替えてください。ここにはデフォルトで短いスクリプトが書かれていましたね。この冒頭にある「import ui」の後を改行して、onAction関数を追記します。全体のリストは以下のようになります。

▼リスト3-2

```
import ui

def onAction(sender):
  label1 = sender.superview['label1']
  label1.text = 'You Tapped!!'

v = ui.load_view()
v.present('sheet')
```

ui.load_view()の手前にonActionを書く、という点に注意してください。必ず属性で利用する関数類をすべて定義した後にload_viewする必要があります。load_viewした段階で、Action属性にonAction関数が設定されるため、それまでにonActionが定義されている必要があるのです。

これが、Buttonをタッチしたときに実行されるonAction関数です。内容はこの後で触れるとして、実際に動かしてみましょう。

上部の実行アイコン(「▷」のアイコン)をタッチし、プログラムを実行してください。画面に表示されたButtonをタッチすると、Labelの表示が「You Tapped!!」に変わります。タッチで処理を実行していることがわかりますね。

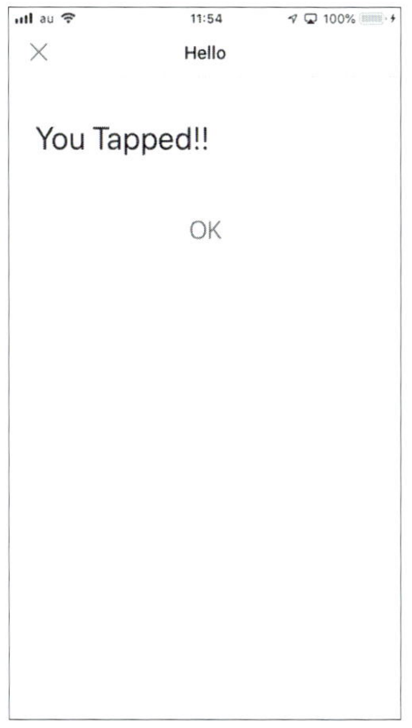

図3-24：Buttonをタッチすると表示テキストが変わる。

UI部品の取得とテキスト設定

では、実行していたonAction関数を見てみましょう。ここでは、非常にシンプルな処理を実行しているだけです。

▼Labelインスタンスを取得する

```
label1 = sender.superview['label1']
```

最初に行うのは、操作する対象のUI部品のオブジェクトを取り出すことです。ここでのsenderというのは、onActionの引数として渡されているものですね。

これは、イベントが発生したオブジェクトのインスタンスが渡されます。つまり、Buttonのオブジェクトがsenderに設定されているわけですね。

「superview」という値は、senderが組み込まれているオブジェクトが保管されている属性です。この例でいえば、Buttonが組み込まれているオブジェクト(ベースとなっているView)を示すものです。

このベースとなっているViewはコンテナ(入れ物)になっており、自身に組み込まれているUI部品のオブジェクトを[]で名前を指定して取り出すことができます。例えば、ここではsuperview['label1']としていますが、これでsuperviewに組み込まれている"label1"という名前のUI部品オブジェクトを得ることができるのです。

▼Labelのテキストを変更する

```
label1.text = 'You Tapped!!'
```

取り出したLabel1の「text」属性の値を変更しています。textという値は、Inspectorにあったtext属性のことです。これにテキストを設定することで表示されるテキストを変更していた、というわけです。こんな具合に、UI部品の操作は「その部品に用意されている属性の値を操作する」ということで行っていくのです。

TextFieldで入力しよう

ユーザーの操作で処理を実行できるようになったら、次は「ユーザーからの入力」の方法を考えることでしょう。まずは、基本である「TextField」を使ってみることにしましょう。

Text Fieldは、1行だけのテキストを入力するフィールドです。MyPythonApp.pyuiのUIデザイナーに表示を切り替えてください。そして、左上の「+」アイコンをタッチしてUI部品のリストを呼び出し、そこから「TextField」と書かれた項目をタッチして選択します。

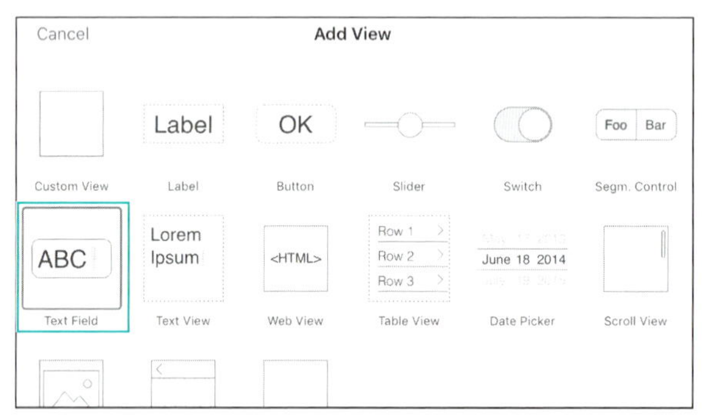

図3-25：UI部品のリストから「TextField」を選択する。

これで、UIデザイナーにTextFieldという部品が配置されます。配置された部品の位置や大きさを調整しておきましょう。

なお、作成されたTextFieldの名前（Name属性）は、デフォルトでは「textfield1」となっています。今回は、そのまま使うことにします。

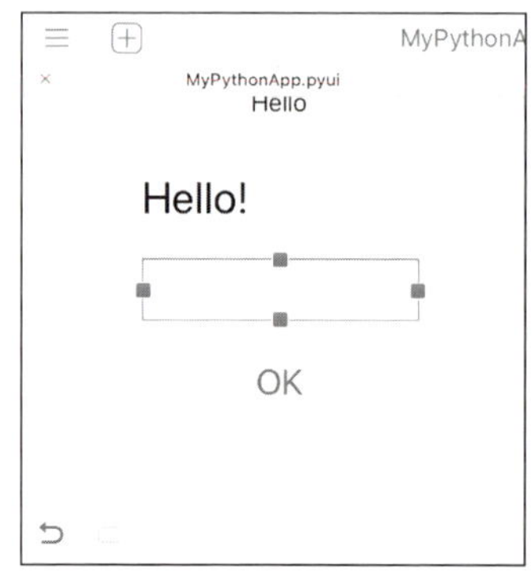

図3-26：配置されたTextField。位置や大きさを調整しておく。

TextFieldの属性について

TextFieldを選択すると、Inspectorにその属性が表示されます。やはり、最初にUI部品の共通属性があり、「TEXT FIELD」という表示より下に独自の属性が用意されます。
各属性について以下にまとめておきます。

Text	TextFieldに記述されているテキスト。
Placeholder	プレースホルダ。未入力のときにうっすらと表示されるテキスト。これで「どういう値を入力するか」がわかるようにする。
Text Color	テキストの色。タッチすると、カラーパレットが表示される。
Font	表示テキストのフォント設定。フォントの種類やサイズを変更できる。
Alignment	位置揃え。左揃え、中央揃え、右揃えのいずれかを選ぶ。
Auto-Correction	テキストの自動補正機能。
Spell-Checking	スペルチェック機能。
Password Field	パスワードの入力に使うかどうかを指定する。ONにすると入力したテキストはすべて●と表示され、読めなくなる。
Action	アクションの設定。

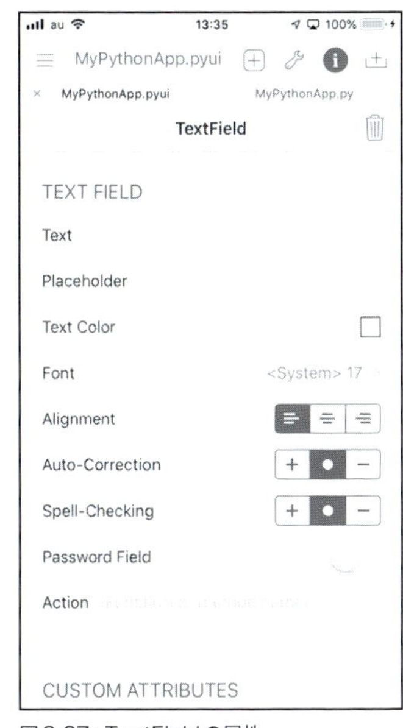

図3-27：TextFieldの属性。

TextFieldの値を使う

TextFieldに入力した値を利用する例を作成しましょう。先ほどのonAction関数を修正して使うことにします。以下のように書き換えてください。

▼リスト3-3

```
def onAction(sender):
  label1 = sender.superview['label1']
  text1 = sender.superview['textfield1']
  label1.text = 'you typed: "' + text1.text + '".'
```

修正したら、プログラムを実行して動作を確かめましょう。入力フィールドにテキストを記入し、ボタンをタッチすると、「you typed: "○○".」というように入力したテキストがメッセージに表示されます。

図3-28：テキストを記入しButtonをタッチすると、メッセージが表示される。

onActionの処理を整理する

ここでは、まずLabelとTextFieldのオブジェクトをそれぞれ変数に取り出しておきます。これはsuperviewを利用すればよかったんでしたね。

```
label1 = sender.superview['label1']
text1 = sender.superview['textfield1']
```

これで、変数label1とtext1にそれぞれオブジェクトが取り出されました。後は、text1のtextの値を取り出し、メッセージを作成してlabel1のtextに設定するだけです。

```
label1.text = 'you typed: "' + text1.text + '".'
```

これで終わりです。たったこれだけで、LabelとTextFieldを利用した簡単なプログラムが作れます。UI部品といっても、使い方はわりと単純なことがわかったでしょう。

Chapter 3

3.2. 基本的なUIをマスターしよう

Switchを利用する

Label、TextField、ButtonといったUI部品を使って、UI利用の基本について頭に入れました。基本がわかったら、その他のUI部品の使い方についてどんどん覚えていきましょう。

まずは、「Switch」についてです。Switchは、ON/OFFの設定を行うためのUI部品です。パソコンのチェックボックスに相当するものと考えればいいでしょう。

実際にSwitchを配置して使ってみましょう。MyPythonApp.pyuiのUIデザイナーに表示を切り替え、左上の「+」アイコンをタッチしてUI部品のリストを呼び出します。そこにある「Switch」アイコンをタッチして選択してください。これで、Switchが配置されます。配置されたら、既に配置してあるUI部品の位置などを調整してSwitchがきれいに表示されるようにしておきましょう。Switchはこれまで使ったUI部品と違い、大きさが変更できません。ただ位置を調整するだけなのです。

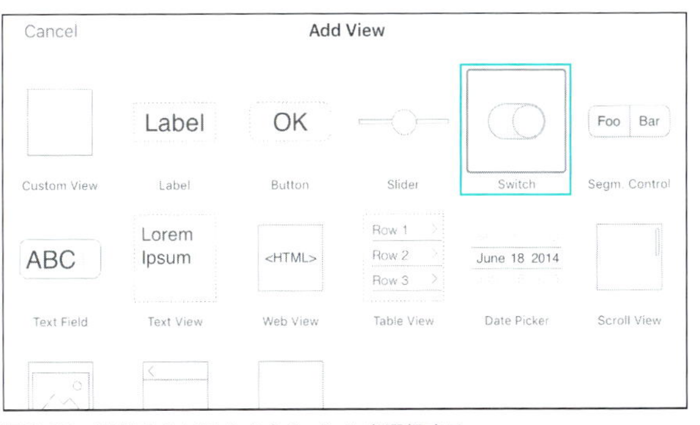

図3-29：UI部品のリストからSwitchを選択する。

Switchの属性

SwitchのInspectorを見ると、UI部品共通の属性の下に、Switch独自のものが用意されているのがわかります。

図3-30：配置したSwitchと、Inspectorに用意される属性。

これまでのUI部品のように多くのものはありません。用意されているSwitch独自の属性は次の２つのみです。

Value	Switchの値。真偽値で、ONならばTrue、OFFならばFalse。
Action	Switchを操作し値が変更されたときに実行される処理を設定する。

Switch操作の処理を作成する

Switchを使った処理の例を作成しましょう。SwitchはButtonなどと同様に、Action属性を持っています。これに関数を設定すれば、Switchを操作した際に処理を実行させることができます。

では、SwitchのAction属性に「onAction」と記入をしましょう。これで、Switch操作時にonAction関数が実行されるようになります。ButtonのActionは、値を削除しておいてください。設定ができたら、MyPythonApp.pyのコードエディタに表示を切り替え、onAction関数を以下のように書き換えます。

▼リスト3-4

```
def onAction(sender):
  label1 = sender.superview['label1']
  if sender.value:
    label1.text = 'Switch is ON!!'
  else:
    label1.text = 'Switch is OFF...'
```

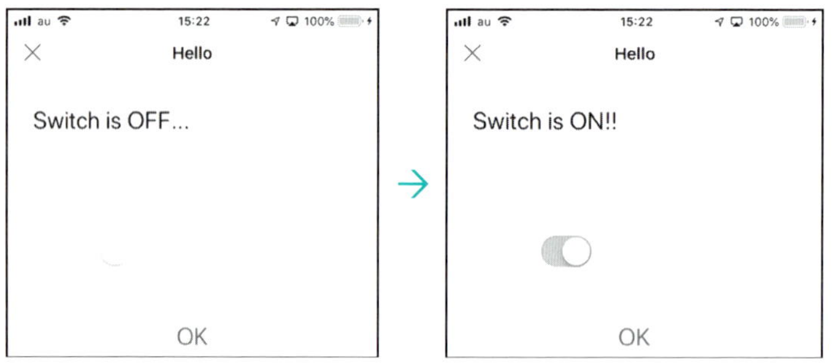

図3-31：Switchを操作すると、メッセージが変更される。

修正したら、プログラムを実行してSwitchを操作してみましょう。ONにすると「Switch is ON!!」と表示され、OFFにすると「Switch is OFF...」と表示されます。

ここではif文を使って、Switchの状態に応じて処理を実行しています。

```
if sender.value:
```

「value」はsender（つまり、このSwitch）のvalue、すなわちON/OFF状態の値です。これがTrueならばONの表示をし、FalseならばOFFの表示をしていたのです。

Sliderを利用する

続いてSliderを使ってみましょう。Sliderは、スライダーのUI部品です。UIデザイナーの左上の「＋」アイコンをクリックし、「Slider」を選択して配置します。

その前に、今配置したSwitchはもう使わないので削除しておきましょう。Switchを長押しすると項目がポップアップして現れますから、そこから「Delete」を選べば削除されます。あるいはSwitchを選択し、Inspectorの右上に見えるゴミ箱アイコンをタッチしても削除することができます。

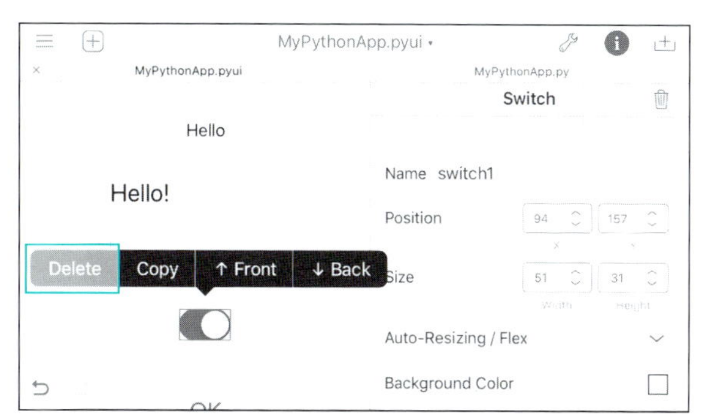

図3-32：Switchを長押しして「Delete」を選び削除する。

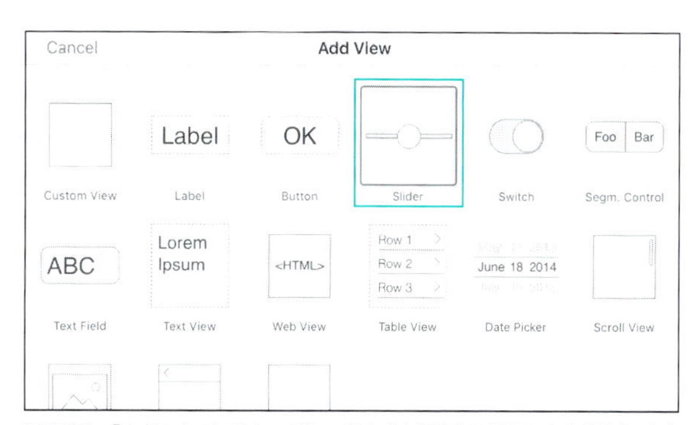

図3-33：「＋」アイコンをタッチし、現れたUI部品のリストから「Slider」を選ぶ。

Sliderの属性について

Sliderにもいくつかの属性が用意されています。Inspectorを見るとUI部品共通の属性の下に「SLIDER」と表示され、その下に3つの属性が用意されているのがわかります。

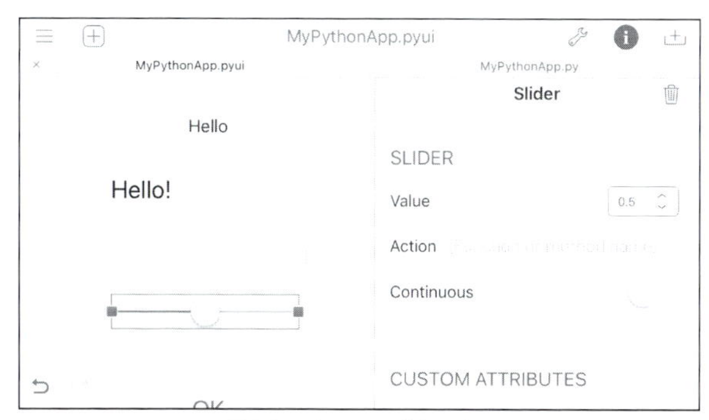

図3-34：Sliderの独自属性。

Value	現在の値。Sliderは、0～1の範囲内の実数として値を設定する。現在設定されている値がこの属性で得られる。
Action	値が変更された際に発生するイベントの設定。
Continuous	値を変更する際のActionイベントの発生の仕方を設定する。OFFだと、Sliderから指を離して値が確定したときにActionイベントが発生する。

Slider操作のイベントを利用する

では、Sliderを操作したら処理が実行されるようにしてみましょう。Action属性に「onAction」と記入して、Actionイベント時にonActionが実行されるようにしておきます。

それから、Continuous属性をONに変更しておきましょう。これで、リアルタイムにActionイベントが発生するようになります。

Inspectorで設定を行ったら、MyPythonApp.pyのコードエディタに表示を切り替え、onAction関数を以下のように修正します。

▼リスト3-5

```
def onAction(sender):
  label1 = sender.superview['label1']
  label1.text = str(round(sender.value, 3))
```

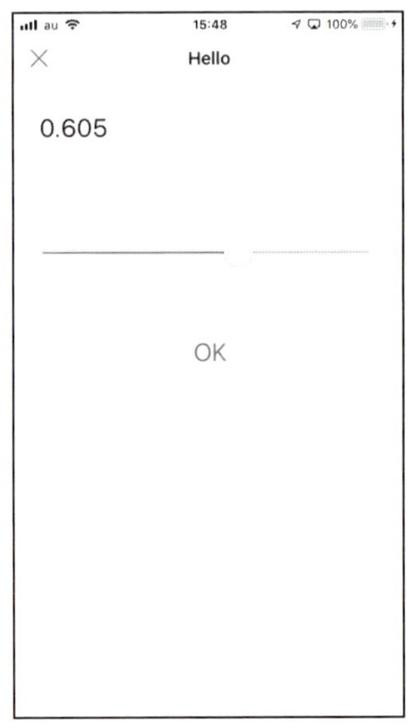

図3-35：スライダーを左右にスワイプして操作すると、リアルタイムに現在の値が表示される。

修正したらプログラムを実行し、動作を確認しましょう。スライダーを指で左右にスライドしていくと、現在の値がリアルタイムに表示されます。ここではまず、Labelのオブジェクトを変数に取り出します。これはお決まりの処理ですね。

```
label1 = sender.superview['label1']
```

そして、sender（イベントが発声したオブジェクト、つまりSlider）のvalueの値を取り出し、それをround関数で３桁までの値に丸めたものをlabel1のtextに設定します。値は実数なので、strでテキストにして設定する必要があります。

```
label1.text = str(round(sender.value, 3))
```

Sliderのvalueはテキストではないので、textなどで利用する際には値をテキストとして取り出すようにしなければいけない、という点に注意しましょう。

SegmentedControlの利用

ON/OFFのような単純な入力はSwitchでできますし、数値の入力はSliderで行えます。では、「複数のものから1つを選ぶ」というのはどうすればいいでしょうか。

これは「SegmentedControl」というUI部品を利用します。UIデザイナーの左上の「+」アイコンからUI部品のリストを呼び出し、「Segm. Control」と表示されたアイコンを選択してください。なお今回も、先ほどのSliderは使わなくなるので、削除してからSegmentedControlを作成してください。

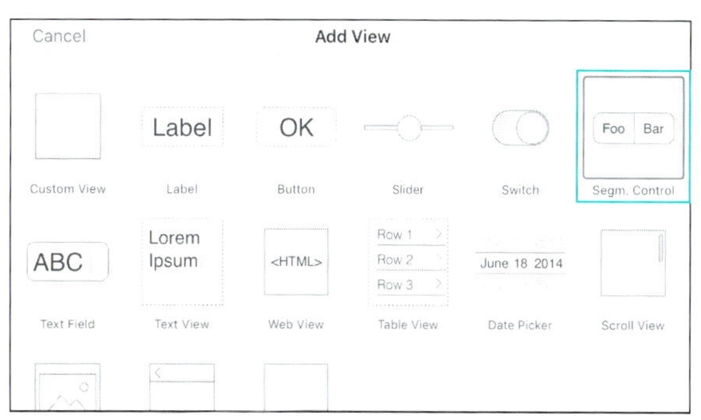

図3-36：リストから「Segm. Control」を選択する。

作成されたSegmentedControlは、「Hello」「World」という2つの項目が表示された横長なUI部品です。これは、iPhoneのアプリなどで見たことがあるでしょう。複数の項目が表示されており、中からタッチしたものを選択するUIです。パソコンのラジオボタンに相当するものと考えればいいでしょう。

SegmentedControlの属性

SegmentedControlのInspectorを見ると、UI共通の属性の下に、以下の2つの項目が用意されているのがわかります。これらがSegmentedControl独自の属性です。

Segments	表示されている項目を設定するもの。デフォルトでは「Hello|World」というテキストが設定されている。このSegments属性では、複数の値を | 記号で区切る形で値が設定される。例えば、「A|B|C」とすれば、「A」「B」「C」という3つの項目が表示される。
Action	項目を選択したときのイベントで呼び出す処理を設定する。

役割がわかったら、Segmentsの値を書き換えて表示項目をカスタマイズしてみましょう。また、Actionには「onAction」と値を設定しておきます。

図3-37：作成されたSegmentedControl。

SegmentedControlを操作したときの処理

Actionに設定したonAction関数を書き換えて、SegmentedControlを操作した際の処理を作成しましょう。

MyPythonApp.pyを開き、onAction関数を以下のように修正してください。

▼リスト3-6

```
def onAction(sender):
  label1 = sender.superview['label1']
  item = sender.segments[sender.selected_index]
  label1.text = 'selected: "' + item + '".'
```

表示されたSegmentedControlをタッチして値を変更すると、「Selected: "○○".」というように選択した項目名が表示されます。

図3-38：SegmentedControlをタッチして値を変更すると、選択された項目が表示される。

SegmentedControlの項目利用

修正したonActionを見てみましょう。ここでは、SegmentedControlでタッチした項目を取り出すのに以下のような処理を行っています。

```
  item = sender.segments[sender.selected_index]
```

senderはイベントが発声したオブジェクト、すなわちSegmentedControlのオブジェクトになります。その「segments」が、表示されている項目を管理する属性です。これはInspectorのSegmentsに相当するものですが、値が微妙に違います。

Inspectorでは、Segmentsは「|記号で区切ったテキスト」の値でしたが、このsegments属性は、各項目のテキストをひとまとめにしたタプルになっています。

そして、[]内に記述している「selected_index」は、現在選択されている項目のインデックス番号を示す属性です。segmentsからselected_indexのインデックス番号の値を取り出すことで、選択された項目のテキストが得られる、というわけです。

後は、それを元にテキストを表示するだけですね！

DatePickerを利用する

日時を入力するのに用いられるのが「Date Picker」というUIです。これは、iPhoneで日付などを入力するのに多用されるものなので、見たことがあるでしょう。年月日などそれぞれの数字を指先で上下にスワイプして動かしていく、あれですね。

これもUI部品として用意されています。UIデザイナーで左上の「+」アイコンをタッチし、現れたUI部品のリストから「Date Picker」と表示されたアイコンをタッチして選択します。

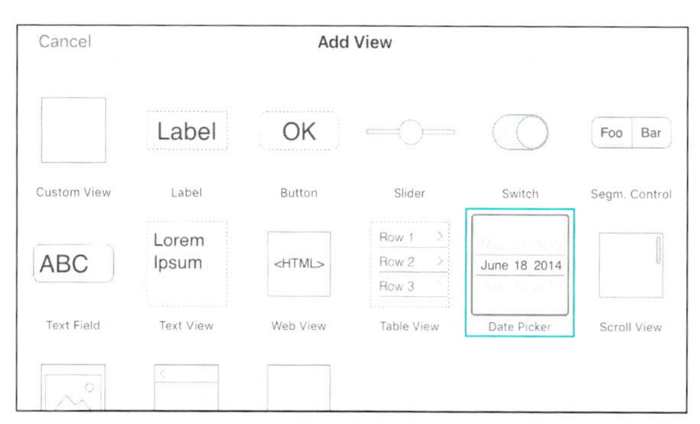

図3-39：UI部品のリストから「Date Picker」を選ぶ。

配置されるDatePickerはかなりな大きさですから、サイズを調整してなんとか表示されるようにしておいてください。先に作成したSegmentedControlは削除してしまいましょう。画面には、Label、TextField、Buttonといったものがまだ残っているはずですね。これらと重ならないように、うまく配置を調整してください。

DatePickerの属性について

DatePickerのInspectorには、UI部品共通の属性の下に、DatePicker専用のものとして以下の2つの属性が用意されています。

Mode	どういう値を入力するかを指定する。タッチすると、モード選択の画面に切り替わる。用意されているのは以下の4種類。 Date：日付を入力する Time：時刻を入力する Date and Time：日時（日付と時刻）を入力する Countdown：カウントダウンする時間（時間と分）を入力する
Action	値を設定した際に発生するイベントの処理を指定する。

Actionには、「onAction」と入力をしておきましょう。またModeは、デフォルトでは「Date」が選択されているのでそのままにしておきます。

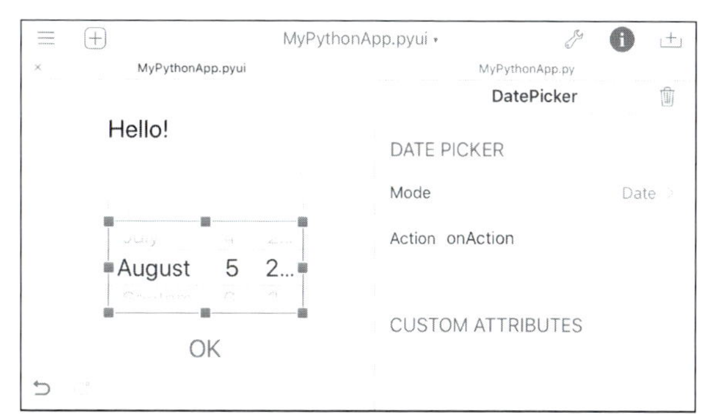

図3-40：配置したDatePickerとInspecterに用意される属性。

選択した日時を表示する

DatePickerを利用する例を作成しましょう。MyPythonApp.pyのonAction関数を以下のように修正します。

▼リスト3-7

```
def onAction(sender):
  label1 = sender.superview['label1']
  item = sender.date.strftime('%y-%m-%d')
  label1.text = 'selected: "' + item + '".'
```

プログラムを実行し、DatePickerの表示部分を上下にスワイプして操作してみてください。値が確定すると、選択された日付がLabelに表示されます。

図3-41：DatePickerをスワイプして操作すると、日付が確定した瞬間にその日付がLabelに表示される。

選択した日時を扱う

では、どのようにしてDatePickerから選択した日付を取り出しているのか見てみましょう。以下がその処理を行っている文です。

```
item = sender.date.strftime('%y-%m-%d')
```

senderはイベントが発生したオブジェクト、すなわちDatePickerです。そして「date」という属性が、現在設定されている日時の値となります。このdate属性には、datetimeというオブジェクトの値が設定されています。この値は、Pythonで日時を扱うのに用いるオブジェクトです。このオブジェクトから、ここでは日時のテキストを作成して表示しています。

datetimeクラスについて

せっかく日時に関する話が出たので、Pythonにおける日時の扱いについて簡単に説明しておきましょう。

Pythonでは、日時は「date」「time」「datetime」といったクラスのインスタンスとして扱います。これらは、それぞれ「日付」「時刻」「日時」を扱うためのものです。似ていますが、内容は微妙に異なります。dateは「年月日」を扱うもので、timeは「時分秒」を扱うものです。dateにはtimeの情報はありませんし、timeにはdateの情報は含まれていません。両方持っているのはdatetimeだけです。

Pythonで日時を扱う場合は、これらのクラスのインスタンスを作成して利用します。

dateインスタンスの作成

datetime.today()	今日のdateインスタンスを作成する
datetime.date(年 , 月 , 日)	指定した年月日のdateインスタンスを作成する

timeインスタンスの作成

datetime.now()	現在のtimeインスタンスを作成する
datetime.time(hour=時, minute=分, second=秒, microsecond=ミリ秒)	指定した時刻のtimeインスタンスを作成する

datetimeインスタンスの作成

datetime.datetime(年, 月, 日, hour=時, minute=分, second=秒, microsecond=マイクロ秒)	指定した日時のdatetimeインスタンスを作成する

作成したインスタンスはオブジェクトですから、そのまま表示することはできません。そこで用いられるのが、「strftime」というメソッドです。これは、引数にフォーマット用のテキストを指定して呼び出します。

▼日時をフォーマットした形式のテキストとして得る

```
変数 = 《date/time/datetetime》.strftime( テキスト )
```

フォーマット用の記号

%y, %Y	年の値(2桁と4桁)
%m	月の値
%d	日の値
%a, %A	曜日(短縮形とフル)
%H, %I	時(24時制と12時制)
%M	分の値
%S	秒の値
%f	マイクロ秒の値
%c	日時を一般的な形式で取得する
%x	日付を一般的な形式で取得する
%X	時刻を一般的な形式で取得する

フォーマット用のテキストは、用意されている記号を組み合わせて作成します。例えば、"2019/08/01"といった形式で表現したければ、"%Y/%m%d"とテキストを用意してstrftimeを呼び出せばいいでしょう。面倒ならば、最後の%c, %x, %Xだけ覚えておけば、日時を一般的な形式のテキストとして取り出せるようになります。

日時のオブジェクトには、多くのメソッドが用意されています。年月日時分秒の個々の値を取り出したり、日時のオブジェクトを足し算引き算したり、さまざまな利用が可能です。

ただし、とりあえず「Pythonで日時を表示したりしたい」というだけならば、インスタンスの作成の仕方とstrftimeだけ知っていればいいでしょう。

UI部品のレイアウトを考えよう

DatePickerを配置したとき、UI部品の配置に困りませんでしたか？　どうやって部品をうまく配置したらいいか、けっこう悩んだはずです。

なにより頭を悩ませるのは、「縦置きと横置きで表示がガラリと変わってしまう」という点です。画面の形や大きさに応じてうまくレイアウトできないものか、と頭を悩ませていた人もきっと多いことでしょう。

では、次の図を見てください（図3-42）。これは、先ほどのDatePickerを配置した画面のサンプルです。横置きと縦置きの両方の表示を挙げておきました。どちらも、すべての要素が画面全体にうまく表示されていますね。

横置きにするとDatePickerは横長になり、縦置きにすると縦に幅広く表示されるようになって自動的にサイズが調整されています。このため、その下にあるボタンはどういう表示でも常に画面の一番下に表示されるようになっています。

図3-42：レイアウトの例。縦でも横でもすべてのUI部品が画面全体に配置されるようになっている。

Auto-Resizing/Flexの魔法

この秘密は、UI部品の「Auto-Resizing/Flex」という属性にあります。これは、「どこの幅を固定し、どこを自動的に調整するか」を指定するものです。

この属性は、UI部品の外側・上下左右の幅と、UI部品の縦幅・横幅、全部で6箇所の幅の自動調整機能を設定します。内側の四角形の外にある上下左右の直線表示は、その部品の幅を固定するか自動調整するかを指定します。また四角形の内側にある縦横の直線表示は、その部品の縦幅横幅を固定するか自動調整するかを指定します。

「固定する」というのは、画面サイズがどのように変化しても、UIデザイナーで設定した幅のままサイズを変更しない、ということです。「自動調整する」というのは、画面サイズに応じてその幅を自動的に調整する、ということです。

●縦幅横幅の設定をONにする

四角形の内側の縦横は、UI部品の縦幅横幅を自動調整することを示します。これらをONにすると、部品の周囲の幅が常に変わらないようにUI部品の大きさを自動調整します。

●周囲の幅の設定をONにする

四角形の外側にある上下左右の設定は、UI部品の外側の幅を固定することを示します。これは、言い換えれば「UI部品の位置を自動調整する」ということです。その部品の上下左右にあるものや画面のサイズなどが変更された場合、それらとの位置関係が保たれるように自動的に位置が調整されるようになります。

これらの設定は、実際に試してみないとよくわからないかもしれません。けっこうアプリ作成に慣れた人でも、実際にデザインする際には何度か試行錯誤して設定することも多いのです。

ですから、「なんだかよくわからない」という人も心配はいりません。複数の部品を配置し、1つ1つのAuto-Resizing/Flexの設定をON/OFFしながら表示の変化を見ていくと、次第にその働きが飲み込めるようになるでしょう。

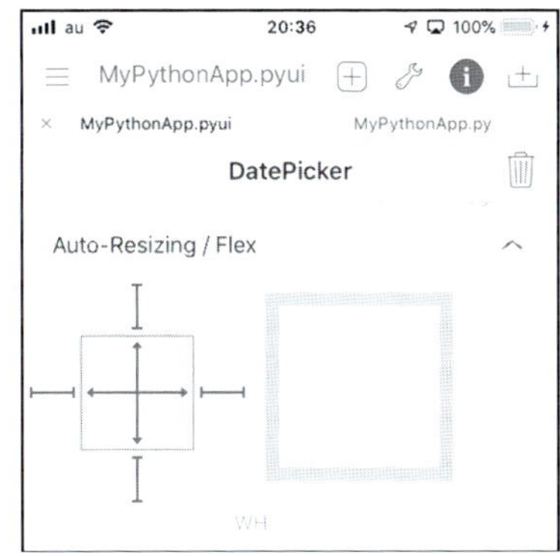

図3-43：DatePickerのAuto-Resizing/Flexの設定例。縦幅横幅がONのため、サイズが自動調整される。

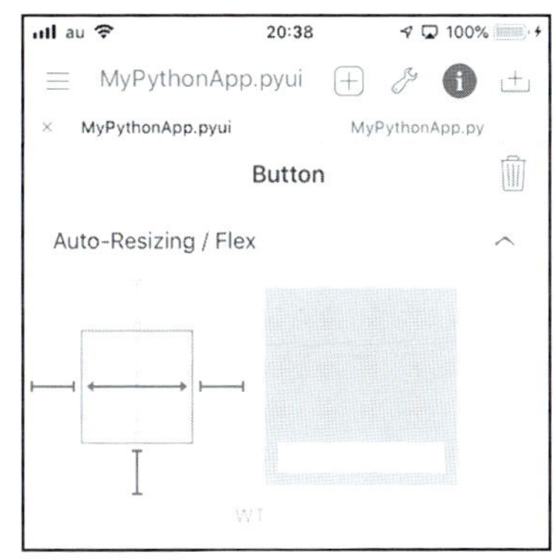

図3-44：一番下に配置したButtonのAuto-Resizing/Flex設定。上部分の設定がOFFになっているため、ボタンの上の空間が自動調整され、画面の一番下に固定される。

アラートを表示しよう

基本的なUI部品は、だいぶ使えるようになりました。これらにプラスして、「簡単な応答のための機能」についても触れておきましょう。それは、「console」というモジュールです。

ここまで、イベントの結果はすべてLabelにテキストとして表示をしてきました。これはこれで使えるのですが、別の形で結果を表示する方法も知っておいたほうがいいでしょう。それは、「アラートを使った方法」です。

consoleモジュールは、ユーザーとの入出力に関するエリア（表示）を提供するものです。要するに、アラートやダイアログといった、ユーザーとのやり取りを行う機能が用意されているモジュールです。この中にはいろいろな関数があるのですが、もっとも扱いが簡単な「アラート」表示の基本について説明しましょう。

▼アラートの表示

```
console.alert( タイトル )
console.alert( タイトル , メッセージ )
```

もっともシンプルな使い方は、テキストを１つ引数に指定して呼び出す、というものです。タイトルとメッセージをそれぞれ設定したい場合は、２つのテキストを引数に指定します。たったこれだけでアラートを表示させることができます。

実際に使ってみましょう。View内には、TextFieldとButtonが配置されたままだったと思います（もし、既に削除してしまっていたら、これらをそれぞれ追加してください）。このButtonのAction属性に「onAction」と設定し、MyPythonApp.pyのonAction関数を以下のように書き換えましょう。

▼リスト3-8

```
def onAction(sender):
  text1 = sender.superview['textfield1']
  console.alert('YOU TYPED: ' + text1.text)

(import console を追記すること)
```

プログラムを実行し、入力フィールドにテキストを書いてボタンをタッチしてみてください。画面にアラートが表示されます。非常に簡単にアラートを使えることがわかるでしょう。

ここでは、console.alert(〇〇)というように、ただ表示するテキストを引数に指定しているだけです。これでアラートが呼び出せます。

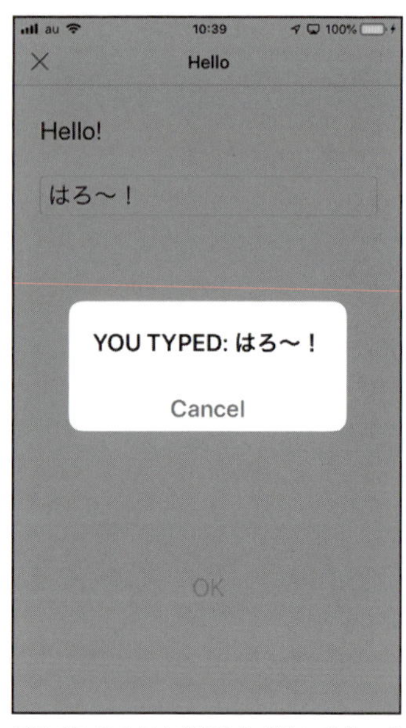

図3-45：テキストを記入しボタンをタッチすると、アラートが表示される。

HUDアラートもある

このalert関数は、一般的なアラートを表示するものですが、他にもアラート関係の関数はあります。例えば、「HUDタイプのアラート」というのも用意されているのです。

▼HUDアラートを表示する

```
console.hud_alert( メッセージ )
```

このHUDアラートというのは、半透明で下の表示が透けて見えるタイプのアラートです。表示して一定時間が経過すると、自動的に消えます。使い方はとても単純で、表示するメッセージを引数にして呼び出すだけです。

先ほどのリストに記述したalertを、そのまま「hud_alert」と書き換えて試してみましょう。HUDアラートがどんなものか、よくわかりますよ。

図3-46：HUDアラート。表示されてからしばらくすると自動的に消える。

選択ボタンを表示する

このalert関数は、簡単な入力を行うこともできます。1～3個のボタンを追加し、どれを選ぶかで処理を行わせることができるのです。以下のように記述します。

▼選択ボタンを追加する

```
変数 = console.alert( タイトル , メッセージ , ボタン1 , ボタン2 , ボタン3 ,
     hide_cancel_button=真偽値 )
```

タイトルとメッセージの後に、1～3個のボタン名を追加すると、それらがボタンとしてアラートに追加表示されます。このとき、hide_cancel_buttonというを用意しTrueに設定しておくと、デフォルトで表示されるCancelボタンをカットできます。

なお、Cancelボタンが選択されるとその場で処理が中断され、以後の処理は実行されないので注意してください。

では、これも簡単な利用例を挙げておきましょう。onAction関数を修正します。

▼リスト3-9

```
def onAction(sender):
  text1 = sender.superview['textfield1']
  result = console.alert('ALERT', 'Please select:',
    'One', 'Two', 'Three', hide_cancel_button=True)
  console.alert('Result', 'you selected: ' + str(result))
```

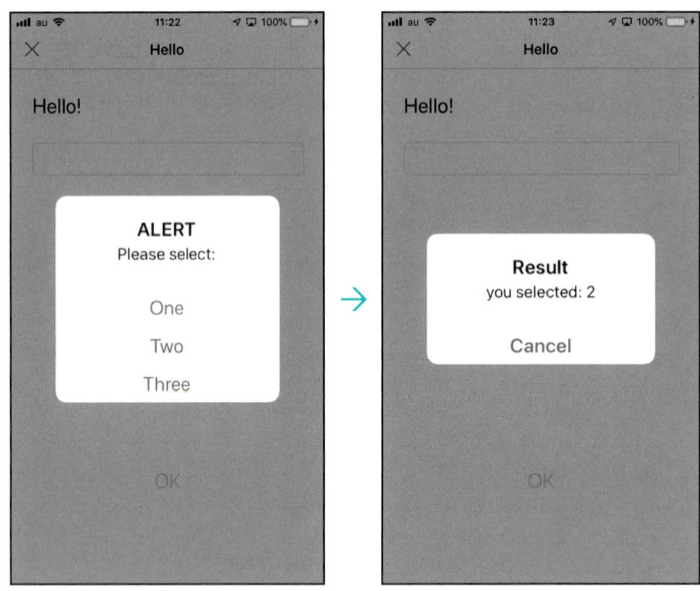

図3-47：ボタンをタッチすると、3つのボタンが表示される。
その中から1つをタッチすると、選んだボタンの番号が表示される。

プログラムを動かしてみましょう。ボタンをタッチすると、「One」「Two」「Three」という3つのボタンのあるアラートが表示されます。ここでボタンをタッチすると、選んだボタンの番号がアラートで表示されます。

ここでは、こんな形でアラートを表示していますね。

```
result = console.alert('ALERT', 'Please select:',
    'One', 'Two', 'Three', hide_cancel_button=True)
```

タイトルとメッセージの後、'One', 'Two', 'Three'と引数を用意して、これらがボタンとして表示されます。

alert関数はアラートを表示した状態でスクリプトの処理を停止し、ボタンを選択するとその結果が戻り値として返されます。

resultには、選択したボタンの番号を示す1～3の整数が入ります。後は、返された番号からどのボタンを選んだかを判断し処理すればいいというわけです。

INPUTアラートの利用

もう少し具体的な入力を行わせたい場合は、テキスト入力ができる「INPUTアラート」というものを使うことができます。

▼INPUTアラートの利用

```
変数 = console.input_alert( タイトル , メッセージ , デフォルト値 ,
    OKボタン名 , hide_cancel_button=真偽値 )
```

これは、テキスト表示の下に1行だけの入力フィールドが表示されるアラートです。フィールドへのデフォルト値、OKボタンの名前などを設定できます（Cancelボタン名は変更不可）。

戻り値は、入力したテキストになります。Cancelが選択されると、その時点で処理は中断されます。

では、これも簡単な利用例を挙げましょう。onActionを修正します。

▼リスト3-10

```
def onAction(sender):
  text1 = sender.superview['textfield1']
  result = console.input_alert('ALERT', 'Please input text:', '', '決定!')
  console.alert('Result', 'you typed: ' + str(result))
```

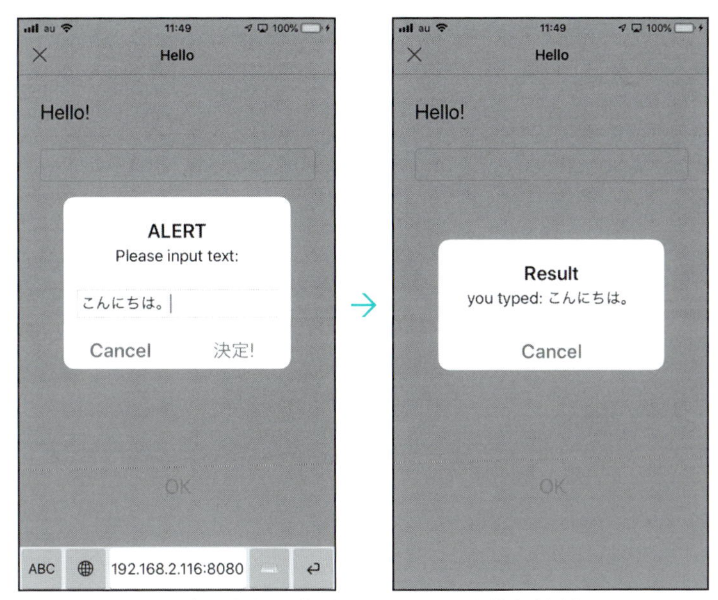

図3-48：ボタンをタッチすると、INPUTアラートが呼び出される。
テキストを記入し「決定!」ボタンをタッチすると、入力したテキストを表示する。

プログラムを実行しボタンをタッチすると、INPUTアラートが表示されます。ここでテキストを記入して「決定!」ボタンをタッチすると、「you typed: ○○」とアラートが表示されます。

ここではinput_alertを実行し、その戻り値を変数resultに代入して利用しています。ユーザーから手っ取り早く値を入力してもらうには非常に適した機能ですね。何より、ViewにTextFieldなどを用意する必要がないのが便利です。

consoleには他にも入出力関係の機能がありますが、とりあえずここで紹介したアラート関連だけでも覚えておけば、かなり役に立ちますよ。

Chapter 3

3.3. 複雑なUI部品を利用しよう

TableViewについて

Pythonista3に用意されているUI部品は、ボタンなどのように単純なものばかりではありません。中には複雑な仕組みを持ったものもあります。そうした複雑な部品について説明をしていきましょう。

まずは「TableView」についてです。TableViewは、その名の通りテーブルを表示するための部品です。テーブルというのは、縦横にズラッとデータが並ぶようなものですね。それだけでなく、リストの表示にも用いられます。リストは、要するに「1列しかデータがないテーブル」と考えることもできます。そんなわけで、Pythonista3ではリストもテーブルもすべてTableViewで表示します。

では、UIデザイナーの左上にある「+」アイコンをタッチし、現れたUI部品のリストから「Table View」を選択しましょう。

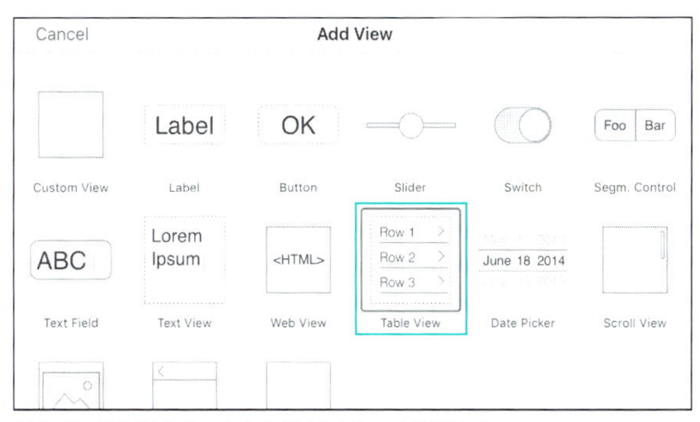

図3-49：UI部品のリストからTableViewを選択する。

配置されるTableViewは、かなり大きなサイズです。位置と大きさを調整してうまく表示されるようにしましょう。また、Auto-Resizing/Flexで部品の縦横幅が自動調整されるようにしておくと、縦置きのときに高さが自動的に拡大されるようになります。

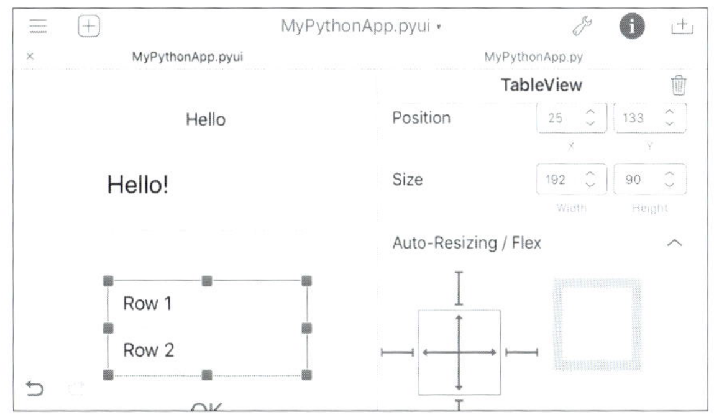

図3-50：配置したTableView。Auto-Resizing/Flexの縦横幅をONにしサイズが自動調整されるようにしてある。

TableViewの属性について

このTableViewには、多くの属性が用意されています。Inspectorで、UI部品共通の属性の下には、「TABLEVIEW」として専用の属性が多数表示されます。それらについてまとめていきましょう。

TABLEVIEW

Row Height	各行の高さ（縦幅）を調整する。
Editing	編集可能かどうか。ONにすると編集できる。

DATASOURCE

これが、TableViewに表示されるデータの属性です。この属性は、複数行のテキストが記入できるようになっています。デフォルトでは「Row 1」「Row 2」「Row 3」と3行の値が記述されており、ここに表示されるデータを記述していきます。

Delete Enabled	データの削除を許可する。
Move Enabled	データの移動を許可する。
Font Size	表示される項目のフォントサイズ。
Number of Lines	表示される各データの最大行数。

イベント関連

Action	タッチした際のイベント処理。
Edit Action	編集した際のイベント処理。
Accessory Action	アクセサリー（項目の右端に表示されるアイコンなど）のイベント処理。

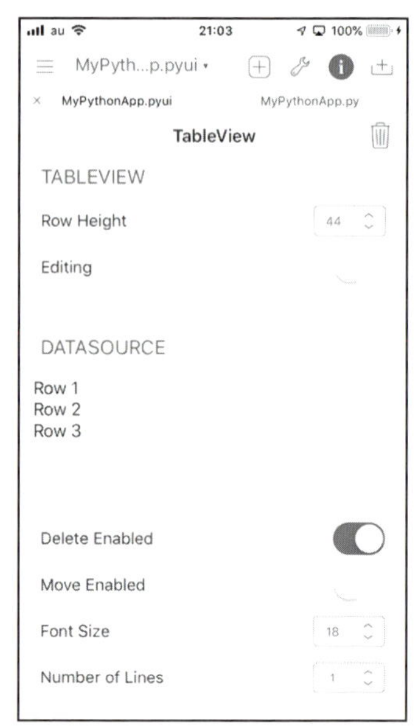

図3-51：TableViewの属性。

レンダリングされた表示をチェックしよう

とりあえず、細かな設定などは後にして、実際にTableViewがどのように表示されるか確かめましょう。

MyPythonApp.pyのコードエディタに切り替え、プログラムを実行してください。すると、「Row 1」「Row 2」「Row 3」という項目が表示されたリストが現れます。これが、TableViewです。

リストの項目をタッチすると、その項目が選択されます。ただし、イベント処理は用意していないので何も変化はありません。ですが、「タッチするとリストの項目が選択される」という機能はデフォルトで組み込まれていることが確認できるでしょう。

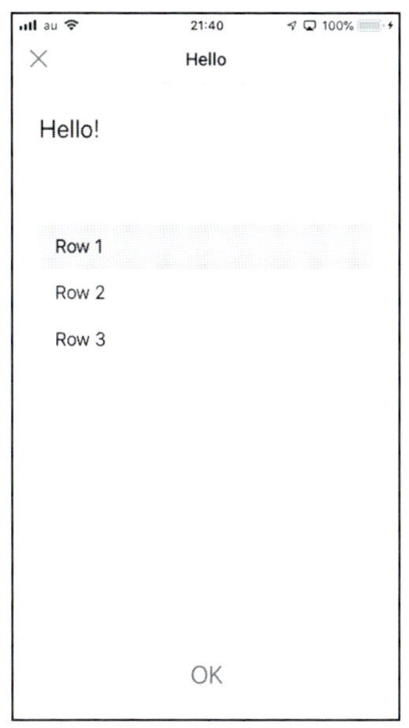

図3-52：実行すると、このようなリストが表示される。

タッチされた際の処理

では、TableViewをタッチしたときの処理はどうすればいいのでしょうか。既に触れたように、TableViewのInspectorには「Action」属性が用意されています。これを利用して、表示されたリストやテーブルをタッチしたときの処理を実装することができます。

ただし！　注意したいのは、「Action属性が用意されているのは、実はTableViewではない」という点です。Actionが用意されているのは、「ListDataSouce」というクラスなのです。

表示データは「ListDataSource」

このListDataSourceというクラスは何なのか？　これは、実際にTableViewに表示されているデータを管理するものです。TableViewには、このListDataSouceクラスのインスタンスが組み込まれており、それが表示される項目のデータを管理します。

Inspectorに表示されているActionは、このListDataSourceに用意されている属性です。TableViewをタッチすると、このListDataSourceでイベントが発生し、Actionに設定された関数が呼び出されます。

注意してほしいのは、Actionで呼び出される関数の引数（sender）です。これはTableViewではなく、TableViewに組み込まれているListDataSourceが渡されます。このListDataSourceは、UI部品ではありません。UI部品のデータを管理するクラスであり、ListDataSource自体が直接UI部品としてViewに組み込まれたりするわけではありません。

したがって、このListDataSouceには、他のUI部品オブジェクトを取り出すためのsourceviewがありません。ですから、TableViewをタッチしたときに他のUI部品を利用した処理を行わせたい場合は、「どうやって他のUI部品のオブジェクトを得るか」をあらかじめ考えておく必要があります。

タッチした項目を表示する

では、実際にTableViewをタッチして、何かの処理を行わせるサンプルを作成してみましょう。今回は、MyPythonApp.pyの全スクリプトを掲載しておきます。

▼リスト3-11

```
import ui

label1 = None

def onAction(sender):
  sel = sender.selected_row
  item = sender.items[sel]
  label1.text = 'selected: "' + item + '".'

v = ui.load_view()
label1 = v['label1']
v.present('sheet')
```

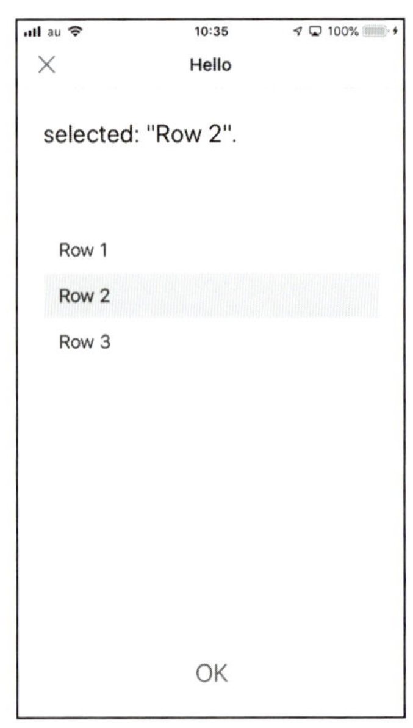

図3-53：リストをタッチすると、タッチした項目を表示する。

リストを記述したらUIデザイナーに切り替え、配置したTableViewの「Action」属性に「onAction」と設定してください。

プログラムを実行し、表示されたリストをタッチすると、Labelに選択したリストの項目が表示されます。

Labelオブジェクトの用意

ここでは、あらかじめ変数label1を用意しておき、UIをロードする際にLabelを変数に取り出しています。

```
v = ui.load_view()
label1 = v['label1']
```

この部分ですね。load_viewでファイルからロードされたUIデータはViewインスタンスとして生成され、変数vに代入されます。

Viewからは、[]で名前を指定してUI部品のオブジェクトが取り出せました。これで、label1にLabelのオブジェクトが用意されます。

タッチした際の処理

後は、onAction関数でタッチした際の処理を実行するだけです。まず引数のsenderから、選択された行番号を取り出します。

```
sel = sender.selected_row
```

「selected_row」は、選択した項目のインデックス番号を示す属性です。これで、何番目でイベントが発生したかわかりました。後は、項目データの中からインデックス番号の値を取り出すだけです。

```
item = sender.items[sel]
```

項目のデータは、ListDataSourceの「items」属性にまとめられています。この値はリストの形になっており、１つ１つの項目の値がひとまとめにされています。items[sel]とすることで、インデックス番号の項目を取り出すことができます。後は、それをテキストにまとめてLabelに表示するだけです。

項目を追加する

表示されている項目を操作する方法はいくつかあります。一番わかりやすいのは、ListDataSourceのデータをまとめているリストに新たな項目を追加する、というものでしょう。

ListDataSourceのデータは、items属性にリストとしてまとめられていました。ということは、このリストに項目を追加すれば、TableViewに表示される項目も追加されることになります。

リストへの項目追加は、「append」メソッドで行うことができます。

▼リストに項目を追加する

```
リスト .append( 値 )
```

このように実行することで、リストの最後に新しい項目が追加されます。逆に、項目を取り除くには、「del」を利用します。

▼リストの項目を取り除く

```
del リスト [ インデックス番号 ]
```

何番目の項目を削除するかがわかれば、そのインデックス番号を引数に指定してdelを呼び出すことで、項目を削除できます。

リストの追加・削除

では、実際にやってみましょう。今回は、Label、TextField、Button、Buttonという4つのUI部品を使います。

Buttonが2つ必要になるので、必要に応じて追加してください。片方が追加、もう一方が削除を行うためのものになります。

作成したら、2つのボタンにそれぞれ関数を割り当てます。まずは、リストに追加を行うボタンです。これはActionに「onAdd」と追加をしておきます。関数は、MyPythonApp.pyに以下のように用意します。

▼リスト3-12

```
def onAdd(sender):
    table1 = sender.superview['tableview1']
    text1 = sender.superview['textfield1']
    label1 = sender.superview['label1']
    table1.data_source.items.append(text1.text)
    label1.text = 'insert: "' + text1.text + '".'
    text1.text = ''
```

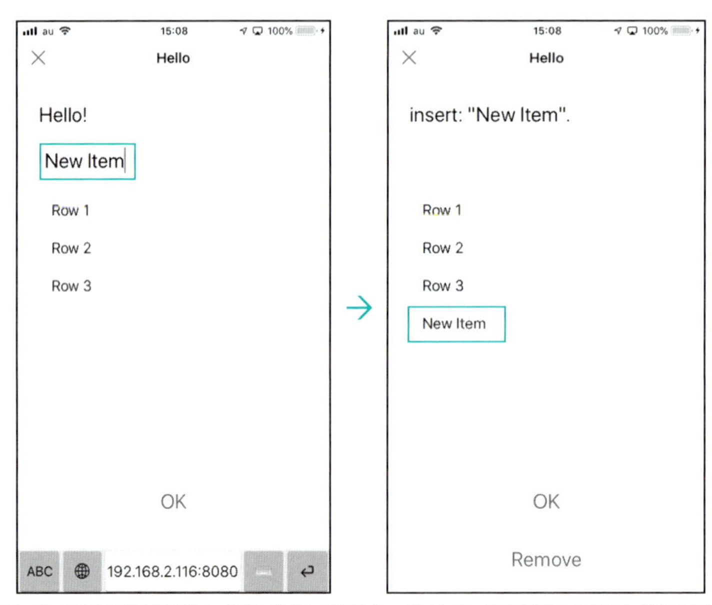

図3-54：入力フィールドにテキストを記入しボタンをタッチすると、リストの一番下にそのテキストが項目として追加される。

入力フィールドにテキストを記入し、このボタンをタッチすると、そのテキストをリストの一番下に新たな項目として追加します。

もう1つの削除用ボタンは、Action属性に「onRemove」という値を設定しておきます。そして、次のような形でMyPythonApp.pyにonRemove関数を用意します。

▼リスト3-13

```
def onRemove(sender):
  label1 = sender.superview['label1']
  table1 = sender.superview['tableview1']
  sel = table1.data_source.selected_row
  label1.text = 'remove: ' + table1.data_source.items[sel]
  del table1.data_source.items[sel]
```

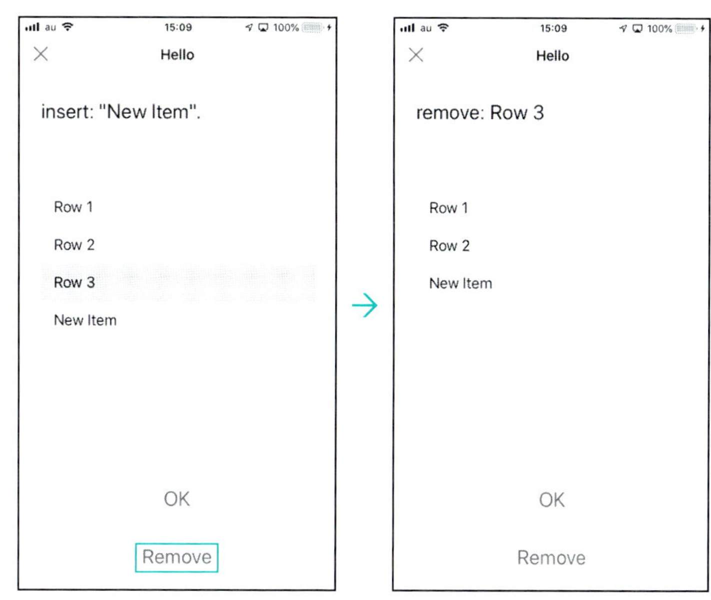

図3-55：リストを選択し、削除のボタンをタッチすると、選択された項目が削除される。

削除は、まずリストの項目をタッチして選択します。そして削除のボタンをタッチすると、選択された項目が削除されます。

項目の追加処理

実行している内容をチェックしましょう。まずは、項目を追加するonAdd関数からです。

ここでは、Label、TextField、TableViewの各オブジェクトを、変数label1、text1、table1に取り出しておきます。そして、以下のようにして項目を追加しています。

```
table1.data_source.items.append(text1.text)
```

データを操作する際は、データがどのように組み込まれているかをよく思い出しながら記述しましょう。データはTableViewのdata_source属性に設定されている、ListDataSourceインスタンスが管理しています。

このitems属性に、リストの形でデータがまとめられていました。このリストのappendを呼び出して項目を追加するのでしたね。

整理すると、「data_sourceのitemsのappendを呼び出す」ということになります。この点さえ間違えなければ、項目の追加は安心です。

項目の削除

続いて、項目の削除を行っているonRemove関数です。

ここでは、ひと通りのUI部品オブジェクトを変数に取り出すと、まず選択された項目の番号を変数に取り出します。

```
sel = table1.data_source.selected_row
```

selected_rowは、選択された項目の番号を示す属性でした。これで、番号を変数に取り出します。

```
label1.text = 'remove: ' + table1.data_source.items[sel]
```

data_source.itemsから項目を取り出してLabelに表示します。削除した後だと値が取り出せないので、事前に表示をしておきます。

```
del table1.data_source.items[sel]
```

ここで、項目を削除しています。data_source.items[sel]で選択した項目の値を指定し、それをdelで削除しています。

アクセサリーの表示

iOSアプリでは、リストの右端に>アイコンが表示されているようなものが時々見られます。こうした項目をタッチすると、次の画面に切り替わったりするわけですね。

こうしたリスト項目の右端に表示されるアイコンを、「アクセサリー」と呼びます。これには次のような種類があります。

アクセサリーの種類

None	何も表示しない
checkmark	チェックマークを表示
detail_button	「i」アイコンを表示
disclosure_indicator	次に移動を表す「>」アイコンを表示
detail_disclosure_button	「i」アイコンと「>」アイコンを表示

これらを利用するためには、TableViewへ設定するデータ構造を再検討する必要があります。TableViewのデータはdata_source属性に設定されているListDataSourceオブジェクトによって管理されていましたね。その中の「items」属性に、リストとしてデータがまとめられていました。

このデータは、これまでは「表示する項目のテキストをリストにまとめたもの」になっていました。しかしアクセサリーを利用する場合は、もう少し構造的に記述する必要があります。

▼データの構造

```
[
    { 'title': 表示テキスト , 'accessory_type': アクセサリータイプ },
    { 'title': 表示テキスト , 'accessory_type': アクセサリータイプ },
    ……必要なだけ記述……
]
```

各項目のデータは、「title」と「accessory_type」というキーの値を持つ辞書として用意します。この辞書をリストでまとめたものをitemsに設定します。こうすることで、それぞれの項目にアクセサリーを設定することが可能になります。

アクセサリーを表示させる

実際にアクセサリーを表示させてみましょう。先のサンプルで、v = ui.load_view()からv.present('sheet')までの部分を以下のように書き換えてください。

▼リスト3-14

```
v = ui.load_view()

table1 = v['tableview1']

table1.data_source.items = [
  {'title':'First item','accessory_type':'checkmark'},
  {'title':'Second item', 'accessory_type':'detail_button'},
  {'title':'Third item', 'accessory_type':'disclosure_indicator'},
  {'title':'Last item', 'accessory_type':'detail_disclosure_button'}
  ]
v.present('sheet')
```

プログラムを実行すると、4つの項目にそれぞれアクセサリーのアイコンが表示されます。こんな具合にtitleとaccessory_typeを用意することで、アクセサリーを表示できるのです。

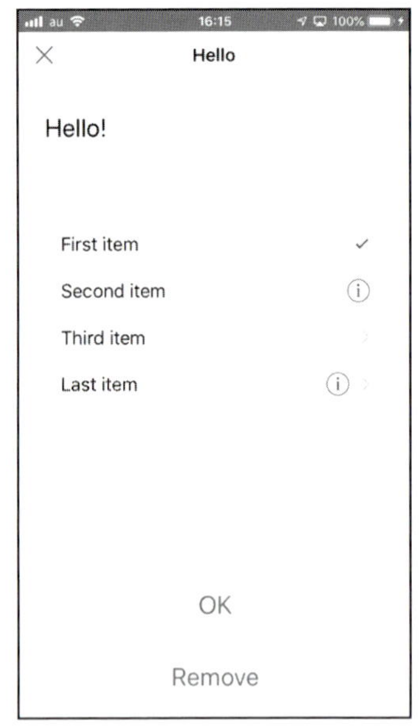

図3-56：アクセサリーのアイコンを付けたリスト。

アクセサリーのイベント処理

このアクセサリーは、タッチしたときのイベント処理を持っています。これは、リストの項目をタッチしたときのイベント処理とは別です。

リスト項目をタッチしたときの処理はAction属性に設定しましたが、アクセサリーのアイコンをタッチしたときは、「Accessory Action」という属性として用意されています。

では、UIデザイナーで配置したリストを選択し、Inspectorから「Accessory Action」に「onIconTap」と値を設定しましょう。

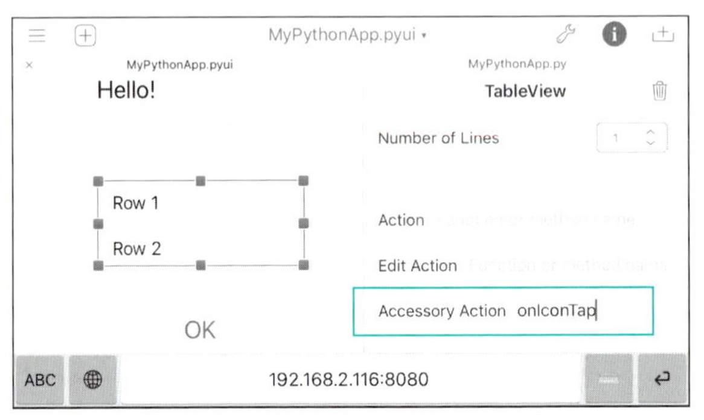

図3-57：Accessory Actionに「onIconTap」と設定する。

そして、MyPythonApp.pyのコードエディタに切り替え、onIconTap関数を次のように記述してください。

▼リスト3-15

```
def onIconTap(sender):
    sel = sender.tapped_accessory_row
    s = sender.items[sel]
    label1.text = str(s['accessory_type'])
```

修正したらプログラムを実行し、動作を確かめましょう。アクセサリーのアイコン部分をタッチすると、その名前がLabelに表示されます。

実際にいろいろと試してみると、タッチしてもイベントが発生しないアイコンもあることに気がつきます。タッチしたときにAccessory Actionのイベントが発生するのは以下のアイコンのみです。

```
detail_button
detail_disclosure_button
```

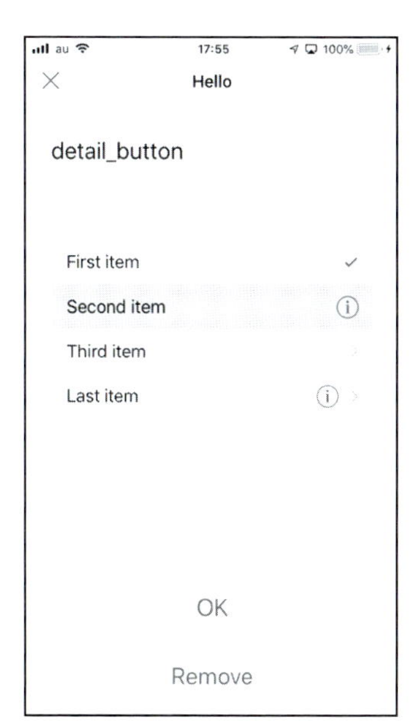

図3-58：アクセサリーのアイコンをタッチすると、そのアイコン名をLabelに表示する。

どちらも「……_button」という名前になっていますね。これが、タッチして操作できるアクセサリーです。それ以外のものはイベントは発生しないので注意してください。

複数項目の選択

リストはタッチした項目が選択状態になりますが、このような「タッチした項目1つだけが選択される」という方式の他に、「タッチするごとにその項目の選択状態をON/OFFする」という方式も用意されています。複数の項目を表示し、その中から必要なものをONにするような場合に用いられます。

これは、TableViewの「allows_multiple_selection」という属性を利用します。これをTrueに設定することで、複数項目の選択が可能になります。デフォルトではFalseになっており、1つの項目のみが選択可能になっています。

複数選択可にした場合、注意したいのは選択状態の調べ方です。ListDataSourceのselected_rowでは、最初の選択項目しか得られません。この場合は、すべての選択状態をチェックするTableViewの「selected_rows」という属性を利用します。

この属性では、選択されているすべての項目をリストとして得ることができます。得られたリストから繰り返しで順に項目データを取り出し処理していけばいいでしょう。

複数項目の状態を表示する

実際に、複数項目を選択する例を挙げておきましょう。今回は、配置したButtonのActionにonActionを設定して利用することにします。onAction以外の修正もあるので、MyPythonApp.pyの全スクリプトを掲載しておきます。

▼リスト3-16

```
import ui

def onAction(sender):
  sels = table1.selected_rows
  res = ''
  for sel in sels:
    n = sel[1]
    res += table1.data_source.items[n]['title'] + ', '
  label1.text = str(res)

v = ui.load_view()
label1 = v['label1']
table1 = v['tableview1']
table1.allows_multiple_selection = True

table1.data_source.items = [
  {'title':'First item','accessory_type':'checkmark'},
  {'title':'Second item', 'accessory_type':'detail_button'},
  {'title':'Third item', 'accessory_type':'disclosure_indicator'},
  {'title':'Last item', 'accessory_type':'detail_disclosure_button'}
  ]

v.present('sheet')
```

リストの項目をタッチすると、選択状態がON/OFFします。適当に項目を選択しボタンをタッチすると、選択された項目名がLabelに表示されます。ここでは、まず以下のようにして選択項目を取得しています。

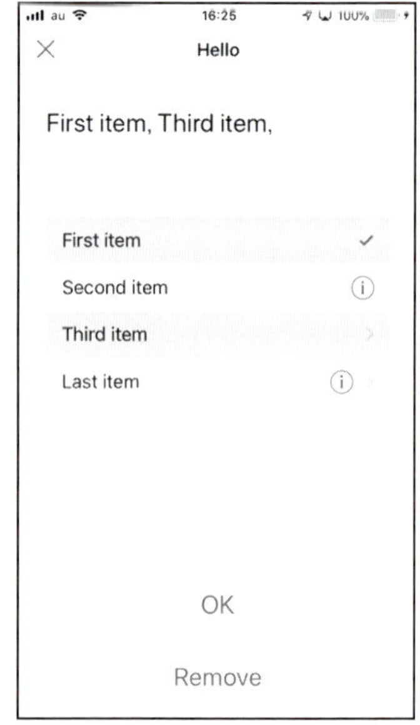

図3-59：項目を選択しボタンをタッチすると、選択された項目名が表示される。

```
sels = table1.selected_rows
```

これでselsには、選択された項目がリストとして取り出されます。後は、繰り返しを使って順に値を取り出していきます。

```
for sel in sels:
    n = sel[1]
```

繰り返しで取得した項目のオブジェクトはタプルになっており、(列，行)という形で値が保管されています。どの項目が選択されたのかは行の値を調べればいいので、sel[1]の値を取り出します。

```
res += table1.data_source.items[n]['title'] + ', '
```

data_source.itemsで、項目データの[n]から['title']の値を取り出し変数にまとめていきます。これで、選択された項目のtitleがresにまとめられます。後は、これをLabelに表示するだけです。

NavigationViewについて

iOSのアプリでは、必要に応じて表示が次々と進んだり、また戻ったりする操作をよく行います。例えば、「設定」アプリなどがそうですね。項目をタッチすると次の画面に進んでいき、また戻ってきます。

こういう「先に進み、また戻る」といった表示の操作を行うために用意されているのが「NavigationView」というUI部品です。これは、画面のベースとなっているViewと同様に、何も表示されない部品です（タイトルだけ表示されますが）。ここに表示するUI部品を追加していったり、また取り出して前の部品に表示が戻ったりして操作を行います。

ただし、このNavigationViewの表示は、UIデザイナーでは設定できません。スクリプトを使って部品を組み込んだりする必要があるのです。

したがって、利用にはNagivationViewの基本的な操作方法を知っておかなければいけません。

まずは、NavigationViewを作成しておきましょう。UIデザイナーで左上の「＋」アイコンをタッチし、UI部品のリストを呼び出して「Navigation View」と表示されたアイコンを選んでください。部品が配置されたら、位置や大きさを適当に調整しておきましょう。

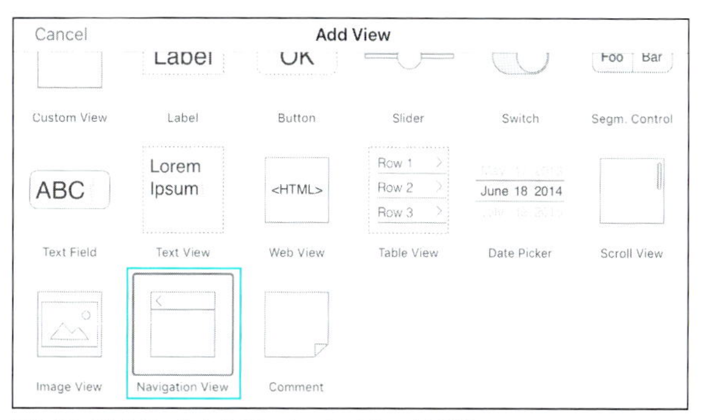

図3-60：UIのリストから「Navigation View」を選ぶ。

NavigationViewの属性について

NavigationViewには、いくつかの独自属性がいくつか用意されています。Inspectorに表示される項目としては以下があります。

Root View Name	NavigationViewの名前。タイトルとして表示される。
Title Color	タイトルのテキスト色。
Title Bar Color	タイトルバーの色。

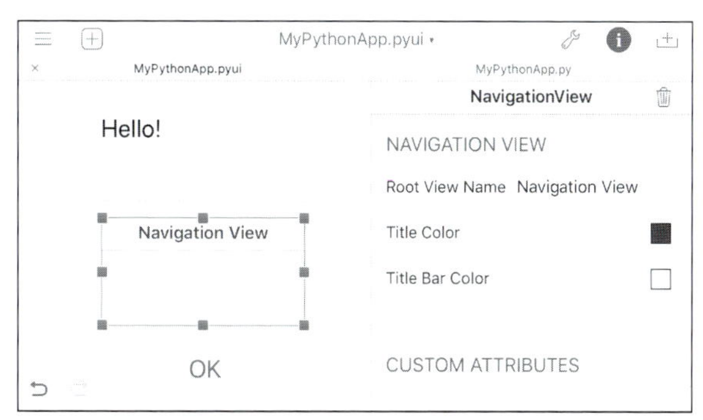

図3-61：NavigationViewの属性。

ナビゲーションの方法

NavigationViewは、表示したいUI部品を自身に追加することで、その部品を領域内に表示します。さらに部品を追加すると、最後に追加した部品の上に重ねて追加します。追加した部品は、常に一番最後に追加したものが一番上になり、その部品だけが表示されます。

部品を追加すると、「Back」という戻るリンクが左上に表示されます（さらに部品を追加すると、最後の部品名に表示が変わっていきます）。これをタッチすると最後に追加した部品が取り除かれ、その下にあった部品が表示されます。つまりBackを使うことで、前に表示した部品にどんどん戻っていけるわけです。

では、部品の追加と取り出しはどのように行うのか簡単にまとめておきましょう。

▼UI部品を追加する

```
《NavigationView》.push_view( 値 )
```

▼最後のUI部品を取り出す

```
《NavigationView》.pop_view()
```

非常に単純ですね。たったこれだけで、表示を切り替えたり戻したりすることができるようになるのです。

NavigationViewの利用例

実際に簡単な例を挙げておきましょう。ここでは、ButtonのActionに「onAction」関数を設定しておきます。それ以外には特にイベント処理は設定しません。では、MyPythonApp.pyを以下のように書き換えましょう。

▼リスト3-17

```
import random
import ui

counter = 0

def onAction(sender):
  global counter
  c = '#{:x}ffff'.format(counter * 64)
  counter += 1
  vw = ui.View(name='No,' + str(counter))
  vw.background_color = c
  nav1.push_view(vw)

v = ui.load_view()
nav1 = v['navigationview1']
onAction(None)
v.present('sheet')
```

実行すると、「No,1」と表示されたシアンの表示が現れます。ボタンをタッチすると「No,2」、さらにタッチすると「No,3」というように、どんどん新しい表示が追加されていきます。

そして、左上に表示されているリンク（現在の部品の前に表示していた部品名のリンク）をタッチすると、前に表示していた部品に戻ります。

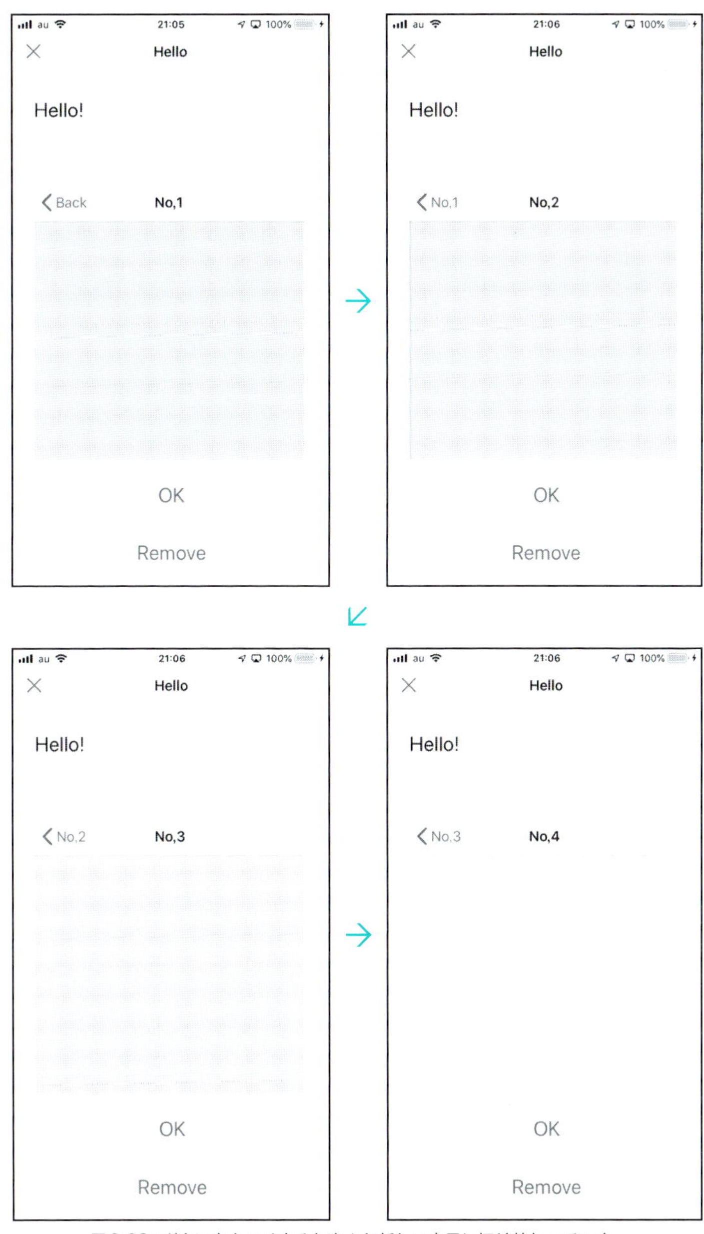

図3-62：ボタンをタッチすると次々と新しい表示に切り替わっていく。
NavigationView左上のリンクをタッチすると前の表示に戻っていく。

Viewを作成して追加する

ここでは､onActionで｢新しいViewを作ってNavigationViewに追加する｣ということを行っています。その処理の流れを見ていきましょう。

▼グローバル変数の利用

```
global counter
```

今回は、毎回新しくViewを作成して組み込んでいます。このViewを作った回数をcounterという変数で管理しています。これはグローバル変数なので、関数の中で利用する際には「global counter」として利用を宣言しておきます。これで、グローバル変数counterがonAction関数内で使えるようになります。

▼色の値を作成する

```
    c = '#{:x}ffff'.format(counter * 64)
```

色の値は、RGB各輝度を2桁の16進数を使って設定します。'#ffffff'というような感じですね。これをcounterで少しずつ変更するのに、formatというメソッドを使っています。formatは、テキストに埋め込んだ場所に値を挿入してテキストを完成させるものです。ここでは、{:x}という値が用意されていますね。こんな具合に、テキストの値の中に{}という記号を使って値をはめ込む場所を指定し、formatの引数にはめ込む値を用意してやります。これで、値が{}の部分に組み込まれてテキストが完成するのです。

ただし、そのままでは16進数にならないので、ここでは{:x}というように「:x」という記号が付けられています。これは値を16進数として埋め込むための指定です。まぁ、よくわからないかもしれませんが、「テキスト内に{:x}と埋め込んでおけば、formatで整数を16進数の値にして挿入できる」ということです。

▼counterを増やし、Viewインスタンスを作成する

```
counter += 1
vw = ui.View(name='No,' + str(counter))
vw.background_color = c
```

counterの値を1増やし、uiモジュールのViewクラスのインスタンスを作成します。引数にはnameという値を用意していますが、これでViewに名前を設定します。このnameが、NavigationViewで部品名として使われます。

作成後、background_colorに先ほどの変数cを設定します。これで、背景色が変更されました。

▼ViewをNavigationViewに追加する

```
nav1.push_view(vw)
```

Viewインスタンスの準備ができたら、push_viewでNavigationViewに追加します。これで、作成したViewが表示されるようになります。意外と簡単でしょう？

Chapter 3

3.4. スクリプトによるUI生成

UIファイルなしでもUIは使える!

ここまでの説明で、UI部品の基本的な使い方はわかりました。UIは専用ファイルを使ってUIデザイナーを利用して作成する。スクリプトは、そのファイルをロードして利用する。これがUI利用の基本でした。

が、このような使い方が通用するのは「静的なUI」の場合のみです。静的なUIとは、すなわち「最初に設計した通りのまま、何も変わらずに使われるUI」のことです。もしプログラムの実行中、必要に応じてダイナミックにUIが入れ替わったりするようなことを行いたかったら、静的なUIの使い方だけでは難しいでしょう。動的なUI、すなわち「スクリプトでUIを作成したり削除したりする」方法を理解しなければいけません。

Pythonista3に用意されているUI部品は、基本的にすべて「クラス」として用意されています。これまでUI専用のファイルを使って画面をデザインし、それをスクリプトからロードして利用をしてきました。これも実は「UIファイルを読み込み、そこに書かれている情報を元にUI関連クラスのインスタンスを生成して画面を構築する」ということを行っていただけだったのです。

すべてのUIは、スクリプトを使ってインスタンスを作成することで作れるのです。

スクリプトでテキストを表示しよう

では、実際にやってみましょう。まずはスクリプトファイルを開いてください。今回はスクリプトだけですべてを行うので、Chapter 2で利用したsample_1.pyを利用することにしましょう。

画面右上の「+」アイコンをタッチし、現れた画面から「Open Recent...」ボタンをタッチしてください。これで、今まで使ったファイルのリストが現れます。ここから「sample_1.py」を選ぶと、新たにsample_1.pyが開かれます。

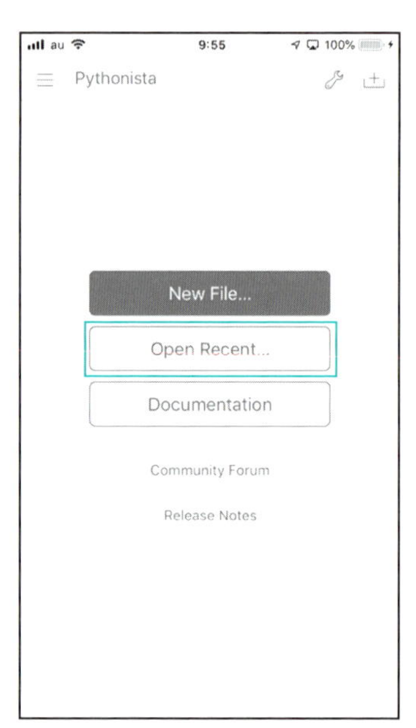

図3-63：右上の「+」をタッチし、「Open Recent...」ボタンでsample_1.pyを開く。

スクリプトを修正する

では、実際にUIをスクリプトで作成するシンプルな例を挙げましょう。まずは基本ということで、Labelが１つあるだけの簡単な表示を作成してみます。sample_1.pyの内容を以下のように書き換えてください。

図3-64：実行すると、画面上部に「Hello!」と表示される。

▼リスト3-18

```
import ui

vw = ui.View()
vw.name = 'Main'
vw.background_color = '#ffffdd'
label = ui.Label()
label.text = 'Hello!'
label.text_color = 'black'
label.font = ('Arial Hebrew', 48)
label.size_to_fit()
label.flex = 'LRB'
label.center = (vw.width / 2, 50)
vw.add_subview(label)
vw.present('sheet')
```

スクリプトを実行すると、画面に「Hello!」とテキストが表示されます。ごく単純なものですが、スクリプトだけでUI部品を表示しているのが確認できるでしょう。なおiPadの場合、最後のvw.present('sheet')の'sheet'を'fullscreen'に変更するとフルスクリーンになります。

Viewの作成と表示

まずは、ベースとなるViewからです。NavigationViewの利用例を挙げたところで（134ページ）、Viewインスタンスを作成し組み込むという処理をやりましたね。あれを思い出しながら説明をしましょう。

▼インスタンス作成

```
vw = ui.View()
```

まずは、Viewインスタンスを作成します。ここではname引数を用意せず、引数なしでインスタンスを用意してみました。

▼名前の設定

```
vw.name = 'Main'
```

名前を設定します。これが、Viewのタイトルとして画面上部に表示されます。こんな具合に、作成したインスタンスの属性を設定して表示を整えていきます。

▼背景色の設定

```
vw.background_color = '#ffffdd'
```

今回は、背景色も設定してあります。background_colorに色の値を指定すれば、Viewの背景色が変わります。

▼Viewの表示

```
vw.present('sheet')
```

最後に、presentでViewを画面に表示します。特に新しいことは行っていませんから、基本的な流れはだいたいわかるでしょう。

Labelの作成と組み込み

続いて、Labelの組み込みです。Labelも、uiモジュールの「Label」というクラスとして用意されており、このインスタンスを作成し属性を設定していくだけで作ることができます。ただし、必要な属性は思いの外に多いので注意が必要です。

▼インスタンスを作成

```
label = ui.Label()
```

まずは、インスタンスを作成します。Labelも引数なしの状態でインスタンスを作成し、すべて属性で設定をしていくことにします。

▼表示テキストの設定

```
label.text = 'Hello!'
```

表示テキストは、text属性で設定します。これにテキストの値を指定すれば、それが表示されます。

▼テキスト色の設定

```
label.text_color = 'black'
```

テキストの色を設定します。色の値をテキストとして指定するだけです。

▼フォントの設定

```
label.font = ('Arial Hebrew', 48)
```

フォントは、font属性で指定します。これは、フォント名とフォントサイズを1つのタプルにまとめたものを設定します。

▼サイズの自動調整機能をON

```
label.size_to_fit()
```

これが意外と重要です。このsize_to_fitは、表示するテキストに応じてLabelの大きさを自動調整するメソッドです。これを実行しないと、テキストによっては手動でサイズを調整しなければテキストがきれいに表示されないこともあります。

▼中心位置の設定

```
label.center = (vw.width / 2, 50)
```

Labelの中心位置を指定するものです。ここでは横位置をViewの横幅の半分（つまり中央）に、縦位置は上から50の位置に指定してあります。UI部品の位置は、このcenterを使って指定するのが基本です。

▼フレックスによる配置の自動調整

```
label.flex = 'LRB'
```

Labelの配置の自動調整に関する機能です。ここでは左右と下の自動調整をONにしています（flexについては後で詳しく説明します）。

▼Viewに組み込む

```
vw.add_subview(label)
```

ひと通りの調整ができたら、最後にViewにLabelを組み込みます。これを行っているのが「add_subview」です。引数に組み込むUI部品を指定して呼び出します。

フレックス（flex）について

今回のLabelで使った属性は、LabelというUI部品の基本的な設定を行うためのものです。それぞれ、内容がわかれば使い方は大体理解できますが、１つだけわかりにくい属性がありました。「flex」です。

flexは、UIデザイナーでUI部品を設定するとき、Inspectorに表示された「Auto-Resizing/Flex」の設定を行うものです。この属性ではUI部品の縦横幅と、周辺の上下左右の幅の自動調整について設定を行いました。

flex属性では、この計６個の項目のどの幅を自動調整するかを指定します。これは、自動調整をONにする項目を示すアルファベットをひとまとめにしたテキストを値に設定します。各項目を示すアルファベット記号は以下のようになります。

W	横幅
H	縦幅
T	上幅
R	右幅
B	下幅
L	左幅

先ほどは、'LRB'と指定をしてありましたね。これにより、左右の幅と下の幅を自動調整して配置される位置が調整されるようになっていたのです。

上下左右幅の設定は「逆」

注意したいのは、ここで設定される値は、UIデザイナーのInspectorにあった「Auto-Resizing/Flex」とまったく同じではない、という点です。Auto-Resizing/Flexでは、縦横幅は「ONにすると自動調整され、OFFだと固定幅」になり、UI部品の上下左右の幅は「ONにすると固定され、OFFだと自動調整」されました。つまり、UI部品の内部と外側でON/OFFによる設定が逆になっていたのです。

しかしこのflexは、すべて「記号を用意すると自動調整」されます。縦横幅も上下左右の幅もflex属性に値を指定すればすべて自動調整され、指定しないと固定幅になるのです。つまり、周囲の上下左右幅についてはON/OFFの設定が逆になっているわけです。この違いをよく頭に入れておきましょう。

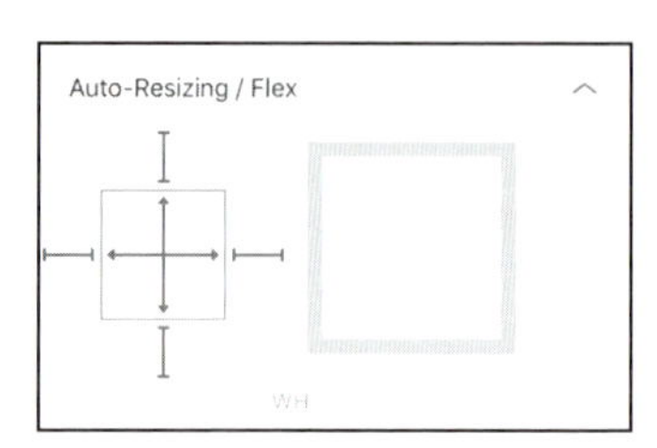

図3-65：Inspectorの「Auto-Resizing/Flex」の設定。これを行うのがflex属性だ。

TextFieldとButtonを作成する

基本がわかったところで、その他のUI部品も作成してみましょう。Labelの次に多用されるものといえば、「TextField」と「Button」でしょう。これらを利用するサンプルを作ってみます。

▼リスト3-19

```
import ui

vw = ui.View()
vw.name = 'Main'
vw.background_color = '#ffffdd'

# button action
def onAction(sender):
  label.text = 'Hello, " ' + field.text + '"!'
  label.size_to_fit()

# Label
label = ui.Label()
label.text = 'input your name:'
label.font = ('Arial Hebrew', 28)
label.size_to_fit()
label.center = (vw.width / 2, 50)
label.flex = 'LRB'
label.text_color = 'black'

# TextField
field = ui.TextField()
field.font = ('<System>', 28)
field.bounds = (0, 0, vw.width - 20, 40)
field.center = (vw.width / 2, 100)
field.flex = 'WB'

# Button
button = ui.Button()
button.title = 'Click'
button.font = ('<System>', 28)
button.bounds = (0, 0, vw.width - 20, 50)
button.background_color = 'white'
button.center = (vw.width / 2, 200)
button.flex = 'WB'
button.action = onAction

# add ui
vw.add_subview(label)
vw.add_subview(field)
vw.add_subview(button)
vw.present('sheet')
```

図3-66：実行すると、入力フィールドとボタンが表示される。名前を書いてボタンをタッチすると、「Hello, ○○」とメッセージが表示される。

実行すると、ラベルの下に入力フィールドとボタンが表示されます。フィールドに名前を書いてボタンをタッチすると、「Hello, "○○"!」と表示されます。TextFieldの入力値を使い、Buttonのアクションで処理を実行していることがわかりますね。

TextFieldの属性

では、TextFieldの作成から見ていきましょう。ここではまず、引数なしでインスタンスを作成していますね。

```
field = ui.TextField()
```

そして、このfieldインスタンスの属性を設定していきます。既にLabelで使ったものもありますが、順に説明していきましょう。

▼フォントの設定

```
field.font = ('<System>', 28)
```

表示フォントを設定します。これは既に使いましたね。ここでは<System>で、システムフォントを使っています。

▼矩形の設定

```
field.bounds = (0, 0, vw.width - 20, 40)
```

UI部品では、大きさはこのboundsという属性で設定します。これは横位置、縦位置、横幅、縦幅の４つの値をタプルでまとめたものを指定します。通常、特に理由がない限りは、縦横位置はゼロを指定しておきます。

これでUI部品の矩形の大きさを指定し、実際の位置の指定はcenterで行う、というのが基本です。

▼位置の指定

```
field.center = (vw.width / 2, 100)
```

表示位置を指定します。これも既に使いましたね。今回は高さを100にして、Labelの少し下に配置しています。

▼フレックスの設定

```
field.flex = 'WB'
```

幅の自動調整機能を設定します。今回はW（横幅）とB（下幅）を設定し、TextFieldの横幅が画面サイズに応じて自動調整されるようにしてあります。

Buttonの属性

続いて、Buttonです。これも引数なしの形でインスタンスを作成し、後から必要な属性の設定を行っています。

```
button = ui.Button()
```

Buttonの属性はこれまで登場したものが中心ですので、だいたい理解できるでしょう。設定した内容を以下にざっとまとめておきます。

▼ボタンに表示されるタイトル

```
button.title = 'Click'
```

▼ボタンに表示されるテキストのフォント

```
button.font = ('<System>', 28)
```

▼ボタンの矩形

```
button.bounds = (0, 0, vw.width - 20, 50)
```

▼ボタンの背景色

```
button.background_color = 'white'
```

▼ボタンの位置

```
button.center = (vw.width / 2, 200)
```

▼フレックスの設定

```
button.flex = 'WB'
```

「title」でボタンに表示されるテキストを設定しているのが新しいぐらいで、その他の属性は既に使ったものばかりです。種類は違っても、UI部品の属性の多くはだいたい共通していることがわかります。

アクションで処理を行う

Buttonでは、こうした属性よりも「アクションをどのように記述しているか」のほうが重要でしょう。ここでは以下のようにしてアクションを用意しています。

```
button.action = onAction
```

「action」属性に、関数を指定しています。これは、onAction()ではなくonActionというように、関数そのものを値として設定しておきます。onAction()とすると、onAction関数の実行結果が値に設定されてしまうので注意しましょう。

ここで実行している処理は、以下のような単純なものです。

```
def onAction(sender):
  label.text = 'Hello, " ' + field.text + '"!'
  label.size_to_fit()
```

このあたりは、UIデザイナーを使ってアクションを設定したときと基本的には同じですね。Labelのtextにテキストを設定した後、size_to_fitメソッドでLabelのサイズを自動調整させています。これにより、表示されるテキストに合わせた大きさに再設定されます。size_to_fitは表示が変わったら、そのつど実行するとよいでしょう。

Switch/Slider/SegmentedControl

どんどん進みましょう。この他のUI部品としては、Switch、Slider、SegmentedControlといったものがありましたね。これらについても基本的な使い方を見ていきましょう。

▼リスト3-20

```
import ui

vw = ui.View()
vw.name = 'Main'
vw.background_color = '#ffffdd'

# switch action
def onSwitch(self):
  if switch.value:
    label.text = 'Switch = ON'
  else:
    label.text = 'Switch = Off'

# slider action
```

```
def onSlider(sender):
  label.text = 'Slider: ' +  str(round(slider.value, 3))

# segmented control action
def onSegment(sender):
  label.text = 'selected: ' + segment.segments[segment.selected_index]

# Label
label = ui.Label()
label.text = 'input your name:'
label.font = ('Arial Hebrew', 28)
label.size_to_fit()
label.center = (vw.width / 2, 50)
label.flex = 'LRB'
label.text_color = 'black'

# Switch
switch = ui.Switch()
switch.flex = 'RLB'
switch.center = (vw.width / 2, 100)
switch.action = onSwitch

# Slider
slider =ui.Slider()
slider.bounds = (0, 0, vw.width - 20, 50)
slider.flex = 'WB'
slider.continuous = True
slider.center = (vw.width / 2, 150)
slider.action = onSlider

# segmented control
segment = ui.SegmentedControl()
segment.segments = ('One', 'Two', 'Three')
segment.bounds = (0, 0, vw.width - 20, 40)
segment.center = (vw.width / 2, 250)
segment.background_color = 'white'
segment.selected_index = 0
segment.flex = 'WLRB'
segment.action = onSegment

# add ui
vw.add_subview(label)
vw.add_subview(switch)
vw.add_subview(slider)
vw.add_subview(segment)
vw.present('sheet')
```

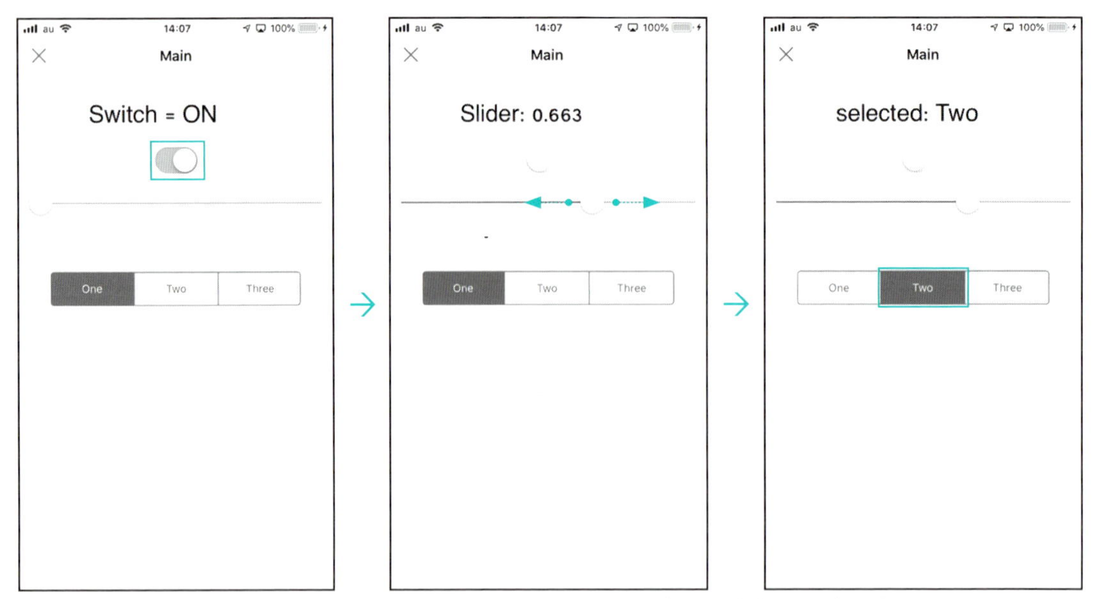

図3-67：Switch、Slider、SegmentedControlを操作すると、変更した値がLabelに表示される。

この例では、Switch、Slider、SegmentedControlといったUI部品が表示されます。これらを操作すると、そのUI部品の値がLabelに表示されます。

UI部品のポイント

基本的な属性はもうだいぶわかってきましたから、各UI独自のもの以外は省略しても大丈夫でしょう。それぞれのUI部品のポイントについてまとめておきましょう。

●Switchについて

Switchは、ON/OFFするだけのシンプルなUI部品です。これは、「value」属性で現在の状態を調べることができます。ONならばTrue、OFFならばFalseの値になります。Switchを操作したときの処理は、「action」でアクションを設定できます。

Switchの最大の特徴は「表示が固定である」という点でしょう。位置は調整できますが、大きさは変えられません。Viewに追加し、centerとflexで配置を調整するだけで、他の表示はほとんど変えられません。

●Sliderについて

Sliderは、スライドして値を設定するUI部品です。縦幅の調整はほとんど意味がありません。横幅のみ調整するものと考えていいでしょう。

また、値を変更したときの処理は「action」属性で設定できますが、これが呼び出されるタイミングは「continuous」属性によって変わってくる、という点も注意しましょう。

continuousがFalseだと、スライダーのノブを操作し、離して値が確定した瞬間にactionが実行されます。

しかしcontinuousがTrueの場合は、スライダーを操作中、リアルタイムにactionが呼び出され続けます。

●SegmentedControlについて

これは複数の項目をひとまとめにして表示しますが、表示される項目は「segments」属性で設定します。属性の値は、表示される項目名のテキストをリストかタプルでひとまとめにしたものになります。

選択されている項目は、「selected_index」でインデックス番号を得ることができます。この値を使ってsegmentsから値を取り出せば、選択された項目名を得られます。

パネルをポップオーバーする

スクリプトを使ってUI部品を利用できるようになると、通常の画面表示とはまた違った形でUIを利用できるようになります。

UIを表示するベースとなるViewは、presentメソッドで画面に表示をしていました。これは通常、'sheet'と引数指定をしていましたね。この値を変更することで、また違った形でViewを表示させることもできるようになります。

もっとも便利さを実感できるのが、「ポップオーバー」でしょう。これは、Viewを以下のような形で呼び出します。

▼ポップオーバーで表示する

```
《View》.present('popover')
```

ポップオーバーは現在表示しているUI画面の上に、さらにViewを開いて表示します。必要に応じて別の画面を呼び出し、また閉じて元に戻ることができるのです。

これは、実際に例を動かして動作を確認したほうがわかりやすいでしょう。簡単な例を以下に挙げておきます。

▼リスト3-21

```
import ui

vw = ui.View()
vw.name = 'Main'
vw.background_color = '#ffffdd'

# button action
def onAction(self):
  panel.present('popover')

# p_button action
def onPanel(self):
  panel.close()

# Label
label = ui.Label()
label.text = 'input your name:'
label.font = ('Arial Hebrew', 28)
```

```
label.size_to_fit()
label.center = (vw.width / 2, 50)
label.flex = 'LRB'
label.text_color = 'black'

# button
button = ui.Button(title='click')
button.bounds = (0, 0, vw.width - 20, 50)
button.flex = 'WB'
button.center = (vw.width / 2, 100)
button.background_color = 'white'
button.font = ('<System>', 28)
button.action = onAction

# panel view (popover-view)
panel = ui.View()
panel.bounds = (0, 0, vw.width, 200)
panel.background_color = '#ffddff'

p_label = ui.Label(text='This is "Pop-Over".')
p_label.font = ('Arial Hebrew', 24)
p_label.center = (panel.width / 2, 50)
p_label.flex = 'WB'
panel.add_subview(p_label)

p_button = ui.Button(title='OK')
p_button.bounds = (0, 0, panel.width - 20, 50)
p_button.flex = 'WT'
p_button.center = (panel.width / 2, panel.height - 100)
p_button.background_color = 'white'
p_button.font = ('<System>', 30)
p_button.action = onPanel
panel.add_subview(p_button)

# add ui
vw.add_subview(label)
vw.add_subview(button)

vw.present('sheet')
```

※iPadでの実行について
iPadではポップオーバーするパネルのサイズが小さすぎてコンテンツが表示しきれないことがあります。このような場合はpanel = ui.View()のあと、

```
panel.width=500
panel.height=500
```

このようにして横幅と高さを調整してください。

実行すると、LabelとButtonだけのシンプルなViewが表示されます。ここでボタンをタッチすると、新たなViewが下からスクロールアップして、その上に表示されます。これがポップオーバーです。この画面にあるボタンをタッチするとViewを閉じ、元のViewに戻ります。

ここでは、2つのViewを用意しています。

1つ目のView（デフォルトで表示）	vw変数に代入されているものです。labelとbuttonが組み込まれています。
2つ目のView（ポップオーバー用）	panel変数に代入されているものです。p_labelとp_buttonが組み込まれています。

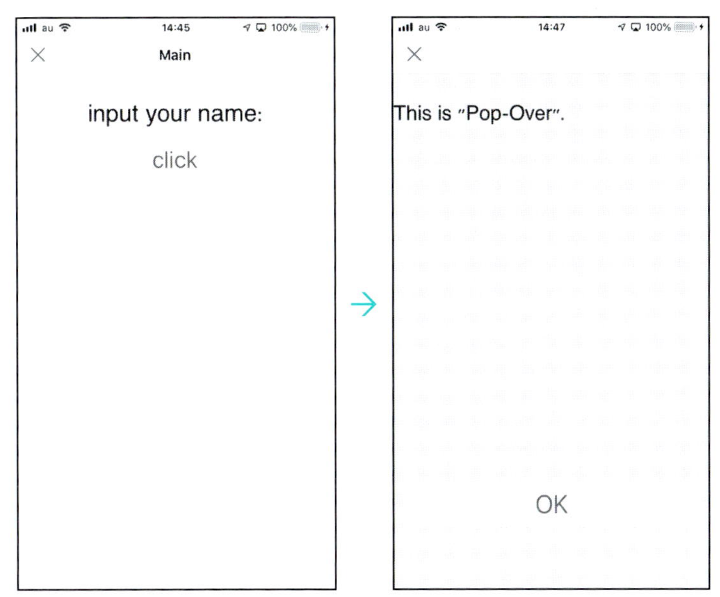

図3-68：ボタンをタッチすると、別のViewがポップオーバーで現れる。
「OK」ボタンをタッチすると、閉じて元のViewに戻る。

この2つのViewは、それぞれ別に用意されています。ポップオーバー用のViewは、デフォルトで表示されているViewには組み込まれていません。完全に独立しています。

ここでは、1つ目のViewに組み込んであるbuttonのonAction関数でpresentを使い、2つ目のViewをポップオーバーで呼び出しています。

```
def onAction(self):
  panel.present('popover')
```

使い方は、普通にViewを表示するのとまったく同じですね。ただ、presentの引数に'popover'を指定しているだけの違いです。

また、ポップオーバーで開いているViewを閉じる処理は、p_buttonのonPanel関数で行っています。これは、Viewの「close」メソッドを呼び出すだけです。

```
def onPanel(self):
  panel.close()
```

これで、必要に応じて新たなViewをポップオーバーで開き、また閉じる、ということができるようになりました！

サイドバー／パネルの表示

「presentの引数を使ってViewの開き方を変える」という機能は、この他にもあります。それは「サイドバー」と「パネル」です。

これらは、Pythonista3にViewを組み込んで常時利用できるようにする、といった使い方をするものです。presentの引数を変えるだけなので、使い方も簡単です。簡単な例を挙げておきましょう。

▼リスト3-22

```
import ui

vw = ui.View()
vw.name = 'Main'
vw.background_color = '#ffffdd'
vw.bounds = (0, 0, 150, 150)

# Label
label = ui.Label()
label.text = 'input your name:'
label.font = ('Arial Hebrew', 28)
label.size_to_fit()
label.center = (vw.width / 2, 50)
label.flex = 'LRB'
label.text_color = 'black'

# add ui
vw.add_subview(label)

vw.present('panel')
```

実行すると、コードエディタを右からスワイプして現れるコンソール画面に新たに「Main」というタブが追加され、Viewが表示されます。ここでは単に表示をしているだけですが、ちゃんとスクリプトは動いているので、さまざまな処理を組み込むこともできます。

さらに、左端から右にスワイプしてコードエディタに戻り、また実行すれば、2つ目のViewがコンソール画面に追加されます。いくつでもViewを組み込んで動かすことができるのです。

present('panel')は、このようにPythonista3のコンソールに独自のViewを追加表示できます。いわば「Pythonista3に組み込めるツール」を自作できる、ということなのです。

一般的なアプリのようなプログラムとは少し違いますが、Viewはこうした使い方もできるのですね！

図3-69：コンソールの画面にViewが追加される。コードエディタに戻って実行すれば、いくつでも追加されていく。

Chapter 3

3.5. サンプルアプリを作ろう

記録機能付き電卓を作ろう

UI部品の基本がだいたいわかれば、もう簡単なアプリぐらいは作れるようになります。ここでは例として、記録機能付きの電卓プログラムを作成してみましょう。

この電卓は、入力と計算が分かれています。数字キーや演算キーをタッチすると、上部の表示エリアに数字や記号が追加されていきます。計算する式ができたところで「calc」キーをタッチするとその式を計算し、結果が表示されます（図3-70）。

「calc」キーで計算をすると、その式と結果はリストに追加されていきます。リストに表示される計算の履歴は、タッチするとその項目の式と結果をクリップボードにコピーします（図3-71）。

図3-70：電卓プログラムの画面。キーを押すとそのまま数字や記号が入力されていき、「calc」ボタンをタッチすると計算する。

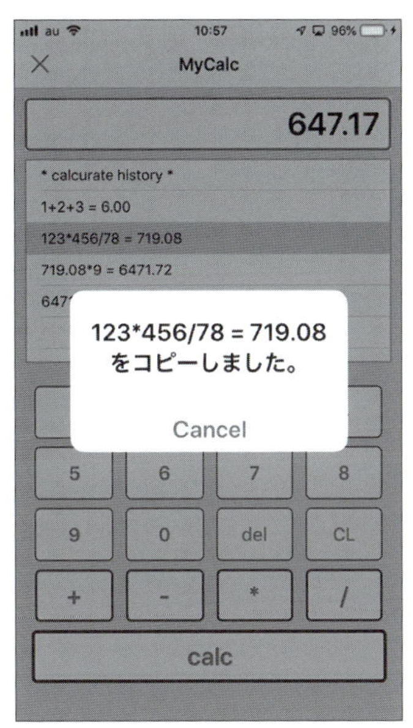

図3-71：リストに残る履歴をタッチすると、その計算式をコピーする。

MyCalcを作成する

では、実際に作成していきましょう。今回は、新しいファイルを用意して作成をしていきます。画面の右上に見える「+」アイコンをタッチし、新しい表示を呼び出してください。そして、「New File...」ボタンをタッチします(図3-72)。

作成するファイルの種類を表示したリストから、「Script with UI」をタッチして作成をします(図3-73)。

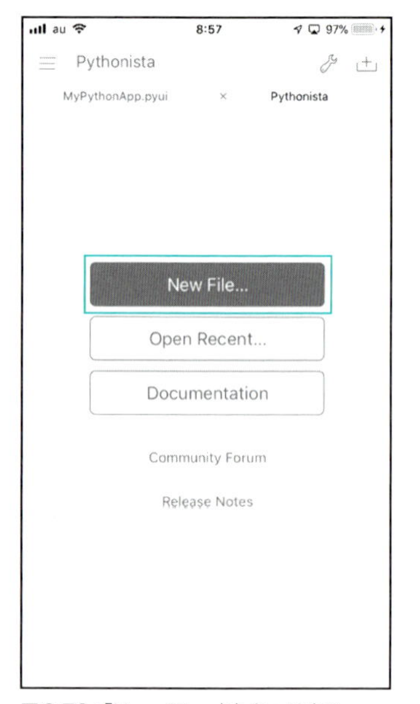

図3-72:「New File...」をタッチする。

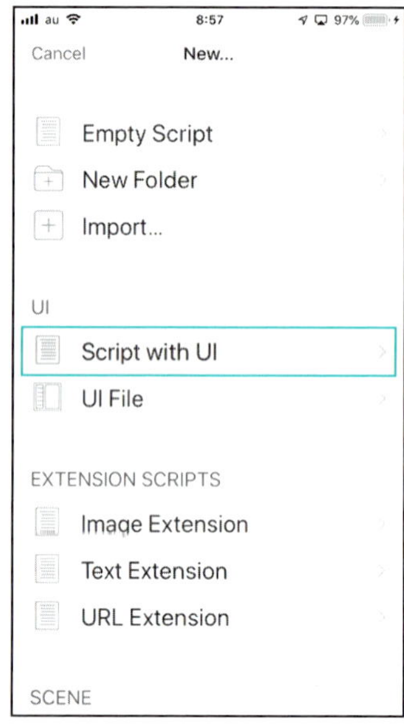

図3-73:「Script with UI」を選択する

ファイルの作成画面で「MyCalc」と名前を入力して、「Create」ボタンをタッチします。これで、MyCalc.pyuiとMyCalc.pyが作成されます(図3-74)。

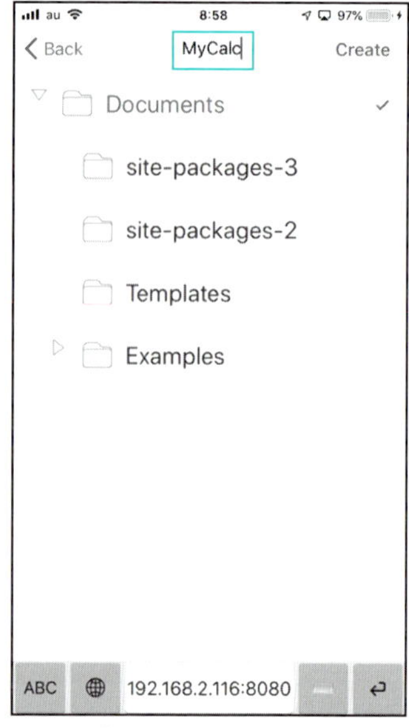

図3-74:「MyCalc」と名前を入力し作成する。

UI部品を配置する

作成されたMyCalc.pyuiを開き、UI部品を作成していきましょう。ここでは1つのLabel、1つのTableView、そして17個のButtonを作成します。間違えないように、注意して作成してください。

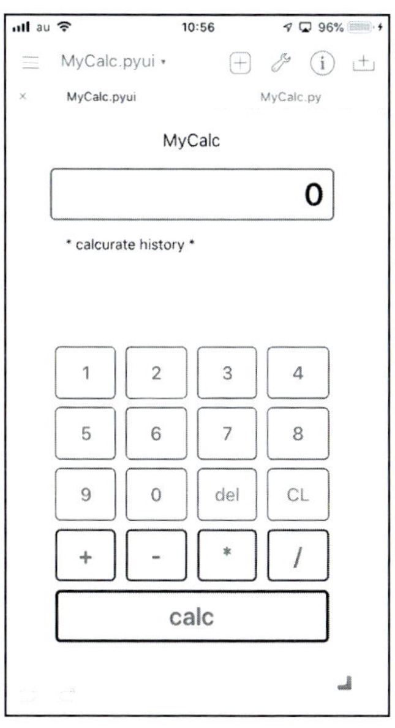

図3-75：UIの完成画面。全部で19個の部品がある。

Labelの作成

Labelは、入力した数式や計算結果を表示するのに使います。名前(Name)は「displayLabel」としておきます。

配置は、画面の最上部にしておきましょう。Auto-Resizing/Flexの設定で、横幅の自動調整をONにしておきます。他、表示フォントやサイズなどはそれぞれで調整してください。

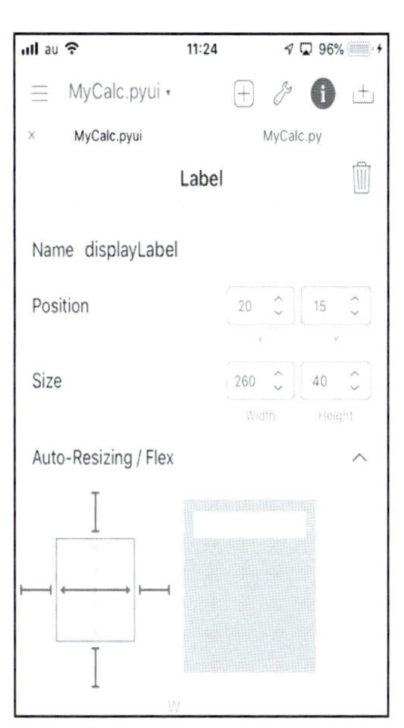

図3-76：サンプルで作成したLabelの名前、位置、サイズ、Auto-Resizing/Flexの例。

TableViewの作成

TableViewは、計算の履歴を表示するのに使います。名前は「history List」としておきます。DATASOURCEの値は空にするか、あるいは「calcurate history」など、履歴であることがわかるメッセージに変更しておくとよいでしょう。

位置は、Labelの直下に配置しておきます。Auto-Resizing/Flexの設定はすべての項目をONにして、大きさが自動調整されるようにしておきましょう。

図3-77：TableViewの設定。Auto-Resizing/Flexはすべてを ONにしてある。

Button（数字キー）の作成

数字の入力用に、0～9の計10個のButtonを作成します。Nameはデフォルトのままでかまいません。属性類は以下のものを設定しておきましょう。

Title	1～9の数値を1つずつ半角で入力する。
Action	「onBtnTap」と入力。
Auto-Resizing/Flex	横幅と下幅の2つをONにしておく。

図3-78：数字用Buttonの設定。Auto-Resizing/Flexは、横幅と下幅のみONにする。

Button（演算/del/CLキー）の作成

これらのButtonも、基本的には数字キーと変わりありません。違いは、Actionに設定する関数名です。これらのキー用Buttonでは、以下のようにActionを設定します。

四則演算のキー	「onOpTap」と設定。
「del」キー	「onDelTap」と設定。
「CL」キー	「onClTap」と設定。

Button（Calcキー）の作成

計算を実行するためのキーです。画面の一番下に配置します。Actionを「onCalc」と設定しておきます。Auto-Resizing/Flexは、上幅と縦幅以外をすべてONにした状態で設定しておくと、画面の最下部にはめ込まれます。

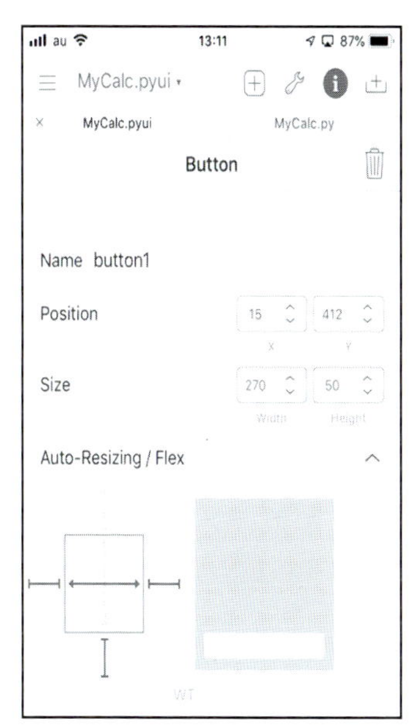

図3-79：CalcキーのButton設定。Auto-Resizing/Flexは上幅と縦幅以外をONにしておく。

ボタン類の配置は下から順に

これで、ひと通り部品を用意できました。今回のUI部品の作成でもっとも注意すべきは、「配置と自動調整」でしょう。

今回はLabelの下にTableViewがあり、その下にボタン類があります。そして、画面サイズに応じてTableViewの大きさが調整されるようになっています。つまり、「Labelは上からの位置、Button類は下からの位置」により配置が決められるようにしているのです。

ですからButton関係は、すべて配置したら「下端からの位置で配置を決める」ようにしてください。LabelとButtonの配置が決まったら、間の空間に収まるようにTableViewを配置するとよいでしょう。

MyCalc.pyのスクリプトを作成する

では、スクリプトを作成しましょう。MyCalc.pyを開き、以下のようにスクリプトを記述してください。

▼リスト3-23

```
import ui
import clipboard
import console

calcd = False

# 数字キーのイベント処理
def onBtnTap(sender):
  global calcd
```

```
  s = disp.text
  if calcd:
    s = ''
    calcd = False
  if s == '0':
    s = ''
  disp.text = s + sender.title

# 演算キーのイベント処理
def onOpTap(sender):
  global calcd
  disp.text += sender.title
  calcd = False

# del キーのイベント処理
def onDelTap(sender):
  disp.text = disp.text[:-1]

# CL キーのイベント処理
def onClTap(sender):
  disp.text = '0'

# Calc キーのイベント処理
def onCalc(sender):
  global calcd
  calcd = True
  try:
    fml = disp.text
    res = str('{:.2f}'.format(eval(fml)))
    disp.text = res
    list.data_source.items.append(fml + ' = ' + res)
  except:
    disp.text = '*** ERROR ***'

# リストのイベント処理
@ui.in_background
def onListTap(sender):
  n = sender.selected_row
  s = sender.items[n]
  clipboard.set(s)
  console.alert(s + ' をコピーしました。')

# メイン処理
v = ui.load_view()
v.background_color = '#ddddff'
disp = v['displayLabel']
list = v['historyList']
v.present('sheet', orientations = ['portrait'])
```

スクリプトのポイントをチェックする

作成したスクリプトの内容について見ていきましょう。まず最初に、3つのimport文が書かれていますね。以下のものです。

```
import ui
import clipboard
import console
```

これが、今回利用しているモジュールです。uiとconsoleは既に使っていますね。clipboardは、クリップボードを利用するための機能を提供するモジュールです。今回、この3つのモジュールを使います。

その下には、calcdという変数を用意しています。

```
calcd = False
```

このcalcdは、「calc」キーで計算した直後であることを示すための変数です。計算を実行すると、このcalcdをTrueにしておきます。これは何のために用意したのか？　というと、「計算した直後は、数字キーを押したら表示をクリアして入力する」ためです。

数字キーのイベント処理

では、関数の処理を見ていきましょう。

まずは、数字キーのActionに設定したonBtnTapです。ここでは、globalでcalcd変数を使えるようにしています。

```
def onBtnTap(sender):
  global calcd
```

calcd変数が用意されたのは、どの関数やクラスにも属していない場所です。これはスクリプトのどこでも使えるもので、グローバル変数と呼ばれます。これを関数内で利用する場合は、「global 変数名」というようにして使用を宣言しておきます。

▼計算直後は値をクリアする

```
  s = disp.text
  if calcd:
    s = ''
    calcd = False
```

disp.textで、現在の表示を変数sに取り出します。そして変数calcdがTrueならば、sを空のテキストに変更します。つまり、calcdがTrueなら（計算の直後なら）、表示されているテキストを一度消去しているということです。

▼値がゼロかチェック

```
if s == '0':
  s = ''
```

変数sのチェックはもう1つあります。値が「0」ならば、やはりsをクリアします。0に数字を追加した場合、普通は「01」ではなく、単に「1」と表示します。

▼タッチしたキーのtitleを追加

```
disp.text = s + sender.title
```

用意したsに、イベントが発生したButtonのtitleを付け足したものをdisp.textに設定し表示します。Buttonのtitleには、それぞれ数字が設定されています。それをsの最後に付け足して再設定しているわけです。このようにして、すべての数字キーで同じ関数を呼び出しても、それぞれ異なる数字が追加されるようにしています。

演算キーのイベント処理

続いて、四則演算のキーの処理を行うonOpTap関数です。これも、最初にグローバル変数calcdを利用宣言します。

```
def onOpTap(sender):
  global calcd
```

▼titleを追加し、calcdをFalseにする

```
disp.text += sender.title
calcd = False
```

この関数で行っていることはとても単純です。disp.textの末尾にsenderのtitleを付け足し、calcdの値をFalseに変更します。これで、dispのtextに演算記号が付け足されます。

dispという変数は、後で出てきますがdisplayLabelのオブジェクトです。つまり、Label表示を操作していたのです。

del/CLキーのイベント処理

値を削除するためのキーは2つあります。1つは「del」キーです。これは、最後の文字を1つ削除するものです。まずは、delキーに設定したonDelTapからです。

```
def onDelTap(sender):
  disp.text = disp.text[:-1]
```

disp.textは、表示しているLabelのテキストでしたね。その[:-1]と記述がされています。この[]は、テキストやリストを扱うのに用いるものです。リストでは[1]みたいに使っていますが、[:数字]とすることで、範囲を指定することもできます。これは前にちらっと説明しましたが、覚えているでしょうか?

```
値 [ 開始位置 : 終了位置 ]
```

インデックスの指定は、こんな具合に記述できましたね。値を省略した場合は、デフォルトの値（開始位置はゼロ、終了位置は最後の位置）が指定されます。また位置を指定するとき、マイナスの値にすると「最後から○○個前」を表すことができます。

これらの性質により、[:-1]というのは、テキストの「ゼロ文字目から、最後の文字の1文字前まで」が取り出されるようになります。それをdisp.textに再設定すれば最後の文字を取り除ける、というわけです。

続いて、CLキーのイベント処理です。これは単純です。disp.textの値をゼロに設定するだけです。

```
def onClTap(sender):
  disp.text = '0'
```

calcキーのイベント処理

さあ、肝心の「calc」キーの処理です。これは、onCalcという関数として用意してあります。

ここではまず、グローバル変数calcdを宣言し、値をTrueに変更しておきます。

```
def onCalc(sender):
  global calcd
  calcd = True
```

●例外処理について

その後には、tryという文が書かれていますね。これは、「例外処理」と呼ばれるものです。この構文は以下のような形をしています。

```
try:
    実行する処理
except:
    例外発生時の処理
```

このtry構文は、try以降の部分とexcept以降の部分で構成されます。今回は、記入された式を実行して結果を得る、という作業を行っていますが、場合によっては正しい式が入力されていない、ということもあるでしょう。

そこで、tryを使って処理を実行しているのです。tryは、その内部にある処理を実行中にエラー（例外と呼びます）が発生するとexcept:のところにジャンプし、そこにある処理を実行します。ここに例外発生時の対応を用意しておけば、エラーが起きてもプログラムは止まることなく処理を続けていくことができるのです。

●入力された式をevalする

このtry内で行っていることは、disp.textに設定された式を取り出し、それを「eval」で評価して小数点以下２桁までに丸めて変数に設定する、という処理です。

```
    try:
      fml = disp.text
      res = str('{:.2f}'.format(eval(fml)))
```

disp.textの値を変数fmlに取り出した後、以下の３つのメソッドを組み合わせた処理を実行しています。

●eval関数で式を評価する

「eval」は引数に指定した式のテキストを実行し、結果を得るのに使います。例えば、"1 ＋ 2"といったテキストをevalすると、３が返されます。

こんな具合に、式をevalすることで答えを計算させているのです。

▼dispとlistの表示を更新する

```
      disp.text = res
      list.data_source.items.append(fml + ' = ' + res)
```

disp.textに、計算結果の変数resを設定します。そして、list(TableView)のdata_sourcesのitemsに、「append」メソッドを使って式と計算結果を項目として追加します。

▼例外発生時の処理

```
    except:
      disp.text = '*** ERROR ***'
```

最後に、except:のところで例外発生時の処理を用意します。ここでは、disp.textにエラーメッセージを表示させています。

リストのイベント処理とin_background

リストをタッチしたときの処理は、onListTapという関数として用意しています。しかし、関数の前に注目すべき記述があります。

```
@ui.in_background
def onListTap(sender):
```

関数の上に、@で始まる文が書かれていますね。これは「デコレータ」と呼ばれるものです。デコレータは関数や変数などの前に記述するもので、その関数や変数などがどのような性質を持つかを指定するのに使います。

ここでは、ui.in_backgroundというデコレータを付けています。これは、TableViewをタッチした処理でconsole.alertを利用するための措置です。

UIスレッドについて

ちょっと難しい話になりますが、Pythonista3では、UI部品の表示などの処理は「UIスレッド」と呼ばれるスレッドで処理されます。これは、consoleのalertの表示なども同じです。

ButtonのActionで実行される処理は、このUIスレッドを使わず別スレッドで動きます。ですから、特に難しいことなど考えずに、そのままalertを呼び出せばよかったのです。が、TableViewをタッチしたときの処理でalertを利用すると、困ったことになります。このタッチしたときの処理自体がUIスレッドで実行されるため、そのUIスレッドでalertの表示が実行されるとスレッド自体がデッドロックされ、動かなくなってしまうのです。

そこで@ui.in_backgroundを指定し、「これはバックグラウンドで動かします」と指定してやるのです。これにより、UIスレッドがデッドロックすることなく動作するようになります。

まぁ、UIスレッドの詳しい仕組みまで、今ここで理解する必要はありません。「ButtonのAction以外でalertを使うときは、必ず@ui.in_backgroundを付ける」ということだけ覚えておきましょう。

onListTapの処理

onListTapの処理の解説に話を戻しましょう。ここでは選択項目をコピーし、アラートで表示する、という処理をしていました。

▼選択した項目を取り出す

```
n = sender.selected_row
s = sender.items[n]
```

senderのselected_rowで選択された項目の番号を取り出し、それを元にsender.itemsから項目のテキストを取り出します。これで、選択された項目の式が変数sに得られました。

▼クリップボードにコピーする

```
clipboard.set(s)
```

取り出した値をクリップボードにコピーします。clipboardの「set」関数で行えます。これで、引数に指定したテキストをクリップボードに保存します。ペーストすると、この値がペーストされるようになります。

ちなみに、クリップボードにある値を取り出すには、「get」関数を使います。引数はなく、呼び出すだけでクリップボードの値を取り出せます。

▼アラートを表示する

```
console.alert(s + ' をコピーしました。')
```

最後に、取り出した式をコピーしたメッセージをアラートで表示します。これで作業終了です。

メイン処理

最後に、プログラム起動時に実行されるメイン処理部分の文がいくつかあります。これらは、一番最初に実行される処理になります。

▼Viewをロードする

```
v = ui.load_view()
```

まずは、MyCalc.pyuiファイルを読み込んでViewオブジェクトを取り出します。これはお決まりの処理ですね。

▼背景色を変更

```
v.background_color = '#ddddff'
```

UIデザイナーでは、ベースとなる部分の背景色を設定できなかったので、スクリプトで行っています。background_colorは、その名の通り背景色の属性です。これに16進数のテキストを設定して、背景色を変更します。

▼LabelとTableViewを変数に取り出す

```
disp = v['displayLabel']
list = v['historyList']
```

Labelを変数dispに、TableViewを変数listにそれぞれ取り出しておきます。これらは他のいくつかの関数で使うものなので、あらかじめ変数に取り出しておいたほうが便利です。

▼Viewを表示する

```
v.present('sheet', orientations = ['portrait'])
```

最後に、presentでViewを表示します。このとき、「orientations」という値を用意していますね。プログラムが利用可能なオリエンテーション（向き）を指定するものです。これは、オリエンテーションの値をリストにまとめて設定します。利用可能な値は以下のようになります。

'portrait'	縦置きの状態
'portrait-upside-down'	縦置きで上下逆の状態
'landscape'	横置きの状態
'landscape-left'	横置きで左向きの状態
'landscape-right'	横置きで右向きの状態

ここではorientations = ['portrait']とすることで、プログラムが縦置きの状態で表示されるようにしています。縦横どちらでも問題ないプログラムではorientationsの指定は不要ですが、「縦表示のみ」「横表示のみ」というように表示を固定したい場合は、この値を用意して対応しましょう。

基本はLabel, TextField, Button

今回は、非常に多くのUI部品の使い方についてひと通り説明をしたので、途中で「全部覚えるのは無理！」と感じた人も多かったかもしれません。

UI部品は、基本的に「全部覚えないと使えない」というものではありません。むしろ、「必要最低限のものがわかれば、それだけでもう使える」というものです。あまりに数が多くて混乱してきた人は、一番最初に登場したLabel, TextField, Buttonの３種類に絞って、基本的な使い方を覚えるようにしましょう。今回サンプルで作成した電卓も、履歴を保管するTableViewの部分を除けば、この３種類のUI部品だけでできています。これだけで十分使えるプログラムは作れるのです。

それ以外にもう少し余力があれば、console.alertを使えるようになりましょう。これが使えるだけで、ぐっとプログラムの表現力はアップします。最初のうちは、これだけを使ってプログラム作成を行ってみるのがよいでしょう。そしてある程度プログラム作成に慣れてきたら、少しずつ使えるUI部品を増やしていけばいいのです。

無理せず、自分でできる範囲から使っていく。それがUI部品マスターへの最適解と言えるでしょう。

Chapter 4

シーンとノードで2Dゲーム!

2Dゲームを作るためには、
「シーン」と「ノード」という部品の使い方をマスターする必要があります。
これらの基本操作を覚え、実際に簡単なリアルタイムゲームを作ってみましょう!

Chapter 4

4.1. シーンとノードの基本

ゲームにUIは使わない!

前章で、UI部品についてひと通り説明をしました。そこで、「基本的なUI部品が使えるようになれば、プログラムは作れる」と言いました。これはその通りです。Label、TextField、Buttonが使えれば、簡単なプログラムは作れます。

では、「UI部品さえわかればどんなプログラムも作れる」かというと、そうはいきません。UI部品を完璧にマスターしたとしても、作れないプログラムはあります。それは「ゲーム」です。

特にグラフィックを多用し、リアルタイムに動くようなゲームは、UI部品を組み合わせても作成は難しいでしょう。(前章では取り上げていませんが) UI部品にはグラフィックイメージを表示するためのものもありますが、それを利用してもゲームを作るのはかなり難しいでしょう。なぜなら、UI部品は「スピード」を重視して作られていないからです。

ゲームはスピードがすべて!

グラフィックを多用したリアルタイムゲームは、とにかく「スピードがすべて」です。表示や移動にもたもたしていたら、まともなゲームは作れません。

UI部品は、機能や使いやすさを重視して作られています。「表示や移動のスピード」などを考えて作られていないのです。スピードを重視するなら、もっとコンパクトで「表示して動く」ということだけに特化した部品を考えないといけません。また、そうした部品を配置するView側も、余計な機能をすべて取り除き、「表示と移動」の機能だけしか持たない軽量な部品でなければいけません。

すべてはスピードのために。──それが「リアルタイムゲーム作成に必要な部品」の基本なのです。UI部品は、そういった意味ではどれもこれも落第です。

シーンとノード

そこでPythonista3では、UI部品とは別に「リアルタイムゲームのための専用部品」を用意しました。

これらは、UIデザイナーには表示されません。当然、指先で操作して配置したり設定を行ったりすることもできません。そんな便利な機能のために部品が鈍重になってしまったら本末転倒ですから。これらの部品は、すべて「スクリプトで操作する」ことだけを考えて作られています。

このリアルタイムゲーム用の部品は、基本的に2種類しかありません。「シーン」と「ノード」です。

●シーン

シーンは、ゲームのベースとなる部品です。UI部品でのViewに相当するものです。画面全体を覆い、背景などを設定します。このシーンの上に、すべてのゲーム用の部品が配置されます。

●ノード

シーン上に配置する部品です。表示する内容に応じて、「ラベル」「スプライト」「シェイプ」「エフェクト」といった複数のノードが用意されています。画面に何かを表示する場合はこのノードとして作成し、シーンに組み込んで操作します。

シーンを用意し、そこに必要に応じてノードを組み込んで表示し動かす。——これが2Dリアルタイムゲーム作成の基本的な考え方といってよいでしょう。

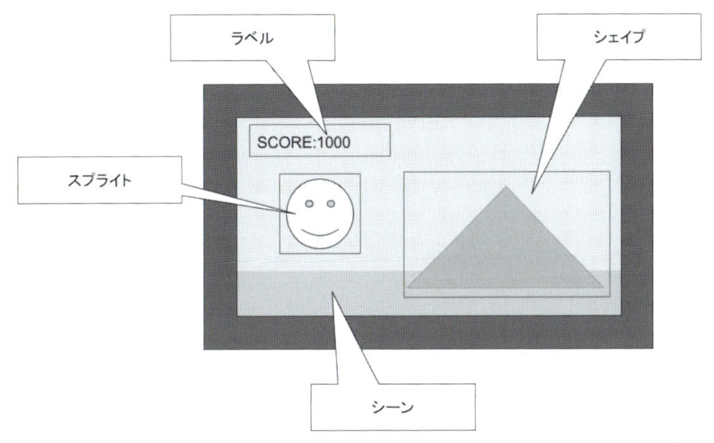

図4-1：2Dゲームは、シーンの上にさまざまなノードを配置して作成する。

スクリプトを作成しよう

実際にサンプルを作成し、動かしながら2Dゲーム作成について説明していくことにしましょう。まずは、サンプル用のスクリプトを作成しておきます。

画面の右上にある「＋」アイコンをタッチし、現れた画面から「New File...」ボタンをタッチして選択してください。

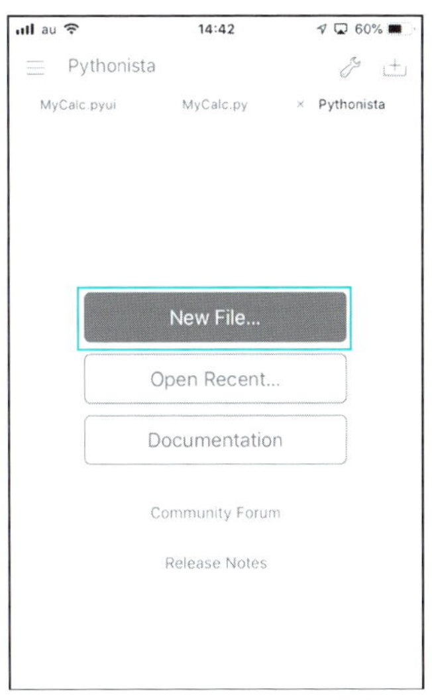

図4-2：「＋」アイコンをタッチし、「New File...」ボタンを選択する。

画面に、作成するファイルを選ぶリストが現れます。今回は「Empty Script」を選択しましょう（図4-3）。2Dゲームは、UIは使いません。すべてスクリプトで記述をします。

実を言えば、Pythonista3には2Dゲームのスクリプトを作る専用テンプレートも用意されています（「SCENE」というところ）。しかし、今回はすべてを一から記述していきたいので、これは使いません。完全に空の状態からスクリプトを作成することにしましょう。

作成するファイルの名前と保存場所を選択する画面になります。今回は「sample_2」と入力しておきます。作成場所はデフォルトのままでかまいません（図4-4）。

これで、新しいスクリプトファイルが用意できました。今回はただのスクリプトファイルのみで、UIファイルはありません。ですから、すべての作業はこのコードエディタで記述して行うことになります（図4-5）。

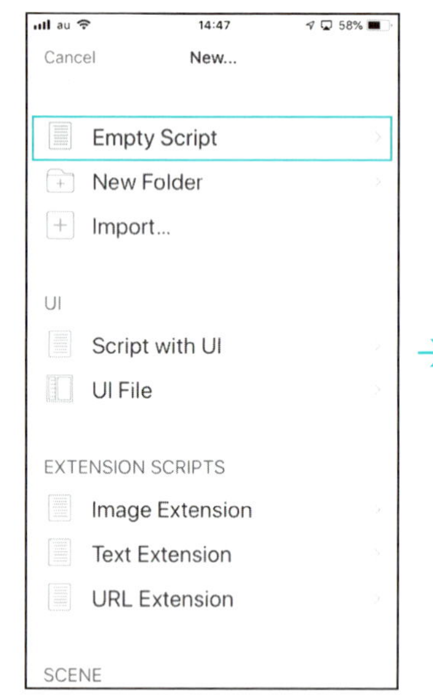

図4-3：「Empty Script」を選ぶ。

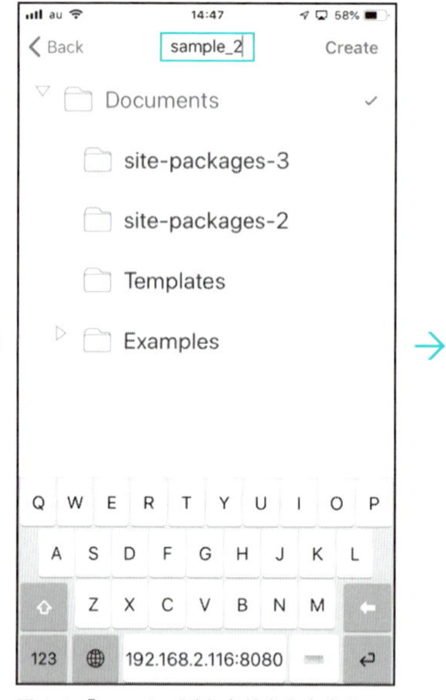

図4-4：「sample_2」と名前を入力する。

図4-5：作成されたスクリプトファイル。ここでスクリプトを記述する。

シーンを表示する

まずは、2Dゲームのベースとなる「シーン」を表示しましょう。

シーンの表示は、sceneモジュールに用意されている「Scene」というクラスを継承しクラスを作成して行います。

▼Scene継承クラス

```
class クラス名 (Scene):
  def setup(self):
    ……初期化処理……
```

Sceneクラスを継承して作成するクラスでは、setupメソッドを用意します。これはSceneの初期化を行うためのもので、ほぼ必須のメソッドと考えていいでしょう。

こうしてクラスを定義したら、それを「run」メソッドで実行します。

▼Sceneの実行

```
run(《Scene》)
```

引数に、実行したいScene継承クラスのインスタンスを指定します。これで、そのインスタンスが実行され、画面に表示されます。シーンの利用の基本は意外と単純なのです。

SampleSceneを表示する

では、実際に簡単なシーンを作って表示してみましょう。sample_2.pyを以下のように書き換えてください。

▼リスト4-1

```
from scene import *

class SampleScene(Scene):

  def setup(self):
    self.background_color = '#ffa0a0'

run(SampleScene())
```

図4-6：実行すると画面全体がピンク色になる。これがSampleSceneの画面。

プログラムを実行すると、画面全体がピンク色に表示されます。これが、作成したSampleSceneの画面です。SampleSceneでは、こんな具合にピンク色の背景で表示されます。

表示の右上を見ると、そこに×アイコン（クローズボックスのアイコン）がうっすらと見えるでしょう。これをタッチすると、プログラムを終了します。

ここでは、setupメソッドで背景色の設定を行っています。これは、「background_color」属性を使います。

▼背景色の設定

```
self.background_color = 色の値
```

設定する色の値は'#00s99ff'というように、RGBの各輝度を2桁の16進数で表したテキストになります。UI部品での色の指定と同じですね。

スプライトを使う

シーンには、さまざまなノードを追加して表示します。まずはゲームのもっとも基本となるノード、「スプライト」を使ってみましょう。

スプライトは、キャラクタなどのグラフィックイメージを表示するノードです。これは、「SpriteNode」というクラスとして用意されています。引数に利用するイメージファイルの名前を指定することで、インスタンスを作成できます。

▼スプライトの作成

```
変数 = SpriteNode( イメージの指定 )
```

作成した段階では、スプライトはゼロ地点（左下の地点）にあります。作成後、「position」という属性を使い、表示したい位置に設定します。位置は、横・縦の位置の値を、タプルやリストなどでまとめたもので指定できます。

▼表示位置の設定

```
《SpriteNode》.position = ( 横位置 , 縦位置 )
```

まだこの段階では、スプライトは画面には表示されません。スプライトの設定ができたら、最後にシーンにスプライトを追加します。

▼シーンにスプライトを追加する

```
《Scene》.add_child(《SpriteNode》)
```

これで、スプライトがシーン上に表示されるようになります。「インスタンス作成」「位置の調整」「シーンへの組み込み」、この3つの作業をセットで行うのがスプライト利用の基本といっていいでしょう。

C O L U M N

シーンの座標のゼロ地点は左下！

コンピュータでは、さまざまなプログラムで位置の情報を扱います。そうしたものの大半は、「左上」をゼロ地点とします。例えば、Webページで位置を指定して表示するような場合も、Webブラウザの左上をゼロ地点とし、そこから右に○○ドット、下に○○ドット、というように指定します。横方向は「右に進むほど値が大きい」、縦方向は「下に進むほど値が大きい」のが基本です。

が、Pythonista3のシーンは違います。シーンは「左下」がゼロ地点です。ということは、縦の位置は、「上に進むほど値が大きい」ことになります。Webブラウザなどとは逆になっているのです。最初のうちはけっこう勘違いすることも多いので、間違えないように注意しましょう。

絵文字を画面に表示しよう

では、実際にスプライトを使ってみましょう。sample_2.pyの内容を以下のように書き換えてください。

▼リスト4-2

```
from scene import *

class SampleScene(Scene):

  def setup(self):
    self.background_color = '#d0d0d0'
    sp = SpriteNode('emj:Smiling_1')
    sp.position = self.size / 2
    self.add_child(sp)

run(SampleScene())
```

図4-7：実行すると、画面の中央に絵文字のアイコンが表示される。

スクリプトを実行すると、画面の中央に絵文字が表示されます。ここでは、「Smiling_1」という絵文字のイメージをスプライトに設定して表示しました。こんな具合に、スプライトを使ってイメージを表示することができます。

スプライト作成の流れを整理

スプライトを作成し、表示する処理を順に見ていきましょう。まず最初に、SpriteNodeインスタンスを作成します。

▼スプライトを作成

```
sp = SpriteNode('emj:Smiling_1')
```

引数には、'emj:Smiling_1'と値が設定されていますね。これが、Smiling_1の絵文字のイメージです。イメージの名前は、このように「種類:名前」といった形で記述されます。「emj」は、絵文字のイメージを表す値です。

▼画面中央に位置を設定

```
sp.position = self.size / 2
```

続いて、positionを設定します。ここでは、ちょっとおもしろいやり方をしていますね。self.sizeというのは、シーンの「size」属性を示します。これは、シーンのサイズを示す属性で、(横幅, 縦幅)というように2つの値で設定されます。

このsizeの値は、そのまま四則演算できます。self.size / 2とすることで、sizeの値を半分にしたものが得られるのです。それをpositionに設定していた、というわけです。

画面サイズの縦横半分の位置というのは、画面のちょうど中央になりますね。sizeを利用することで、「画面の中のこのぐらいの位置」というように位置を指定することができるのです。

▼スプライトを追加する

```
self.add_child(sp)
```

最後に、add_childでスプライトをシーンに組み込みます。これで、スプライトが画面に表示されるようになりました。手順さえわかれば、それほど難しくはありませんね!

Point/Size/Rect

スラスラっと説明をしましたが、中には説明を読んでちょっと引っかかった人もいるんじゃないでしょうか? それは、positionの設定のところです。

「sizeの値を2で割る? リストやタプルって四則演算できたっけ?」

そう思った人。その通り、リストやタプルはそのまま掛けたり割ったりはできません。先に「positionはリストやタプルで設定できる」と言いましたが、実はpositionやsizeの値は、正確にはリストやタプルではないのです。値の設定はタプルなどで行えるのですが、これらに設定されている実際の値は、Pythonista3

に用意されている位置や大きさなどに関する専用の値になっています。つまり、リストやタプルを属性に設定する際に、自動的に専用の値に変換されていたのですね。

では、用意されている位置や大きさに関する値について、簡単に整理しておきましょう。

●Point (横位置 , 縦位置)

位置を示すクラスです。横・縦の位置の値を引数に指定してインスタンスを作成します。これらの値は、それぞれ「x」「y」という属性として取り出すことができます。

●Size (横幅 , 縦幅)

サイズを示すクラスです。横幅・縦幅の値を引数に指定してインスタンスを作成します。これらの値は、それぞれ「w」または「width」、「h」または「height」として取り出せます。

●Rect (横位置 , 縦位置 , 横幅 , 縦幅)

領域を示すクラスです。位置とサイズに関する4つの値をそれぞれ指定しインスタンスを作成します。これらの値は、「x」「y」「w」または「width」、「h」または「height」として取り出せます。

これらのうち、PointとSizeはいずれも「Vector2」という共通のクラスを継承して作られています。このため、非常に互換性が高いのです。先ほどsizeの値をpositionに使ったりしましたが、そうしたことができるのも両者が非常に近い値であるためです。

これらは先ほどやったように、普通の数値と同じ感覚で四則演算することができます。具体的な使い方を今すぐ覚える必要はありませんが、「位置や大きさは、こういう専用の値として用意されているんだ」ということは頭に入れておきましょう。

コードエディタのイメージ選択

スプライトの作成そのものはわりと簡単なのですが、意外と苦労しそうなのが「使用するイメージの指定」です。SpriteNodeの引数を見ると、'Smiling_1.png'というような値ではなくて、'emg:Smiling_1'という値になっています。「やっぱり別のイメージを使ってみたい」と思っても、どんなイメージがあるのか、それはどういう値を設定すればいいのかわからない、という人も多いでしょう。

実はコードエディタには、イメージなどのリソースを簡単に指定できる機能が組み込まれているのです。

実際にやってみましょう。SpriteNodeインスタンスを作成している、

```
sp = SpriteNode('emj:Smiling_1')
```

この文の、引数に記述した値の部分をタッチしてインサーションポイントを移動してください。すると、現在設定されているイメージがポップアップして表示されます。

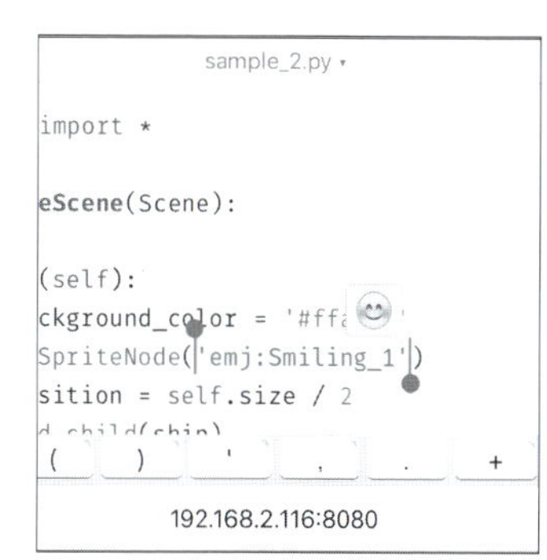

図4-8：SpriteNodeの引数部分を選択すると、そのイメージがポップアップして表示される。

このポップアップ表示されているイメージをタッチしてください。すると、画面にイメージのリストが現れます。これは、現在選択されているSmiling_1という絵文字イメージがあるフォルダのイメージリストです。こんな絵文字が用意されているんですね。

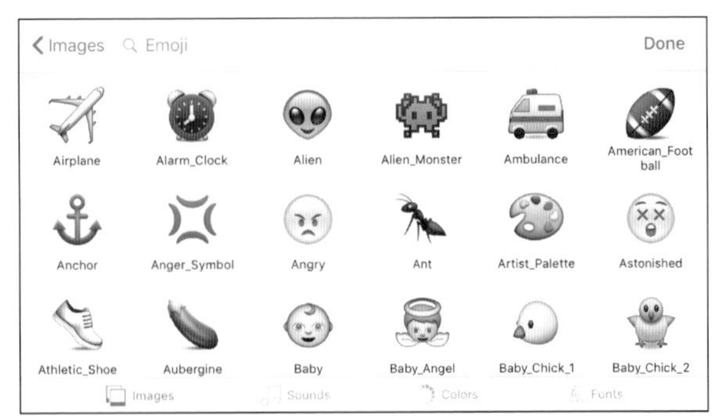

図4-9：イメージをタッチすると、そのイメージが保管されている場所のイメージがリスト表示される。

さらに、左上に見える「< Images」という表示をタッチしてみましょう。すると絵文字のフォルダの上に移動し、イメージをまとめたフォルダ類がずらっと並んで現れます。これが、サンプルとして用意されているイメージをまとめたフォルダです。ここから使いたいフォルダをタッチすれば、そこにあるイメージが表示されます。

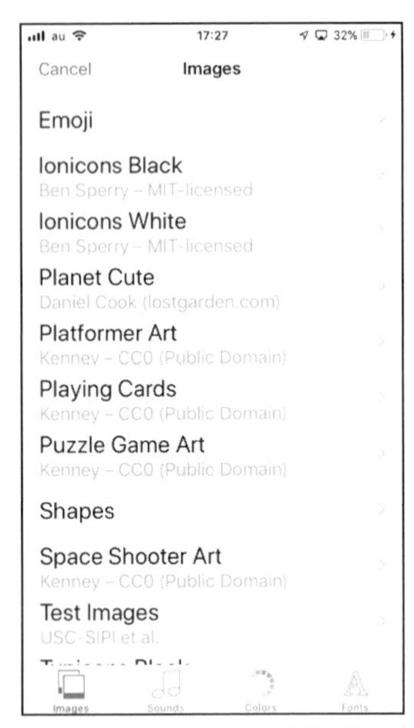

図4-10：Pythonista3には多数のサンプルイメージがフォルダ分けして用意されている。

では、試しに「Space Shooter Art」というフォルダをタッチしてみましょう。これは、シューティングゲーム用に用意されたキャラクタのフォルダです。ここから使ってみたいイメージをタッチし、選択しましょう(図4-10)。

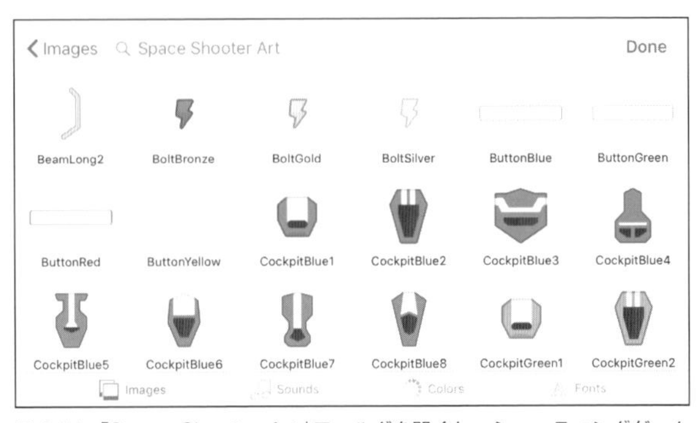

図4-11：「Space Shooter Art」フォルダを開くと、シューティングゲームで使えるイメージがリスト表示される。

リストが消え、コードエディタに戻ります。そして選択したイメージの値が、SpriteNodeの引数に設定されています。選んだイメージがポップアップして表示されているのがわかるでしょう。こんな具合にコードエディタでは、使いたいイメージを選ぶだけで、その値をSpriteNodeの引数に設定できるのです。

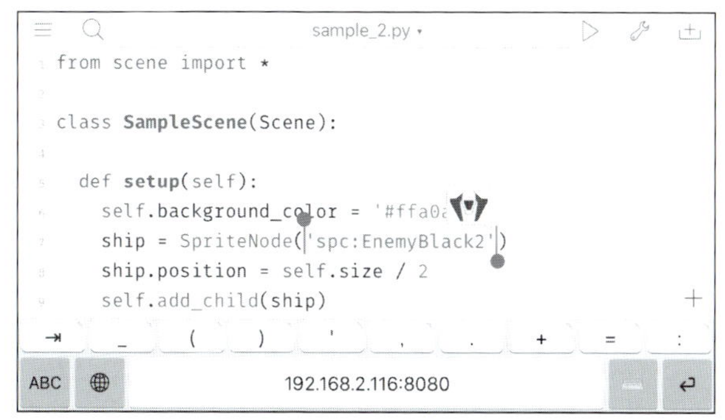

図4-12：イメージを選択するとSpriteNodeの引数が書き換えられ、選択したイメージが表示されるようになった。

スクリプトを実行してみましょう。選んだイメージがスプライトとしてちゃんと表示されます。いろいろとイメージを変更して表示を確かめてみましょう。

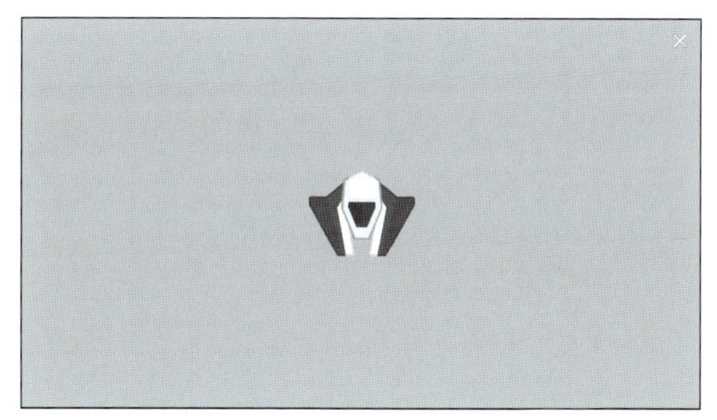

図4-13：実行すると、スプライトのイメージが変更された！

新たにSpriteNodeを用意するときは？

今回は既にイメージの値が設定されて、ポップアップ表示されている状態でイメージを変更しました。では、新たにスクリプトを書いている際にイメージを選択し、値を設定することはできるのでしょうか？

これも、もちろんできます。先ほど書いたスクリプトで、SpriteNodeインスタンスを作成している部分を以下のように書き換えてください。

```
sp = SpriteNode()
```

引数には何もありませんから、当然、イメージもポップアップ表示されません。しかしコードエディタをよく見ると、エディタの右下のあたりに「＋」というアイコンが見えるのに気づくでしょう。これが、リソースの値をエディタに挿入するためのアイコンなのです。

これをタッチすると、先ほどと同じようにリソースを選択するリスト画面が現れ、そこからイメージを選ぶことができます。

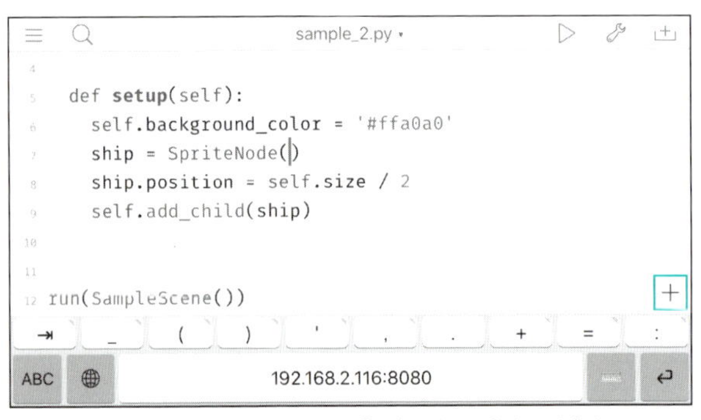


```
def setup(self):
    self.background_color = '#ffa0a0'
    ship = SpriteNode()
    ship.position = self.size / 2
    self.add_child(ship)


run(SampleScene())
```

図4-14：コードエディタの右下にある「＋」アイコンをタッチする。

リソース選択の表示について

コードエディタに挿入できるのは、イメージの値だけではありません。サウンドや色、フォントなどの値も挿入することができます。

コードエディタの「＋」アイコンをタッチして現れる画面をよく見ると、下に４つのアイコンが並んでいるのがわかります。これで、選ぶリソースの種類を切り替えられるのです。

おそらく最初に現れるのは、一番左の「Images」が選択された状態でしょう。これは、イメージファイルを選ぶためのものです。

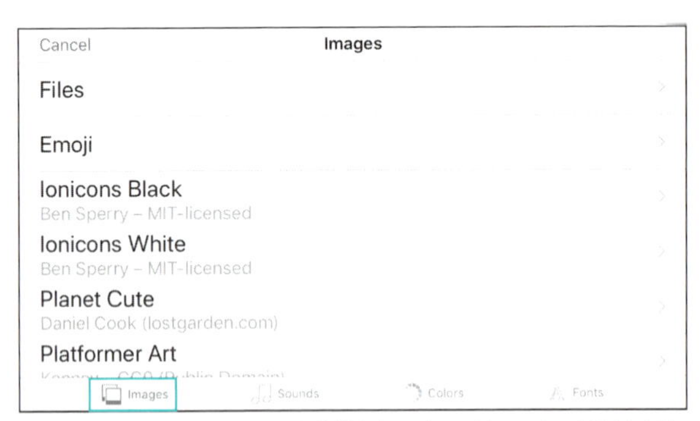

図4-15：「Images」が選択された状態だと、イメージファイルを選ぶ画面になる。

●サウンドリソース

「Sounds」は、サウンドリソースを選択するものです。これもイメージと同様、フォルダ分けして種類ごとに整理されています。フォルダを選択すると、その中にあるサウンドリソースがリスト表示されます。

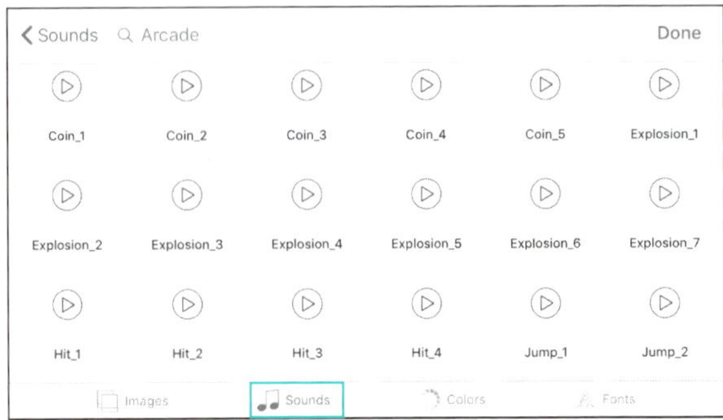

図4-16：「Sounds」を選択すると、サウンドリソースがリスト表示される。

●カラー値

「Colors」を選択すると、カラーパレットが現れます。ここで色を選び、右上の「Insert」をタッチすれば、選択した色の値をエディタに挿入できます。

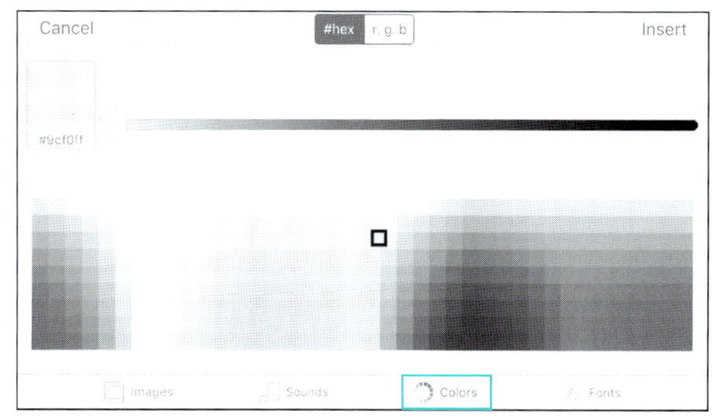

図4-17：「Colors」はカラーパレットを表示する。

●フォント名

「Fonts」は、利用可能なフォント名のリストを表示します。ここでリストを選択すると、そのフォント名がエディタに書き出されます。フォント名はわかりにくいものが多いので、この機能を利用すれば間違えることもありません。

図4-18：「Fonts」は、フォント名のリストを表示する。

drawメソッドで図形を描画する

シーンの背景は、background_colorで色を設定することができます。でも「全部、同じ色で塗りつぶされているだけ」というのは、あまり面白くないですね。背景をグラフィックイメージで表示するような方法もないわけではありませんが、ここはもう少し簡単に「背景に図形を描く」方法を覚えて、ちょっとしたアクセントをつけられるようにしてみましょう。

図形の描画は、Scene継承クラスに「draw」というメソッドを用意して行います。これは引数も戻り値もない、ごくごくシンプルなメソッドです。この中で図形描画の関数を呼び出すことで、簡単な図形を描くことができます。

描画用の関数は非常にたくさんのものが用意されていますが、まずは基本ということで、「塗りつぶし色の設定」「円の描画」「四角形の描画」の3つだけ挙げておきましょう。

▼塗りつぶし色を設定する

```
fill ( 色値のテキスト )
fill( 赤 , 緑 , 青 , アルファ )
```

図形を描くときは、まずfillで塗りつぶす色を設定しておきます。'#ff00aa'というように16進数を使ったテキストで設定してもいいし、赤・緑・青・アルファチャンネル（透過度）をそれぞれ0～1の実数で指定することもできます。このfillを実行降、描画用メソッドを実行すると、設定した色で図形が描かれます。

▼円を描く

```
ellipse( 横位置 , 縦位置 , 横幅 , 縦幅 )
```

円（楕円）を描くものです。引数には、位置と大きさに関する4つの値を指定します。この値で用意される四角形にきれいにはめ込まれる形で円が描かれます。

▼四角形を描く

```
rect( 横位置 , 縦位置 , 横幅 , 縦幅 )
```

四角形を描くものです。引数は円を描くellipseと同じで、位置と大きさに関する値を4つ用意しておきます。

Classic render loopモードについて

これらの使い方は、まずfillで色を指定し、それからellipse/rectで図形を描く、という形になります。あらかじめfillで色を設定しておかないと、思ってもみない色で図形が描かれてしまいます。この「drawメソッドを用意して、描画用関数を呼び出して描く」というやり方は、「Classic render loopモード」と呼ばれる方式を利用するものです。これは、実は昔のPythonistaで用意されていた描画の方法なのです。

その後、Pythonistaがバージョンアップし、ノードを使って描く方式が用意されることになり、こちらのほうがグラフィック描画の基本となりました。が、Classic render loopモードを使った描画ももちろんサポートされていて、なんら問題なく使うことができます。ちょっとした図形を描く程度なら、こちらのほうが簡単に作成できます。用途に応じて使い分けるもの、と考えるとよいでしょう。

Classic render loopモードを使ってみる

drawメソッドを用意して図形を描いてみましょう。先ほどのサンプルにdrawメソッドを追記してみます。

▼リスト4-3

```
from scene import *

class SampleScene(Scene):

  def setup(self):
    self.background_color = '#d0d0d0'
    sp = SpriteNode('spc:EnemyBlack1')
    sp.position = self.size / 2
    self.add_child(sp)

  def draw(self):
```

```
    fill('#aa99ff')
    ellipse(50, 0, 200, 200)
    fill(0.75, 0.0, 1.0, 0.25)
    rect(150, 100, 200, 200)

run(SampleScene())
```

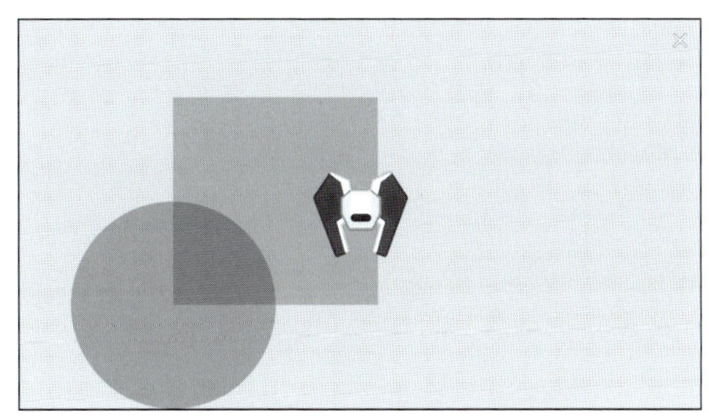

図4-19：実行すると、円と四角形が背景に描画される。

スクリプトを実行してみましょう。すると、背景に四角形と円が表示されます。スプライトは描いた図形の上に重なって表示されていますから、これらの図形はその下（つまり、シーンの表面）に描かれていることがわかるでしょう。

ここでのSampleSceneクラスを見ると、drawメソッドが追加され、そこでfillとellipse/rectが呼び出されていることがわかります。

fillは、色値テキストを使ったものと、RGBAの各値を指定するものの両方を用意しました。どちらのやり方でも問題なく色の設定が行えることがわかります。

スプライトを動かそう

表示したスプライトは、ただそこに張り付いて表示されているわけではありません。positionを操作することで、位置を移動することができます。ただし、それには「update」というメソッドの使い方を覚える必要があります。

updateは、シーンの表示が更新されるたびに呼び出されるメソッドです。Scene継承クラスは、単に組み込んだノードを表示するだけのものではありません。Sceneの最大のポイントは、「常に高速で表示がリフレッシュしている」という点です。

Sceneは、2Dゲームでの利用を考えて作られています。ゲームは、リアルタイムにグラフィックが動き回ります。

これを実現するために、Sceneは常に高速で表示を更新し続けています(通常、1秒間に60回)。そして、更新する際に少しずつスプライトの位置などを変更することで、なめらかに動かしているのです。

この更新時に実行されるメソッドが、updateなのです。このメソッド内に、スプライトの位置などを変更する処理を用意しておけば、更新されるごとにその処理が実行され、その結果、スプライトが動くように見える、というわけです。

スプライトが動き回る!

では、実際にスプライトを動かしてみましょう。sample_2.pyの内容を以下のように修正してください。なお、drawは特に変更ないので省略してあります。

▼リスト4-4

```
from scene import *

class SampleScene(Scene):
  dx = 1
  dy = 1
  sp = None

  def setup(self):
    self.background_color = '#d0d0d0'
    self.sp = SpriteNode('spc:EnemyBlack1')
    self.sp.position = self.size / 2
    self.add_child(self.sp)

  def update(self):
    p = self.sp.position
    p.x += self.dx
    p.y += self.dy
    if p.x <= 0:
      self.dx = 1
    if p.x >= self.size.w:
      self.dx = -1
    if p.y <= 0:
      self.dy = 1
    if p.y >= self.size.h:
      self.dy = -1
    self.sp.position = p

  def draw(self):
    省略……

run(SampleScene())
```

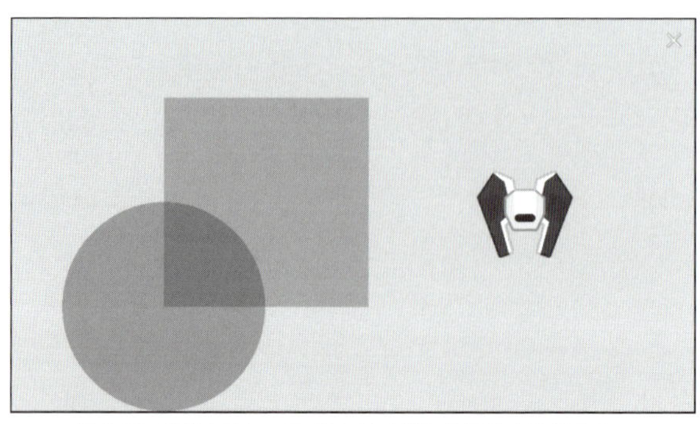

図4-20：実行すると、スプライトが常に画面内を動き回る。

スクリプトを実行するとスプライトが表示され、ゆっくりと動きます。このスプライトは決まった方向に真っすぐ進み、画面の端まで来ると跳ね返って反対方向に進みます。そうして、「画面から出ていきそうになったら跳ね返る」を繰り返して画面内を動き続けます。

ここでのupdateメソッドは、以下のようにしてスプライトの位置を動かしています。

```
p = self.sp.position
p.x += self.dx
p.y += self.dy
```

spは、SpriteNodeインスタンスです。このpositionで現在位置を変数pに取り出します。そして、pのxとy属性にdx, dyの値を加算します。dx, dyは、初期値では1が入っていますから、xとyを1ずつ増やすわけです。

「たった1だけ位置を動かすの？」と思うかもしれませんが、このupdateは常に毎秒数十回も呼び出し続けられる、ということを忘れないでください。たった1足すだけでも、1秒間に60回updateが呼び出されれば、1秒で60移動することになります。「連続して呼び出される」ということの意味をよく理解して使いましょう。

Chapter 4

4.2. スプライト以外のNode

シェイプを表示する

スプライトを使ってキャラクタを表示し動かす、という最低限の部分はわかりました。このままスプライトの使いこなしについて掘り下げていってもいいのですが、その前に「スプライト以外のもの」について説明しておくことにしましょう。

Sceneには、SpriteNode以外のNodeも用意されています。それらもスプライトと同様、シーンに配置して使うことができます。まずは、「ShapeNode」からです。ShapeNodeは、「シェイプ」をシーンに表示するノードクラスです。シェイプというのは「図形（の形状）」のこと。つまりShapeNodeは、円や四角形といった図形をシーンに組み込むのに使います。

「図形なら、drawメソッドで関数を使って描けたじゃないか」と思った人。それは、あくまで「シーン（背景）に図形が描かれる」というだけのものです。ShapeNodeはSpriteNodeと同様、Nodeの派生クラス（Nodeを継承したクラス）です。スプライトが持つ基本的な性質をシェイプも持っているのです。背景に描かれているのではなく、図形を１つの部品としてシーンに組み込み、動かしたりして操作できるのです。

では、シェイプ利用の基本について説明しましょう。

▼ShapeNodeインスタンスの作成

```
変数 = ShapeNode(《Path》)
```

ShapeNodeインスタンスは、引数にui.Pathというクラスのインスタンスを指定して作成します。このPathクラスは、「図形の形状」を扱うためのものです。ui.Pathクラスに用意されているクラスメソッドを使って、円や四角形の形状を作成できるようになっています。

▼円のPathの作成

```
変数 = ui.Path.oval( 横位置 , 縦位置 , 横幅 , 縦幅 )
```

▼四角形のPathの作成

```
変数 = ui.Path.rect( 横位置 , 縦位置 , 横幅 , 縦幅 )
```

▼角の丸い四角形のPathの作成

```
変数 = ui.Path.rounded_rect( 横位置 , 縦位置 , 横幅 , 縦幅 , 丸みの半径 )
```

こうして円や四角形の形状のPathを作成し、それを引数に指定してShapeNodeインスタンスを作成すればいい、というわけです。

▼図形の色の設定

```
《Path》.fill_color = 色値
《Path》.stroke_color = 色値
```

Pathには、図形の色に関する属性が用意されています。「fill_color」は、図形の内部を塗りつぶす色を示す属性です。「stroke_color」は、輪郭線などの線分の色を示す属性です。

色の値は'#ff0066'というように、16進数ベースのテキストで指定します。また、基本的な色であれば'red'というように、色名で直接指定することもできます。

こうして作成されたShapeNodeは、Sceneにadd_childで組み込みます。

▼ShapeNodeを組み込む

```
《Scene》.add_child(《Path》)
```

これでPathがSceneの中に組み込まれ、そのシーンに表示されるようになります。「Pathを作ってShapeNodeに組み込む」というのがちょっと手間ですが、基本的な手順さえわかれば使い方がそう難しいものでもありません。

円と四角形のシェイプを表示する

では、実際にシェイプを利用した例を挙げておきましょう。sample_2.pyの内容を以下のように書き換えてください。

▼リスト4-5

```
from scene import *

class SampleScene(Scene):

  def setup(self):
    self.background_color = '#d0d0d0'
    ovl= ShapeNode(ui.Path.oval(0, 0, 200, 200))
    ovl.fill_color = '#aa0000'
    ovl.position = Point(150, 150)
    self.add_child(ovl)
```

```
    rct.fill_color = '#9999ff'
    rct.position = Point(250, 250)
    self.add_child(rct)

run(SampleScene())
```

スクリプトを実行してみましょう。すると暗めの赤の円と、淡い青の四角形が表示されます。

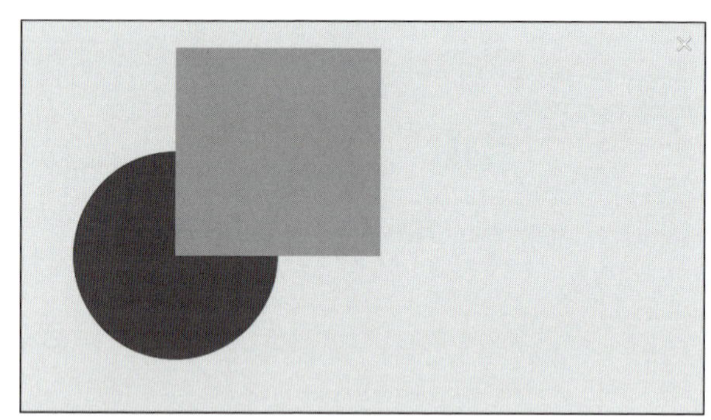

図4-21：実行すると、赤い円と青い四角形が表示される。

処理の流れを整理する

ここでは、まず円のShapeNodeを作成し、次に四角形のShapeNodeを作成しています。作業手順はどちらも同じなので、円の作成を見ながら処理の流れを確認しましょう。

▼ShapeNodeインスタンスの作成

```
ovl= ShapeNode(ui.Path.oval(0, 0, 200, 200))
```

まず、ShapeNodeインスタンスを作成しています。引数は、ui.Path.ovalメソッドでPathインスタンスを作成し指定しています。ここでは、縦横200の大きさで用意しています。

▼塗りつぶし色の指定

```
ovl.fill_color = '#aa0000'
```

図形の塗りつぶし色を設定しています。ここでは#aa0000と、やや暗い赤に設定してます。

▼ShapeNodeの位置を調整

```
ovl.position = Point(150, 150)
```

ShapeNodeのposition属性を設定し、表示位置を調整します。先ほどPathで位置と大きさを設定しましたが、あれはあくまで「シェイプに組み込むPathの位置と大きさ」です。今度は、ShapeNode自体の位置を調整しているわけです。

▼Sceneに組み込む

```
self.add_child(ovl)
```

最後に、作成したインスタンスをadd_childでSceneに組み込みます。これで、シェイプがシーンに表示されるようになります。

直線でPathを作成する

ShapeNodeを利用するには、「いかにしてPathを用意するか」が重要です。Pathには円や四角形を作成するメソッドが用意されていますが、それ以外の図形はどうやって作るのでしょうか？

これは、「空のPathを作り、そこに図形データを組み込んでいく」のです。Pathの中には、図形を作成するためのメソッドがいろいろと用意されています。これは、クラスメソッドのovalやrectのように「Pathインスタンスを作るもの」ではありません。Pathインスタンスの中に図形のデータを組み込むためのものなのです。

メソッドはいろいろなものがあるので、まずは基本となる「直線」を作成するものを使ってみましょう。

▼描画位置を移動する

```
《Path》.move_to( 横位置 , 縦位置 )
```

▼指定位置まで直線を作成する

```
《Path》.line_to( 横位置 , 縦位置 )
```

Pathの図形描画は、イメージとしては「一筆書き」のような感じで作成します。Pathには、図形を描く「描画地点」があります。この描画地点を描きはじめの位置に移動し、そこから「ここまで線を引いて」というように命令するのですね。ですから、直線を描くline_toは１つの地点の値だけでいいのです。「現在の地点から」引数で指定した場所まで描くものなのです。

また、line_toを連続して呼び出すことで、折れ線グラフのように連続した直線を描いていくことができます。

▼図形を閉じる

```
《Path》.close()
```

図形の作成が完了したら、closeで図形を閉じます。これで、一連の描画メソッドで作成された図形が閉じられ、完成します。もし「閉じない図形（図形の最初と最後がつながっていないもの）」を作りたければ、closeを行う必要はありません。

直線で図形を描く

実際に直線を使った簡単な図形を描いてみましょう。sample_2.pyを以下のように修正してください。

▼リスト4-6

```
from scene import *

class SampleScene(Scene):

  def setup(self):
    self.background_color = '#d0d0d0'
    pth = ui.Path()
    pth.line_width = 5
    pth.move_to(0,0)
    pth.line_to(100, 100)
    pth.line_to(0, 100)
    pth.line_to(100,0)
    pth.close()
    sp = ShapeNode(pth)
    sp.fill_color='#00ff00'
    sp.stroke_color='black'
    sp.position = Point(200, 200)
    self.add_child(sp)

run(SampleScene())
```

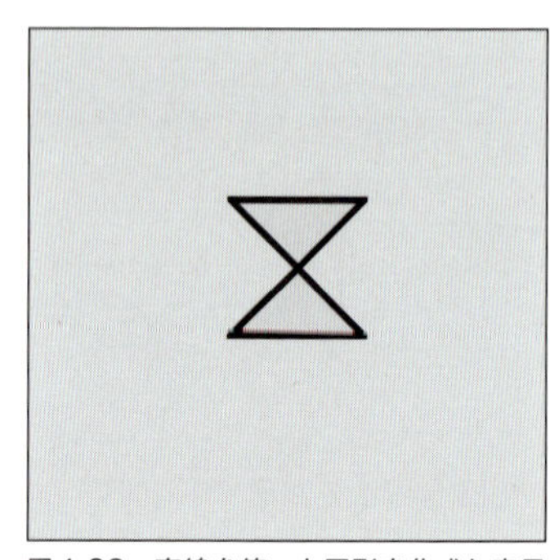

図4-22：直線を使った図形を作成し表示する。

実行すると、黒い直線で砂時計（？）のような形の図形が表示されます。内部は緑色で塗られています。直線を組み合わせ、「閉じた図形（内部が塗りつぶされる図形）」が作成されていることがわかるでしょう。

処理の流れを整理する

ではPathを作成し、ShapeNodeとして組み込むまでの流れを整理していきましょう。

▼Pathインスタンスの作成

```
pth = ui.Path()
```

まず、Pathインスタンスを作成します。これは引数なしで、空の状態で作成をしておきます。

▼先の太さを設定

```
pth.line_width = 5
```

描画する図形の先の太さを設定しています。図形の先の太さは、Pathの「line_width」という属性として用意されています。

▼描画地点を移動

```
pth.move_to(0,0)
```

描画を開始する地点に描画地点を移動します。今回は0, 0の地点なので省略してもいいのですが、図形作成の基本手順として用意しておきました。

▼直線を描く

```
pth.line_to(100, 100)
pth.line_to(0, 100)
pth.line_to(100,0)
```

line_toを使い、直線を描いていきます。このように連続して呼び出すことで、つながった直線を描くことができます。

ここでは、0,0 → 100, 100 → 0, 100 → 100, 0 というように直線を引いています。最後は、開始した0, 0には戻っていませんが、これで問題ありません。

▼図形を閉じる

```
pth.close()
```

図形を閉じます。このcloseで、最後の描画地点と描画開始の地点を結んで図形を閉じます。

▼ShapeNodeを作成する

```
sp = ShapeNode(pth)
```

作成したPathを使ってShapeNodeインスタンスを作成します。

▼ShapeNodeの設定

```
sp.fill_color='#00ff00'
sp.stroke_color='black'
sp.position = Point(200, 200)
```

ShapeNodeの設定を行います。ここでは、fill_color、stroke_color、positionの3つの属性を用意し、塗りつぶし色、線の色、表示位置を設定しています。

▼Sceneに組み込む

```
self.add_child(sp)
```

最後に、作成したShapeNodeをSceneに組み込み、完成です。Pathで図形を作成していくと処理も長くなり面倒くさく感じるでしょうが、難しいわけではありません。

その他の描画用メソッド

これで、「描画用メソッドで図形をPathに追加して図形を作成する」という基本がわかりました。後は、line_toの他にどんな図形作成のメソッドがあるか知っておく必要がありますね。

では、簡単にまとめておきましょう。

▼円弧を描く

```
add_arc(中心x, 中心y, 半径, 開始角度, 終了角度, clockwise=真偽値 )
```

円弧を描きます。これは引数がけっこうたくさんあります。まず、中心の位置と半径でベースとなる円を決め、その開始角度から終了角度までの部分を切り取るようにして描きます。clockwiseは角度の方向を指定するもので、Falseの場合は左回り（反時計回り）、Trueでは右回り（時計回り）で角度を指定します。このclockwiseは省略可能です。

▼3次ベジエ曲線を描く

```
add_curve(end_x, end_y, cp1_x, cp1_y, cp2_x, cp2_y)
```

▼2次ベジエ曲線を描く

```
add_quad_curve(end_x, end_y, cp_x, cp_y)
```

コントロールポイントを使って曲線の曲がり具合を調整するベジエ曲線を描くためのものです。最初の２つの引数は描き終わりの地点を示します。その後に、コントロールポイントと呼ばれる地点を指定します。３次ベジエでは２ヶ所、２次ベジエでは１ヶ所を指定します。

▼Pathを追加する

```
append_path(《Path》)
```

別に用意してあるPathを図形として組み込むためのものです。複数のパスを組み合わせて１つの図形を作成するような場合に用います。

ベジエ曲線を使う

では、これも利用例を挙げておきましょう。これらの中でわかりにくいのは、やはりベジエ曲線でしょう。２次ベジエ・３次ベジエを使った図形の描画例を挙げておきます。sample_2.pyを以下のように修正してください。

▼リスト4-7

```
from scene import *

class SampleScene(Scene):

    def setup(self):
        self.background_color = '#d0d0d0'
        pth = ui.Path()
        pth.line_width = 5
        pth.move_to(0,0)
        pth.add_curve(200, 0, 500, 200, -150, 200)
        pth.add_quad_curve(0, 0, 0, -100)
        sp = ShapeNode(pth)
        sp.fill_color='yellow'
        sp.stroke_color='black'
        sp.position = Point(200, 200)
        self.add_child(sp)

run(SampleScene())
```

実行すると、変わった形のシェイプが表示されます。これは、２つのベジエ曲線の組み合わせになっています。２つの角（２つの曲線がつながっているところ）がありますが、上の曲線が２次ベジエ、下の曲線が３次ベジエになっています。

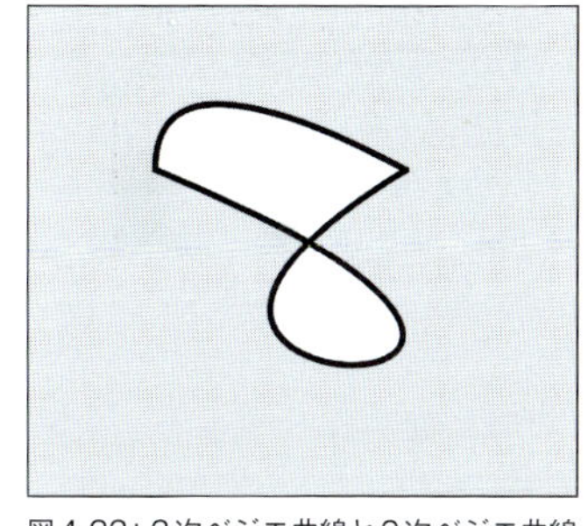

図4-23：３次ベジエ曲線と２次ベジエ曲線を組み合わせた図形。

ここでの図形描画処理を見ると、以下のようになっています。

```
pth.move_to(0,0)
pth.add_curve(200, 0, 500, 200, -150, 200)
pth.add_quad_curve(0, 0, 0, -100)
```

move_toで描画地点を設定し、add_curveで３次ベジエを描き、add_quad_curveで２次ベジエを描く、という作業をしています。これでcloseすれば、図形の完成です。

描かれた図形の曲線と、add_curve/add_quad_curveの引数の位置を見比べてください。特にコントロールポイントの位置がどこにあるかチェックするとよいでしょう。

LabelNodeでテキストを表示する

シェイプは図形を表示するものでしたが、「テキスト」はどうでしょうか。シーンにテキストを表示する場合、どのようにするのでしょう。これには、「LabelNode」という専用のノードクラスを使います。以下のようにインスタンスを作成します。

▼LabelNodeの作成

```
変数 = LabelNode( テキスト )
```

これで、インスタンスが作成されます。引数には、表示するテキストを指定しておくだけです。他、オプションとしてフォントを指定する「font」という引数も用意されています(フォント指定はこの後で)。

作成されたLabelNodeインスタンスには、表示に関するいくつかの属性が用意されています。

▼テキストの設定

```
《LabelNode》.text = テキスト
```

▼フォントの設定

```
《LabelNode》.font = ( フォント名 , サイズ )
```

▼テキスト色の設定

```
《LabelNode》.color = 色値
```

これらで表示するテキストに関する設定を行えます。表示位置などは、positionで設定することができます。

LabelNodeを使う

では、実際にLabelNodeを使ってテキストを表示する例を挙げておきましょう。これもsample_2.pyを修正します。

▼リスト4-8

```
from scene import *

class SampleScene(Scene):

  def setup(self):
```

```
    self.background_color = '#d0d0d0'
    sp = LabelNode('Hello!')
    sp.font=('Helvetica', 36)
    sp.color = 'red'
    sp.position = Point(200, 200)
    self.add_child(sp)

run(SampleScene())
```

実行すると、赤い文字で「Hello!」と表示されます。これがLabelNodeによる表示です。ここで実行している処理を簡単に整理しておきましょう。

図4-24：LabelNodeでテキストを表示したところ。

▼LabelNodeインスタンスの作成

```
sp = LabelNode('Hello!')
```

まず、表示するテキストを引数に指定してインスタンスを作成します。これで用意したspに対し、設定を行います。

▼属性を設定する

```
sp.font=('Helvetica', 36)
sp.color = 'red'
sp.position = Point(200, 200)
```

ここではfont、color、positionといった値を設定しています。fontは、Helveticaフォントを使っています。

▼LabelNodeをSceneに組み込む

```
self.add_child(sp)
```

最後に、完成したLabelNodeインスタンスをadd_childでSceneに組み込みます。これで、シーンにテキストが表示されるようになります。

UIでシーンを利用する

シーンによるグラフィック表示は、用意したスプライトやシェイプなどを高速で動かすことができる点が大きな特徴です。ゲームはもちろんですが、それ以外の場面でも活用できればいろいろな応用が考えられます。

そのためには、ui.Viewによる UI部品を使う画面の中にシーンを組み込んで利用できなければいけません。実は、これは可能なのです。

sceneモジュールには、「SceneView」というシーンを表示するためのViewが用意されています。これを使うことで、UIの1つの部品としてシーンを配置し使えるのです。

実際に試してみれば、すぐにやり方がわかるでしょう。前節(4.1.)で使ったUI利用のファイルを使って試してみましょう。

まず、ファイルを開きます。画面右上の「+」をタッチして新しい表示を呼び出し、「Open Recent...」ボタンをタッチして、「MyPythonApp.pyui」を選び開きましょう。続けて画面右上の「+」をタッチし、「Open Recent...」で「MyPythonApp.py」を開きます。

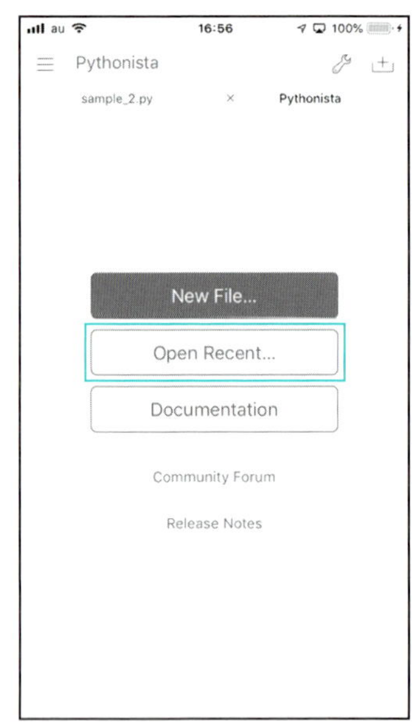

図4-25:右上の「+」アイコンをタッチし、「Open Recent...」ボタンをタッチしてファイルを開く。

CustomViewを配置する

UIデザイナーが現れたら左上の「+」をタッチし、UI部品のリストを呼び出してください。そこから「Custom View」のアイコンをタッチし、画面に配置します。

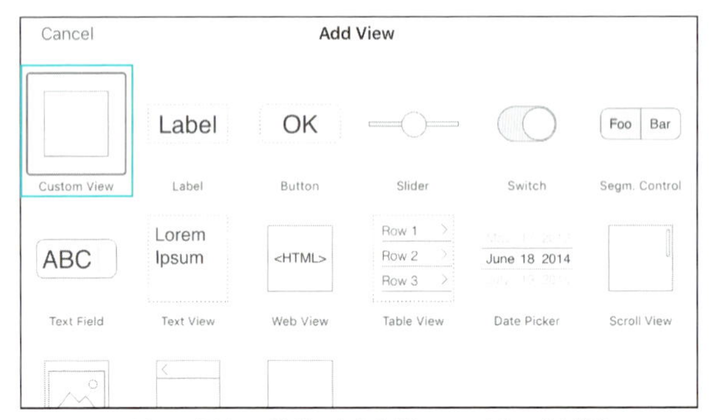

図4-26:UI部品の一覧リストから「Custom View」を選ぶ。

このCustom Viewは、独自のViewを配置するときに使うものです。配置したら、位置と大きさを適当に調整してください。

なお、前回このファイルを利用したときにTableViewを配置していたと思いますが、これは使わないので削除し、そこにCustom Viewを配置するとよいでしょう。

配置したCustom Viewは、デフォルトで「view1」という名前になっています。これはそのままにしておいてください。また、Auto-Resizing/Flexは、位置を固定する意味で上幅だけONにし、他はすべてOFFにしておきます(図4-27)。

この他、画面にあるButtonのActionに「onAction」を設定しておいてください。シーンのアニメーションをスタートするのに使います。もしButtonを既に削除していた場合は、新たに追加して使ってください。

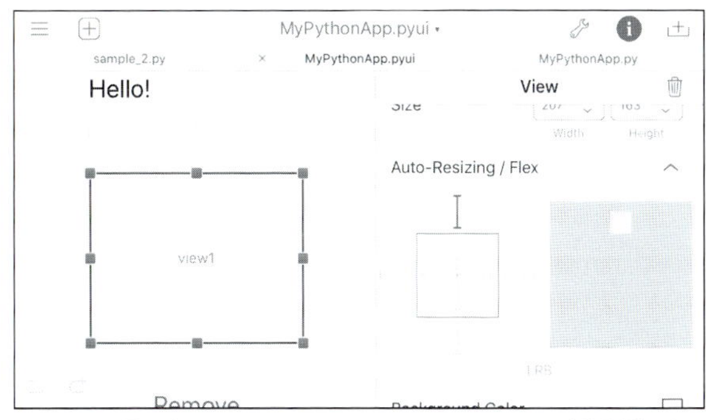

図4-27：配置したCustom View。Auto-Resizing/Flexは上幅以外はすべてOFFにしてある。

スクリプトを作成する

では、スクリプトを作成しましょう。MyPythonApp.pyを開き、以下のようにスクリプトを書き換えてください。

▼リスト4-9

```
import random
import ui
from scene import *

# SampleScene クラス
class SampleScene(Scene):
  dx = 1
  dy = 1
  sp = None

  def setup(self):
    self.background_color = '#d0d0d0'
    self.sp = SpriteNode('spc:EnemyBlack1')
    self.sp.position = self.size / 2
    self.add_child(self.sp)

  def update(self):
    p = self.sp.position
    p.x += self.dx
    p.y += self.dy
    if p.x <= 0:
      self.dx = 1
    if p.x >= self.size.w:
      self.dx = -1
    if p.y <= 0:
      self.dy = 1
    if p.y >= self.size.h:
      self.dy = -1
    self.sp.position = p

  def draw(self):
    fill('#aa99ff')
```

```
    ellipse(0, 0, 100, 100)
    fill(0.75, 0, 1.0, 0.25)
    rect(50, 50, 100, 100)

counter = 0

# ButtonのAction関数
def onAction(sender):
  sv.paused = False
  sv.x = 0
  sv.y = 0
  sv.width = vw.width
  sv.height = vw.height
  sv.scene.width = vw.width
  sv.scene.height = vw.height

v = ui.load_view()

# Custom ViewにSceneViewを組み込む
vw = v['view1']
sv = SceneView()
sv.paused = True
sv.scene = SampleScene()
vw.add_subview(sv)

v.present('sheet')
```

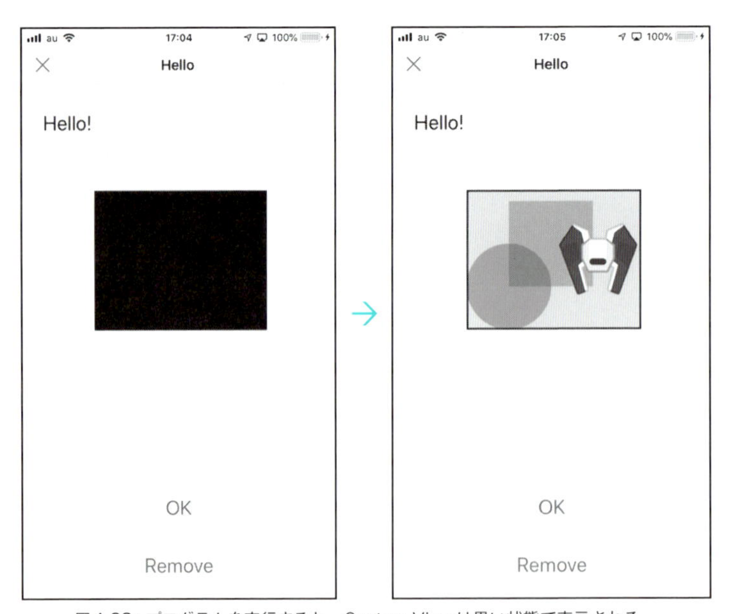

図4-28：プログラムを実行すると、Custom Viewは黒い状態で表示される。
Buttonをタッチすると、アニメーションがスタートする。

少々長めですが、シーンであるSampleSceneクラスは先に作成したものをそのまま利用していますから、新たに作成している部分はそれほど多くはありません。

プログラムを実行すると、CustomViewは真っ黒い状態で表示されます。これは、アニメーション表示がスタートする前の状態です。そのままButtonをタッチするとアニメーションがスタートし、スプライトが内部を動き回ります。

Custom Viewにシーンを組み込む

まずは、シーンの組み込み処理から説明しましょう。これは、ui.load_viewでUIデータを読み込んだ後に行っています。

```
v = ui.load_view()
```

これで、UIがViewインスタンスとして読み込まれました。この中に、既にCustom Viewも組み込まれています。ここから、まずCustom Viewを取り出します。

▼Custom Viewの取得

```
vw = v['view1']
```

これで、変数vwにCustom Viewが取り出されました。ここでは、UIデザイナーでの表示に揃えてCustom Viewと言ってますが、実は得られるのはただのViewです。ViewはUI部品のベースとなるものなのです。

▼SceneViewの作成

```
sv = SceneView()
```

SceneViewインスタンスを作成します。引数などはなく、ただインスタンスを作成するだけです。作成後、すぐにシーン停止の操作を行っておきます。

▼アニメーションを一時停止する

```
sv.paused = True
```

SceneViewには、「pause」という属性があります。一時停止状態を示す属性で、この値をTrueにすることでアニメーションが停止されます。再びFalseにすれば再開します。

▼Sceneをシーンに設定

```
sv.scene = SampleScene()
```

用意しておいたシーンのクラス「SampleScene」のインスタンスを作成し、SceneViewの「scene」属性に設定します。これで、このSceneViewで表示するシーンが設定されます。

▼SceneViewにSceneを組み込む

```
vw.add_subview(sv)
```

設定したSceneインスタンスを、SceneViewのサブビューとして組み込みます。これは、scene属性の設定とは別です。scene属性は「使用するScene」を示すものであるのに対し、このadd_subviewは「SceneViewにUI部品を組み込む」作業です。Sceneの利用には、この両方の作業が必要です。

▼Viewを表示する

```
v.present('sheet')
```

後は、presentでViewを表示すれば、Sceneを設定したSceneViewが表示されるようになります。ただし、アニメーションは停止されているので何も表示はされません。

onAction関数でのアニメーション開始処理

アニメーションの開始は、onAction関数で行っています。これは、単に一時停止を解除するだけでなく、SceneViewとSceneの位置や大きさの調整を行う必要があります。

UI画面では、表示される画面サイズに応じてUI部品の位置や大きさが自動調整されます。Custom Viewも、デザインしたときと同じ位置、同じ大きさで表示されるとは限りません。このため、実際の表示を行う際には「正しくCustom Viewに表示されるか」をチェックする必要があるのです。

▼一時停止を解除

```
sv.paused = False
```

まず、一時停止を解除します。これは、SceneViewの「pause」属性の値をFalseにするだけでしたね。

▼SceneViewの位置と大きさを設定

```
sv.x = 0
sv.y = 0
sv.width = vw.width
sv.height = vw.height
```

SceneViewの位置と大きさを調整します。位置はx, y、大きさはwidth, heightという属性で設定できます。

▼Sceneのサイズを調整

```
sv.scene.width = vw.width
sv.scene.height = vw.height
```

SceneViewを調整した後、さらにSceneのサイズ調整もしています。ここでは、Custom View→SceneView→Scene（SampleScene）という形で組み込まれていますので、Custome Viewの大きさに合わせてSceneViewとSceneの両方を調整する必要があります。

runは不要！

これで、SceneViewを利用したシーンの表示ができるようになりました。基本的には、直接Sceneを表示するか、SceneViewに組み込んで表示するかの違いだけで、Sceneの処理はまったく同じです。しかし、1つだけ注意すべき点があります。

普通にSceneを作成し表示する場合は、「runで実行」する必要がありました。が、ここでは、run(sv.scene) のような処理は行っていません。SceneViewにSceneを組み込んだ場合、runによるSceneの実行は不要です。SceneViewのほうで、scene属性に組み込まれているSceneを必要に応じてrunしてくれます。

Chapter 4

4.3. タッチ操作・アニメーション・スプライト管理

画面をタッチして操作する

スプライト以外の話から、再びスプライトの利用に話を戻しましょう。スプライトを利用する上で覚えておきたい、さまざまな機能やテクニックについて考えていきます。
まずは、「タッチ操作」についてです。

iOSでは、タッチ操作で動かすゲームが非常に多いのは確かでしょう。せっかくゲームらしいものを作るなら、「タッチによる操作」ぐらいはできるようにしたいところです。
タッチ関係の操作は、実は簡単に実装できます。Sceneにはタッチ操作によって実行されるメソッドがあらかじめ用意されており、それらのメソッドを用意するだけでタッチ時の処理を作成できるのです。
この「タッチによって呼び出されるメソッド」は、全部で３種類あります。簡単にまとめておきましょう。

touch_began	タッチを開始したときに、一度だけ呼び出される。
touch_moved	ドラッグ中、繰り返し呼び出される。
touch_ended	指を離したあと、一度だけ呼び出される。

これらのメソッドは、引数に「touch」という値が渡されます。これは、タッチ操作に関する情報をまとめたオブジェクトで、ここからタッチした場所などの情報を得ることができます。

▼タッチした位置情報

```
touch.location
```

タッチした場所は、touchの「location」属性で得ることができます。これはPointの値になっており、ここからそのままx, yの値を得ることができます。
例えば、スプライトのlocationをこのtouch.locationの値に設定すれば、「タッチした場所に移動するスプライト」も簡単に作れるというわけです。

タッチした場所に移動する

では、実際にタッチ操作でスプライトを動かしてみましょう。sample_2.pyの内容を以下のように書き換えてください。なお、先にMyPythonAppのファイルを２つ開いて使いましたが、これらはもう利用しないので閉じてしまってかまいませんよ。

▼リスト4-10

```
from scene import *

class SampleScene(Scene):

  def setup(self):
    self.background_color = '#d0d0d0'
    self.sp = SpriteNode('plc:Character_Boy')
    self.sp.size *= 2
    self.sp.position = self.size / 2
    self.add_child(self.sp)

  def draw(self):
    省略……

  def touch_began(self, touch):
    self.sp.position = touch.location

run(SampleScene())
```

図4-29：画面をタッチすると、その場所にスプライトが瞬時に移動する。

実行すると、男の子が表示されたスプライトが表示されます。画面上の適当なところをタッチすると、その場所にスプライトが瞬時に移動します。ここでは、以下の部分でタッチ地点への移動を行っています。

```
def touch_began(self, touch):
  self.sp.position = touch.location
```

非常に単純ですね。self.spがスプライトのオブジェクトです。このpositionにtouch.locationの値を設定するだけで、タッチした地点にスプライトが移動します。

タッチした場所にゆっくり移動する

スプライトのpositionにtouch.locationの値を設定すれば、タッチした地点に瞬時に移動する。――これはとても簡単です。

でも普通のゲームでは、こういう「瞬間移動」よりも、ゆっくりその場所まで移動するような動きのほうが多いでしょう。これは、どうやればいいのでしょうか。

実は、そのために必要な知識は既に持っています。シーンではupdateというメソッドを使って、表示を更新する際の処理を実行できました。ということは、現在の地点からタッチした地点までをupdateでゆっくり移動していけばいいのです。

Scene継承クラスに、タッチした地点の値を保管する変数を用意しておき、それを使ってどれだけ移動するかを計算すればいいでしょう。

では、簡単なサンプルを作成してみましょう。

▼リスト4-11

```
from scene import *

class SampleScene(Scene):

  def setup(self):
    self.background_color = '#d0d0d0'
    self.sp = SpriteNode('plc:Character_Boy')
    self.sp.size *= 2
    self.sp.position = self.size / 2
    self.add_child(self.sp)
    self.tp = self.sp.position

  def draw(self):
    省略……

  # 更新時にSpriteNodeの位置を動かす
  def update(self):
    np = (self.sp.position - self.tp) / 10
    self.sp.position -= np

  def touch_began(self, touch):
    self.tp = touch.location

run(SampleScene())
```

画面をタッチすると、その場所にアニメーションして移動します。最初は早く動きますが、次第にスピードが遅くなり、最後はゆっくりとタッチした場所に移動します。

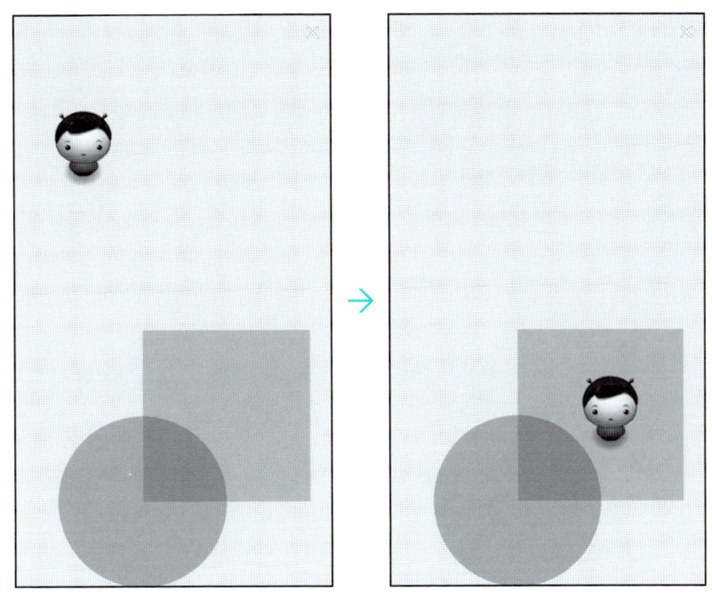

図4-30：画面をタッチすると、その場所に向けてアニメーションして移動する。

ここではupdateメソッドを用意し、以下のようにしてスプライトの位置を変更しています。

```
def update(self):
  np = (self.sp.position - self.tp) / 10
  self.sp.position -= np
```

最初の式がちょっとわかりにくいかもしれません。これは、「(スプライトの位置ータッチ地点) ÷ 10」を計算しているのです。

位置を扱うPointは、数字などと同じ感覚で四則演算ができます。これで、タッチ地点と現在地点の間の10分の１の距離が計算できました。

そして２行目で、スプライトのpositionから計算した距離の値を引き算します。これでスプライトは、その距離分だけタッチした地点へ近づきます。

「10分の１って、けっこうな距離移動するな」と思ったでしょう。が、これはタッチ点と「現在のスプライトの位置」の10分の１です。ということは、スプライトがタッチ地点に近づくほどその間隔は短くなり、移動幅も小さくなっていくことになります。「近づくにつれ、次第に動きがゆっくりになる」ようになっているのですね。

こんな具合に、単に「スプライトのpositionに加算減算して移動させる」にしても、常に同じ距離だけ移動させたり、移動する距離を変化させたりと、さまざまなやり方が考えられます。

Actionクラスを使おう!

この「updateで少しずつスプライトを動かす」という方法は、自分で動きをすべて計算し指定しなければいけません。

例えば「この地点まで0.5秒かけて移動させたい」となると、そこまでの距離と、1秒あたり何回表示が更新されるか(updateが呼ばれるか)を調べて1回あたりの移動量を計算し動かす必要があります。これはけっこう面倒ですね。

そこでPythonista3には、もっとシンプルにアニメーションを行うための機能が用意されています。それが、「Action」というクラスです。

Actionは、ノードの動きに関する処理を行うクラスです。Actionでは、「移動先の位置、かかる時間、どういう感じで動かすか」といった情報を持っています。

このActionを作成し、スプライトに「このアクションを実行して」と設定してやることで、自動的にアニメーションをさせることができます。Actionを使えば、プログラマが自分でスプライトの動きを管理する必要がないのです。

このActionにはいくつかのメソッドが用意されていますが、まずは基本として「ノードを動かす」ためのメソッドから使ってみましょう。これらはいずれも、アニメーション設定をしたActionインスタンスを作成し返します。

▼指定の時間で動かす

```
Action.move_to( 横位置, 縦位置, [時間, モード])
Action.move_by( 横幅, 縦幅, [時間, モード])
```

2つありますが、両者は微妙に働きが違います。move_toは、「指定した位置まで動かす」というものです。そしてmove_byは、「指定した距離だけ動かす」というものです。

それぞれ引数に横と縦の値を指定しますが、move_toは「移動先の位置」を、move_byは「移動量(距離)」を示す値になります。

オプションとして、アニメーションにかかる時間(秒単位で表した実数)と、動きのモードを示す値が用意されています(次ページの表参照)。

これらを引数に指定してメソッドを呼び出し、Actionインスタンスを作成します。でも、これだけではアニメーションはされません。

Actionは「動きの情報」を管理するクラスであり、実際にアニメーションをさせるには、このActionインスタンスをノードに適用してやる必要があります。

▼Actionをノードで実行させる

```
《Node》.run_action(《Action》)
```

run_actionは、引数に指定したActionを元にアニメーションを実行します。後は放っておいてもActionの内容に従って勝手にアニメーションを行ってくれます。

Actionのモード

TIMING_LINEAR	直線的に等速で移動
TIMING_EASE_IN	スタートでなめらかに加速
TIMING_EASE_OUT	終了時になめらかに減速
TIMING_EASE_IN_OUT	スタートでなめらかに加速し、終了時になめらかに減速
TIMING_SINODIAL	TIMING_LINEARとTIMING_EASE_IN_OUTの間（加速減速が弱い）
TIMING_EASE_BACK_IN	スタート時に一度戻ってから進む
TIMING_EASE_BACK_OUT	終了時に一度行き過ぎてから戻る
TIMING_EASE_BACK_IN_OUT	スタート／終了時に一度反対方向に少し進んで戻る
TIMING_ELASTIC_IN	スタート時に輪ゴムで打ち出されるような効果
TIMING_ELASTIC_OUT	終了時に輪ゴムで打ち出されるような効果
TIMING_ELASTIC_IN_OUT	スタートと終了時に輪ゴムで打ち出されるような効果
TIMING_BOUNCE_IN	スタート時にバウンドするような効果
TIMING_BOUNCE_OUT	終了時にバウンドするような効果
TIMING_BOUNCE_IN_OUT	スタート／終了時にバウンドするような効果

Actionでタッチした場所に移動させる

では、実際にActionを使ってみましょう。先ほどupdateで行ったのと同様に、「タッチした地点までアニメーションして移動する」というサンプルをActionベースで作成してみます。sample_2.pyを以下のように修正してください。

▼リスト4-12

```
from scene import *

class SampleScene(Scene):

  def setup(self):
    self.background_color = '#d0d0d0'
    self.sp = SpriteNode('plc:Character_Boy')
    self.sp.size *= 2
    self.sp.position = self.size / 2
    self.add_child(self.sp)

  def draw(self):
    省略……

  # タッチしたらその場所までActionで移動
  def touch_began(self, touch):
    p = touch.location
```

```
    act = Action.move_to(p.x, p.y, 1.0, TIMING_EASE_IN_OUT)
    self.sp.run_action(act)

run(SampleScene())
```

実行して画面をタッチすると、そこまでスプライトが移動します。先ほどのupdate利用と似ていますが、動きは微妙に違っています。今回は、開始時と終了時に「ゆっくり加速し、ゆっくり減速する」といった動きをします。

図4-31：タッチした場所までスプライトが移動するActionバージョン。動作は微妙に違っている。

ここでは、touch_beganメソッドでアニメーションを開始しています。行っている処理は非常にシンプルです。

▼タッチした位置の取得

```
p = touch.location
```

まず引数touchから、タッチした位置のlocationを変数に取り出しておきます。

▼Actionインスタンスの作成

```
act = Action.move_to(p.x, p.y, 1.0, TIMING_EASE_IN_OUT)
```

タッチした地点の値を引数にして、Action.move_toメソッドでActionインスタンスを作成します。モードにTIMING_EASE_IN_OUTを指定しておきました。

▼アニメーションの実行

```
self.sp.run_action(act)
```

最後にスプライトのrun_actionメソッドを呼び出して、用意したActionインスタンスのアニメーションを実行させます。これで作業終了です。

このように、アニメーションのための処理はActionインスタンスの作成と、run_actionの実行の実質2行だけです。先に位置から移動量を計算して動かしたときのupdateメソッドがまるごと消えていることに気がついたでしょう。Actionを使えば、位置や移動先を自分で管理する必要はなくなるのです。

その他の動作を行うActionメソッド

これで、Actionの基本的な使い方はわかりました。Actionにはノードの位置を移動するもの以外にも、さまざまなアニメーション用メソッドが用意されています。ここで、それらを整理しておきましょう。

▼ノードを回転する

```
Action.rotate_to( 角度, [時間, モード])
Action.rotate_by( 角度, [時間, モード])
```

▼ノードを拡大縮小する

```
Action.scale_to( 横幅, 縦幅, [時間, モード])
Action.scale_by( 横幅, 縦幅, [時間, モード])
Action.scale_x_to( 横幅, [時間, モード])
Action.scale_y_to( 縦幅, [時間, モード])
```

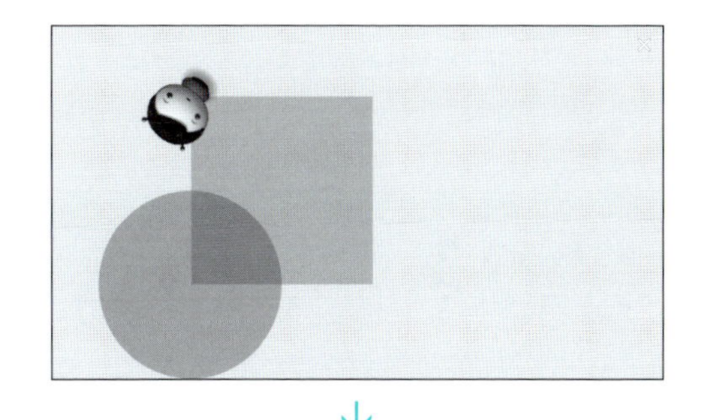

図4-32：タッチすると、回転しながらその地点まで移動する。

▼フェードイン／アウトする

```
Action.fade_to( アルファ値, [時間, モード])
Action.fade_by( アルファ値, [時間, モード])
```

いずれも「_to」と「_by」という名前のメソッドが用意されていますが、_toは「指定の値まで変化させる」ものであり、_byは「指定の量だけ変化させる」ものだ、という違いがあります。これは、既にやったmove_toとmove_byと同じ感覚で考えればいいでしょう。

ややわかりにくいのは、「fade_to」「fade_by」でしょう。これはイメージの透過度を設定するもので、0～1.0の実数で指定をします。1だと普通に表示され、ゼロだと完全に透明になります。

では、実際の利用例を挙げましょう。先ほどのtouch_beganメソッドに少し追記をしてみてください。

▼リスト4-13

```
def touch_began(self, touch):
  p = touch.location
  act1 = Action.move_to(p.x, p.y, 1.0, TIMING_LINEAR)
  self.sp.run_action(act1)
  act2 = Action.rotate_by(4 * pi, 1.0, TIMING_LINEAR)
  self.sp.run_action(act2)
```

（冒頭に from math import * を追記する）

実行したら、画面をタッチしてみましょう。その地点まで、スプライトが回転しながら移動していきます（図4-32）。ここではrotate_byを使い、回転のアニメーションを用意しました。

```
act2 = Action.rotate_by(4 * pi, 1.0, TIMING_LINEAR)
```

回転角度には、4＊pi（4π）を指定しています。角度はラジアン単位で指定します。ラジアンというのは2πで1周（360度）を表す単位ですから、4πなら2回転になりますね。また、第3引数のモードはmove_toなどと同じ値が使えます。

作成したら、run_actionで組み込みます。これで、その前に作成したmove_toとこのrotate_byが、ほぼ同時に実行されることになります。このように種類の違うActionは、同時に実行させることが可能です。同じ種類のActionはできないので注意してください。例えば、move_toを2つ続けてrun_actionすると、先に実行したActionを、後に実行したActionがキャンセルしてしまいます。

複数のActionの統合

種類の異なるActionは、続けて実行することでほぼ同時に動かすことができます。が、複数Actionを統合して利用するためのActionというのも実はあります。これらを使うことで、複数Actionをうまく組み合わせて動かすこともできるようになります。

▼Actionを繰り返す

```
Action.repeat(《Action》, 回数 )
```

▼複数のActionを1つにまとめる

```
Action.group(《Action》,《Action》,…… )
```

▼複数のActionを連続して実行する

```
Action.sequence(《Action》,《Action》,…… )
```

これらは、既に用意してあるActionインスタンスを引数に指定して新たなActionを作成します。repeatはアクションを指定の回数繰り返します。groupは複数のActionを1つにまとめるもので、sequenceは複数Actionを順に実行するものです。

この中では、groupの使い道が思い浮かばないかもしれません。既に複数のActionを作成して実行し、同時に移動しながら回転する、というアニメーションを行いました。groupにしなくとも、同時に複数のActionは実行できます。では、groupは何のためにあるのでしょうか。

これは、例えば複数のActionをrepeatで繰り返し実行したい、といった場合に用います。repeatの引数はAction 1つだけですから、複数のActionを指定することはできません。そこで、まずgroupで複数のActionを1つにまとめ、それを引数に指定してrepeatする、というような使い方をします。

より複雑なアニメーションを作る

　では、これらを組み合わせて、より複雑な動きをするアニメーションを作ってみましょう。touch_beganメソッドを以下のように書き換えてみます。

▼リスト4-14

```
def touch_began(self, touch):
  p = touch.location
  act1 = Action.move_to(p.x, p.y, 3.0, TIMING_LINEAR)
  act2 = Action.rotate_by(4 * pi, 3.0, TIMING_LINEAR)
  act3 = Action.fade_to(0.0, 0.5, TIMING_LINEAR)
  act4 = Action.fade_to(1.0, 0.5, TIMING_LINEAR)
  act_s = Action.sequence(act3, act4)
  act_rp = Action.repeat(act_s, 3)
  act_g = Action.group(act1, act2, act_rp)
  self.sp.run_action(act_g)
```

→
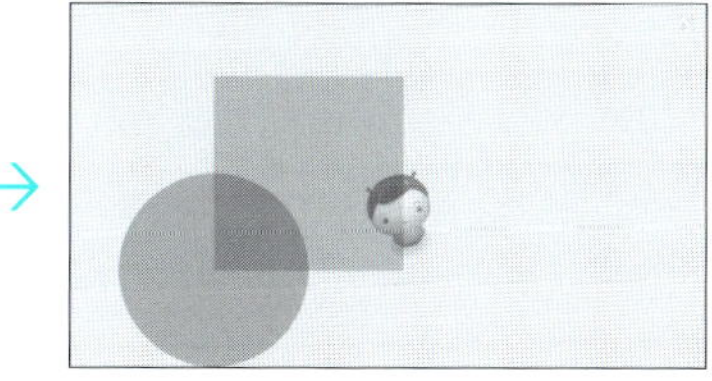
→
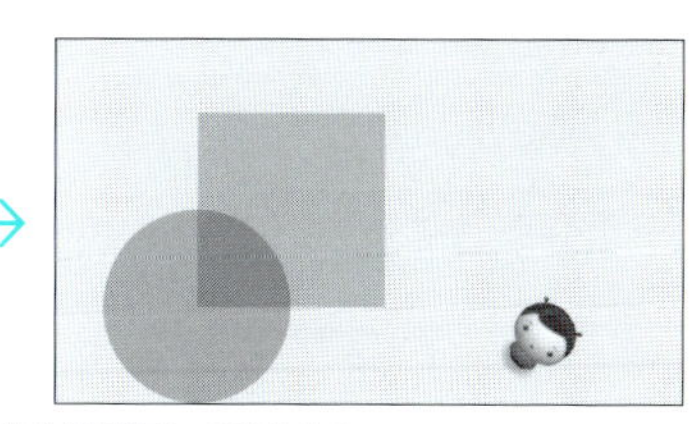

図4-33：タッチすると、スプライトが回転しながら薄くなったり濃くなったりを繰り返して移動する。

　今回は、「移動」「回転」「フェード」の3つを組み合わせています。タッチするとその地点にスプライトが移動していきますが、その間に「ぐるっと2回転」「薄くなったり濃くなったりを3回」実行します。
　ここでは、以下のような形でActionを作成しています。

- move_toで、移動のActionをact1に作成。
- rotate_byで、回転のActionをact2に作成。
- fade_toで、フェードアウトするActionをact3に作成。
- fade_toで、フェードインするActionをact4に作成。
- sequenceで、act3とact4を連続実行するActionをact_sに作成。
- repeatで、act_sを3回繰り返すActionをact_rpに作成。
- groupで、act1、act2、act_rpをまとめたActionをact_gに作成。
- run_actionで、act_gを実行。

　見ればわかるように、run_actionは1回しか実行していません。act1 ～ act4までの4つのActionを組み合わせて1つにまとめていき、それを最後に実行しているのです。

複数のActionを使って複雑なアニメーションを行わせることはよくありますが、それらを1つ1つrun_actionしていくというのは、「実行し忘れたActionがあると動きが違ってしまう」という問題点があります。

いつの場合も「実行するActionは1つだけ」となるように、あらかじめ必要なActionを統合したActionを1つだけ用意し、それを実行するようにしておけば、Actionの実行し忘れなどもおきません。

「準備は複雑でもOK。実行はシンプルに」が、Action利用の基本と考えるとよいでしょう。

スプライトの生成

スプライトは、事前に用意しておかないといけないわけではありません。ゲーム中に必要に応じて生成し、表示することもよくあります。

例えば、「画面をタッチすると、そこにスプライトが新たに現れる」というような処理はどうなるでしょうか。ちょっと作成してみましょう。

▼リスト4-15

```
from math import pi
import random
from scene import *

class SampleScene(Scene):

  def setup(self):
    self.background_color = '#d0d0d0'
    self.createSprite(self.size / 2)

  # スプライトを生成する
  def createSprite(self, p):
    sp = SpriteNode('plc:Character_Cat_Girl')
    sp.size *= 2
    sp.position = p
    d = Point(random.randint(-3, 3), random.randint(-3, 3))
    sp.d = d
    self.add_child(sp)

  def draw(self):
    省略……

  def update(self):
    for sp in self.children:
      sp.position += sp.d
      if sp.position.x <= 0 or sp.position.x >= self.size.width:
        sp.d.x *= -1
      if sp.position.y <= 0 or sp.position.y >= self.size.height:
        sp.d.y *= -1

  def touch_began(self, touch):
    self.createSprite(touch.location)

run(SampleScene())
```

実行したら、画面をタッチしてみてください。すると、タッチした場所にスプライトが追加されます。どんどんタッチしていくと、どんどん増えていきます。それぞれランダムな方向に動き回ります。

図4-34：画面をタッチすると、どんどんスプライトが増えていく。

ここでは、スプライト作成をcreateSpriteというメソッドにまとめておき、タッチしたらtouch_beganメソッドからこれを呼び出すようにしてあります。では、このcreateSpriteメソッドがどうなっているか見てみましょう。

```
def createSprite(self, p): # 位置の値を引数pに用意
    # スプライトを作成
    sp = SpriteNode('plc:Character_Cat_Girl')
    # 大きさを2倍にする
    sp.size *= 2
    # 表示位置を引数pに設定
    sp.position = p
    # -3～3のランダムな値を使ってPointを作成
    d = Point(random.randint(-3, 3), random.randint(-3, 3))
    # dという値にPointを設定
    sp.d = d
    # 作成したスプライトをシーンに追加
    self.add_child(sp)
```

1つ1つは、それほど難しいことはしていません。乱数を得るのに、randomモジュールのrandintという関数を使っています。これは、2つの引数の範囲内からランダムに整数を得るものです。これを使って、スプライトにdという値としてPointを追加しています。このdの値を元に、updateメソッドでスプライトの位置を動かすようにしています。

こんな具合に、必要に応じてスプライトを作成すること自体はそう難しいことではありません。

スプライトを削除するには？

ここまでは、実はこれから先の説明の「前フリ」です。スプライトの作成は簡単にできます。では、既に表示されているスプライトを削除するにはどうすればいいのでしょうか？　これには、「スプライトがシーンの中でどう管理されているか」を理解しておく必要があります。スプライト（を含むノード全般）は、Sceneの子ノードとして組み込まれています。これは、Sceneの「children」という値で管理されます。

childrenでは、組み込まれているノードをリストとして保管しています。スプライトを削除するというのは、このchildrenからノードを取り除けばいいのです。これは、SpriteNodeのメソッドで行えます。

▼シーンからスプライトを取り除く

```
《SpriteNode》.remove_from_parent()
```

remove_from_parentは、このスプライトが組み込まれているシーンから自身を取り除きます。これでもう、このスプライトは画面に表示されなくなります。意外と簡単ですね！

タッチしたらスプライトを1つ削除

簡単な例を挙げておきましょう。タッチ操作で、表示されているスプライトが１つずつ消えるようにしてみます。sample_2.pyを以下のように修正しましょう。

▼リスト4-16

```
from math import pi
import random
from scene import *

class SampleScene(Scene):

  def setup(self):
    self.background_color = '#d0d0d0'
    for n in range(10):
      self.createSprite(self.size / 2)

  def createSprite(self, p):
    sp = SpriteNode('plc:Character_Cat_Girl')
    sp.size *= 2
    sp.position = p
    d = Point(random.randint(-3, 3), random.randint(-3, 3))
    sp.d = d
    self.add_child(sp)

  def draw(self):
    省略……

  def update(self):
    for sp in self.children:
      sp.position += sp.d
      if sp.position.x <= 0 or sp.position.x >= self.size.width:
        sp.d.x *= -1
      if sp.position.y <= 0 or sp.position.y >= self.size.height:
        sp.d.y *= -1

  # タッチ時の処理。self.childrenの最初のものを取り除く
  def touch_began(self, touch):
    if len(self.children) > 0:
      self.children[0].remove_from_parent()

run(SampleScene())
```

実行すると、全部で10個のスプライトが一斉に動き始めます。そのまま画面をタッチしていくと、タッチするごとに1つずつスプライトが消えていきます。

ここでは、touch_beganメソッドで以下のような形で削除処理を用意しています。

図4-35：画面をタッチするたびに、1つずつスプライトが消えていく。

▼スプライトが残っているかチェック

```
if len(self.children) > 0:
```

まずifを使い、スプライトがまだ残っているかを調べます。self.childrenはリストとして値を保管していますから、リストの項目数を調べる「len」関数を使えば、現在保管されている要素数がわかります。これがゼロより大きければ、その最初のスプライトを1つ取り除きます。

▼最初のスプライトを取り除く

```
self.children[0].remove_from_parent()
```

childrenの最初の要素を[0]で指定し、そのremove_from_parentを呼び出します。これで、そのスプライトがシーンから取り除かれました。簡単ですね！

スプライトをタッチしたか調べるには?

もう少しユーザーが操作する感覚を残したければ、例えば「なにもないところをタッチすると新しいスプライトが誕生し、スプライトをタッチするとそれが削除される」といった具合にできるといいですね。そのためには、「スプライトをタッチした」ということをどうやって調べるかを考えなければいけません。

これは、シーン上のある地点が、スプライト内のどの地点になるかを相互変換するメソッドを利用することで調べやすくなります。

▼シーン上のPointをノード内の相対位置に変換

```
変数 =《Node》.point_from_scene(《Point》)
```

▼ノード内のPointをシーン内の絶対位置に変換

```
変数 =《Node》.point_to_scene(《Point》)
```

例えば、「スプライトをタッチしたか調べたい」という場合は、「タッチした地点がスプライトの領域内かどうかをチェックする」と考えればいいでしょう。

タッチ地点をpoint_from_sceneでスプライト内の相対位置に変換します。スプライトの中心は(0, 0)地点になりますから、変換した位置が、中心から一定範囲内にあるかどうかをチェックすればいいわけです。例えばスプライトサイズが50であれば、縦横の位置が-25 ～ 25の範囲内なら「スプライト内にある」と判断できますね。

スプライトをタッチしたら消える

では、「なにもないところをタッチしたらスプライトが作成され、スプライトをタッチしたら消える」というサンプルを作成してみましょう。sample_2.pyを以下のように書き換えます。

▼リスト4-17

```
from math import pi
import random
from scene import *

# スプライトのクラス
class SampleSprite(SpriteNode):

  def __init__(self, img):
    super().__init__(img)
    self.d = Point(0, 0)

  # スプライト化タッチされたかチェック
  def is_touched(self, pt):
    p = self.point_from_scene(pt)
    return -25 < p.x < 25 and -25 < p.y < 25

# シーンのクラス
class SampleScene(Scene):

  def setup(self):
    self.background_color = '#d0d0d0'
    self.createSprite(self.size / 2)

  # スプライト生成
  # Actionでフェードイン表示する
  def createSprite(self, p):
    sp = SampleSprite('plc:Character_Cat_Girl')
    sp.size *= 2
    sp.position = p
    d = Point(random.randint(-3, 3), random.randint(-3, 3))
    sp.d = d
    fo = Action.fade_to(0.0, 0.0)
```

```
    sp.run_action(fo)
    fi = Action.fade_to(1.0, 1.0, TIMING_LINEAR)
    act = Action.sequence(fo, fi)
    sp.run_action(act)
    self.add_child(sp)

  def draw(self):
    省略……

  def update(self):
    for sp in self.children:
      sp.position += sp.d
      if sp.position.x <= 0 or sp.position.x >= self.size.width:
        sp.d.x *= -1
      if sp.position.y <= 0 or sp.position.y >= self.size.height:
        sp.d.y *= -1

  # タッチ時の処理
  # SpriteNodeでis_touchを調べ、タッチしていたら消える
  def touch_began(self, touch):
    for sp in self.children:
      if sp.is_touched(touch.location):
        fo = Action.fade_to(0.0, 1.0, TIMING_LINEAR)
        rm = Action.call(sp.remove_from_parent)
        act = Action.sequence(fo, rm)
        sp.run_action(act)
        return
    self.createSprite(touch.location)

run(SampleScene())
```

プログラムを実行し、シーン上をタッチするとそこにスプライトが作成され、ランダムな方向に動きます。既にあるスプライトをタッチすると消えます。それまでとまったく同じではつまらないので、今回はタッチするとなにもないところからフェードインして現れ、スプライトをタッチするとフェードアウトして消える、というようにしてみました。

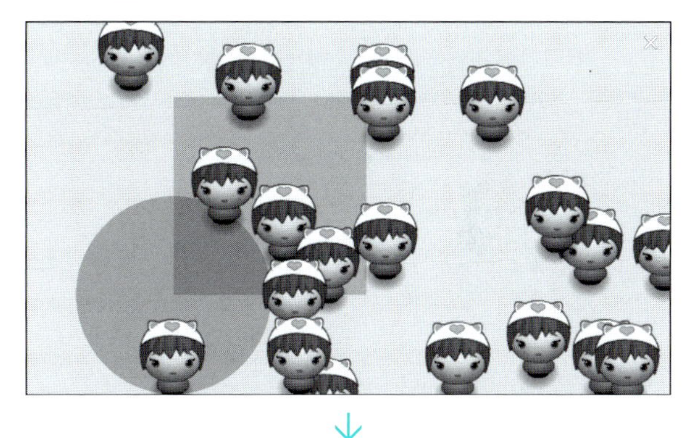

図4-36：スプライトをタッチするとフェードアウトして消える。

SampleSpriteクラスについて

今回は、「スプライトをタッチしたか」を調べて処理をします。そこで、スプライトのクラスを独自に定義し、その中に「その位置にスプライトないかどうか」をチェックするメソッドを用意することにしました。

ここでは、SampleSpriteクラスとして新しいスプライトクラスを作っています。

▼新しいスプライトクラス

```
class SampleSprite(SpriteNode):

  def __init__(self, img):
    super().__init__(img)
    self.d = Point(0, 0)

  def is_touched(self, pt):
    p = self.point_from_scene(pt)
    return -25 < p.x < 25 and -25 < p.y < 25
```

__init__メソッドはコンストラクタと呼ばれるもので、インスタンスを作成する際に自動的に呼び出されるメソッドです。SpriteNodeは、表示するイメージの値を引数にしてインスタンスを作成するようにしていました。そこで、この__init__にもimgという引数を用意し、superで基底クラス（継承元のクラス）の__init__を呼び出して初期化を行っています。そして、インスタンス変数dにPointの初期値を設定します。

その後の「is_touched」が、スプライトのタッチをチェックするためのものです。ここではPointの引数を1つ用意しており、そのPointがスプライトの領域内にあるかどうかをチェックしています。

まず、point_from_sceneでptをスプライト内の相対位置に変換します。そして、そのxとyの値がそれぞれ-25～25の範囲内にあるかどうかをチェックし、結果を返します。範囲内にあればTrue、なければFlaseとなります。

タッチ時の処理

では、タッチしたときにどのような処理をしているのか見てみましょう。ここでは、タッチしたのがスプライトの領域内なら削除し、そうでないなら新しくスプライトを作成します。まず繰り返しを使い、children内のすべてのスプライトについて処理を実行するようにしています。

```
for sp in self.children:
```

すべてのスプライトについて、「そのスプライトのエリア内かどうか」を調べていく必要があります。繰り返し内では、各スプライトのis_touchedでチェックをします。

```
if sp.is_touched(touch.location):
```

これで、touch.locationの値がスプライトのエリア内にあれば、ifの処理を実行することになります。

アニメーション後に削除する

ここでは、fade_toでフェードアウトするアニメーションを行い、それが終了したところでremove_from_parentによる削除を行います。これは、以下のような流れで行っています。

▼fade_toでフェードアウトのActionを作成

```
fo = Action.fade_to(0.0, 1.0, TIMING_LINEAR)
```

▼処理を実行するActionを作成

```
rm = Action.call(sp.remove_from_parent)
```

▼2つのActionを連続して実行するActionを作成

```
act = Action.sequence(fo, rm)
```

▼Acitonを実行する

```
sp.run_action(act)
```

ここでは、「アニメーションが終わったら処理を実行」ということを行わせています。そのために、「処理を実行するAction」を作っています。

▼処理を実行するActionの作成

```
変数 = Action.call( 実行する処理 )
```

引数には、関数やメソッドを指定します。これで、その処理を実行するActionが作成できました。後は、sequenceで「アニメーションを実行したあとで処理を実行する」というようにまとめるだけです。

この「処理を実行するAction」は、使い方次第でさまざまな応用ができますので、ぜひ覚えておきましょう。

Chapter 4

4.4. スプライトをさらに使いこなす

イメージを切り替え表示する

ここまで、スプライトは常に「設定したイメージを表示し、動く」という形でしたが、多くのゲームでは固定したイメージしか表示しない、というキャラクタは少ないでしょう。それより、常に動いているキャラクタのほうが多いはずです。人間や動物なら両手両足を動かして歩いていたり、車や飛行機ならガタガタ振動したり震えたりして動きを表しているものです。

こうした動きは、複数のイメージを一定間隔で切り替え表示することで実現しています。Pythonista3のスプライトで、こうした「イメージの切り替え表示」を行うにはどうすればいいでしょう。

SpriteNodeクラスには、切り替え表示のための機能は標準で用意されていません。が、表示されているイメージはインスタンス変数として設定されており、自由に変更することが可能です。したがって、一定時間ごとにイメージを変更する処理を作成すれば、こうした「イメージ切り替えによるアニメーション」を実装することは可能です。

ただし、そのためにはいくつか新たに覚えなければいけないことがあります。

Textureについて

そもそも、SpriteNodeではインスタンス作成時にイメージの指定をしていますが、この指定されたイメージはどういう形でSpriteNode内に保管されているのでしょうか。

これは、実は「Texture」というクラスのインスタンスとして用意されているのです。イメージを複数切り替えるためには、まず「イメージをTextureインスタンスとして作成する」ということから始めなければいけません。

▼Textureインスタンスの作成

```
変数 = Texture( イメージ )
```

Textureは、このように引数にイメージを指定する値を用意してインスタンスを作成します。この引数は、SpriteNodeの引数と同じ値と考えていいでしょう。

SpriteNodeに設定されているイメージ(Textureインスタンス)は、「texture」という属性に保管されています。したがって、この値を変更すれば、表示イメージが変えられるのです。

▼Textureを変更する

```
《SpriteNode》.texture =《Texture》
```

あらかじめTextureインスタンスを複数用意しておき、これを一定時間ごとにtexture属性に設定していけばイメージを切り替え表示するアニメーションが作れる、というわけです。

スレッドとタイマー

比較的簡単そうだな、と思うでしょうが、実際にイメージ切り替えを行うためにはもう１つ、重要な機能の使い方を理解する必要があります。それは、「一定時間ごとに処理を実行する」という機能です。

SpriteNodeのupdateなどを使ってイメージの切り替えを行うと、あまりに切り替えスピードが早すぎて何が表示されているのかほとんどわかりません。アニメーションとして動いているように見せるためには、例えば「0.1秒ごとに切り替える」というように、一定時間が経過するごとに処理を行うようにしなければいけません。

Pythonには、そのためのモジュールとして「threading」というものが標準で用意されています。これは、「スレッド」に関する各種機能を提供するモジュールです。

スレッドというのは、処理を実行するための最小単位となるものです。Pythonのプログラムはメインスレッドと呼ばれるスレッドが作成され、その中で次々に実行されていきます。このスレッドを一時的に停止すると、そこで実行されているスクリプトの処理自体が停止します。例えば、スプライトがupdateやActionでなめらかに動いていたとき、表示の切り替えを一定間隔にするためにスレッドを一時停止すると、アニメーション全体が止まってしまいます。そこで、メインスレッドとは別にスレッドを作成し、その中で処理を実行するような仕組みが必要となります。

threading.Timerについて

threadingモジュールには、「Timer」というクラスがあります。その名の通り、タイマー機能を提供します。Timerは、メインスレッドとは別のスレッドで「一定時間が経過するまで待つ」ことができます。そして時間がきたら、用意しておいた処理を実行するのです。このTimerを利用すれば、メインスレッド上で動いていたアニメーションなどの処理を停止することなく、「一定時間が経過したら処理を実行する」ことができます。

Timerの利用は、まずインスタンスを作り、それをスタートする、という形で行います。

▼Timerインスタンスの作成

```
変数 = threading.Timer( 時間 , 処理 )
```

▼Timerをスタートする

```
《Timer》.start()
```

Timerインスタンスの作成には、経過時間と、実行する処理をそれぞれ引数に指定します。処理は、関数やメソッドなどを指定するのが一般的です。そしてstartを実行すると、指定した時間経過後に処理を実行します。

このTimerには繰り返し処理を実行するなどの機能はないため、一定時間ごとに処理を呼び出し続けるためには、Timerで呼び出した処理の最後に再度Timerをスタートするようにしておけばいいでしょう。

イメージを切り替えてスプライトを動かそう!

では、Timerを利用してスプライトのイメージを切り替え表示して動かすサンプルを作成してみましょう。sample_2.pyを以下のように書き換えてください。

▼リスト4-18

```
from math import pi
import random
from scene import *
import threading

# スプライトのクラス
class SampleSprite(SpriteNode):

  # あらかじめTextureをimgリストに保管しておく
  def __init__(self, img):
    super().__init__(img)
    self.d = Point(0, 0)
    self.img = [None, None]
    self.img[0]= Texture('plf:AlienGreen_walk1')
    self.img[1] = Texture('plf:AlienGreen_walk2')
    self.show_img = 0

  # self.textureにself.imgのイメージを交互に設定する
  def update(self):
    if self.show_img == 0:
      self.texture = self.img[0]
      self.show_img = 1
    else:
      self.texture = self.img[1]
      self.show_img = 0

  def is_touched(self, pt):
    p = self.point_from_scene(pt)
    return -25 < p.x < 25 and -25 < p.y < 25

# シーンのクラス
class SampleScene(Scene):

  # 初期化時にTimerをスタートする
  def setup(self):
    self.background_color = '#d0d0d0'
    self.createSprite(self.size / 2)
    threading.Timer(3.0, self.change_img).start()
```

```
    def createSprite(self, p):
        sp = SampleSprite('plf:AlienGreen_front')
        sp.position = p
        d = Point(random.randint(-3, 3), random.randint(-3, 3))
        sp.d = d
        self.add_child(sp)

    def draw(self):
        省略……

    def update(self):
        for sp in self.children:
            sp.position += sp.d
            if sp.position.x <= 0 or sp.position.x >= self.size.width:
                sp.d.x *= -1
            if sp.position.y <= 0 or sp.position.y >= self.size.height:
                sp.d.y *= -1

    # Timerで呼び出される処理
    # 各SpriteNodeのupdateを呼び出し、Timerを再設定する
    def change_img(self):
        for sp in self.children:
            sp.update()
        threading.Timer(0.25, self.change_img).start()

    def touch_began(self, touch):
        for sp in self.children:
            if sp.is_touched(touch.location):
                sp.remove_from_parent()
                return
        self.createSprite(touch.location)

run(SampleScene())
```

図4-37：キャラクタが歩きながら動き回る。

実行すると、キャラクタが2つのイメージを切り替え表示しながら動きます。ちょっとぎこちないですが、「歩いてる」ように見えるでしょうか。

画面をタッチすれば、スプライトはどんどん増えます。かなり増やしても特に動きが遅くなることなくイメージ切り替えが行われることがわかるでしょう。

SampleSpriteに用意される値

では、どのようにしてタイマーでイメージ切り替えを行っているのか見てみましょう。まず、スプライトのクラス(SampleSprite)の初期化処理を見てください。ここでは、イメージ切り替えのために以下のような値を用意しています。

```
self.img = [None, None]
self.img[0]= Texture('plf:AlienGreen_walk1')
self.img[1] = Texture('plf:AlienGreen_walk2')
self.show_img = 0
```

self.imgという変数を用意し、そこにリストを設定しておきます。そしてリストに、2つのTextureインスタンスを格納します。それとは別に、show_imgという値も用意してあります。これは、表示するイメージの番号を保管するためのものです。

SampleSpriteのイメージ切り替え処理

イメージの切り替えは、SampleSpriteクラスに用意したupdateメソッドで行っています。このupdateは、Sceneのupdateと名前は同じですが、更新時に呼び出されるわけではありません。表示を更新するということで命名したものです。

行っている処理は、非常に単純です。self.show_imgの値をチェックし、それに応じてself.textureを変更する、というものです。

```
if self.show_img == 0:
  self.texture = self.img[0]
  self.show_img = 1
else:
  self.texture = self.img[1]
  self.show_img = 0
```

show_imgがゼロならば、textureの値をself.img[0]に設定し、show_imgを1にします。そうでない場合は、textureをself.img[1]に変更し、show_imgをゼロにします。これにより、updateが呼び出されるたびに、textureの値がself.img[0]とself.img[1]の間で交互に切り替えられていきます。

Timerによるスプライトの更新処理

後は、シーン(SampleScene)側でSampleSpriteのupdaetを呼び出す処理を用意するだけです。これは、change_imgというメソッドとして用意されています。

```
for sp in self.children:
  sp.update()
```

このように繰り返しを使って、すべてのSampleSpriteのupdateを呼び出しています。これですべてのスプライトの表示が更新され、イメージが切り替わります。

そして、再度Timerをスタートするだけです。

```
threading.Timer(0.25, self.change_img).start()
```

これで、0.25秒ごとにchange_imgが実行されるようになりました。第1引数の数字（呼び出し間隔）をいろいろと変更して動作を確認してみるとよいでしょう。

スプライトのカラーを変える

イメージの変更はできるようになりましたが、この他にも、スプライトの表示を変えることのできる属性があります。それは、「color」です。

colorは、スプライトのベースとなる色を設定するものです。イメージを設定すると、colorで指定された色とイメージが合成された状態で表示されます。つまり、colorの色を変えることで、イメージの色合いも変わるのです。

▼スプライトの色を設定する

```
《SpriteNode》.color = 色値
```

色の値は、これまでのように16進数によるテキストや色の名前を使えますし、RGBの各輝度をタプルにまとめたものを使うこともできます。こうして色をcolorに設定すれば、1つのイメージでバリエーション豊かなキャラクタが表示できます。

例として、先ほど作成したスクリプトからSampleSpriteクラスの初期化メソッド（__init__）に色を設定する処理を追加してみましょう。

▼リスト4-19

```
def __init__(self, img):
  super().__init__(img)
  self.d = Point(0, 0)
  self.img = [None, None]
  self.img[0]= Texture('plf:AlienGreen_walk1')
  self.img[1] = Texture('plf:AlienGreen_walk2')
  self.show_img = 0
  # 色を設定
  r = random.random()
  g = random.random()
  b = random.random()
  self.color = (r, g, b)
```

（冒頭に import random を追記する）

修正ができたら、実際に動かしてみましょう。画面をタッチしてキャラクタを増やすと、それぞれがランダムなカラーで表示されるようになります。同じイメージを使っても、ずいぶんとカラフルに変わりますね！

図4-38：画面をタッチしてキャラクタを増やすと、ランダムなカラーで作成されるようになる。

衝突判定はどうする?

スプライトを自由に動かせるようになってきたら、そろそろ「これをゲーム的にどう利用していくか」を考える段階にきたといえるでしょう。

ゲームでスプライトを利用する場合、アニメーションなどの動きの作成はもちろんですが、その他に非常に重要な機能があります。それは「衝突判定」です。

ゲームというのは、単純に言ってしまえば「スプライトどうしが衝突して何かを行うプログラム」です。発射したミサイルが敵機に当たったり、主人公がアイテムに触れたりするたびに何かが起こる。そうやってゲームは進行していくわけですね。そのためには、「スプライト同士が触れたかどうかをチェックする」という機能が必要です。それが「衝突判定」というものです。

スプライトどうしが触れたかどうかは、厳密に言えば「2つのスプライトのグラフィックの1つ1つのドットが重なったか」を調べないといけないわけですが、リアルタイムのゲームでそんな悠長なことはいってられません。もっとざっくりとチェックするやり方を考える必要があります。

ここでは、スプライトの領域を「中心点から指定した半径の円」とみなし、2つの円の中心店の間隔がスプライトの大きさより短くなったら「接触している」と判断することにします。2つの円の距離は、中学校で習ったピタゴラスの定理で計算できますね。直角三角形の直角を挟む辺a, bと斜辺cは以下のような関係にある、という定理です。

$$a^2 + b^2 = c^2$$

こういう式、覚えてますか？　2つのスプライトの中心点の距離は、直角三角形の斜辺です。横方向と縦方向の距離がわかれば、中心間の距離は計算できますね。すなわち、「横方向と縦方向の距離をそれぞれ自乗して足したものの平方根」が距離になります。

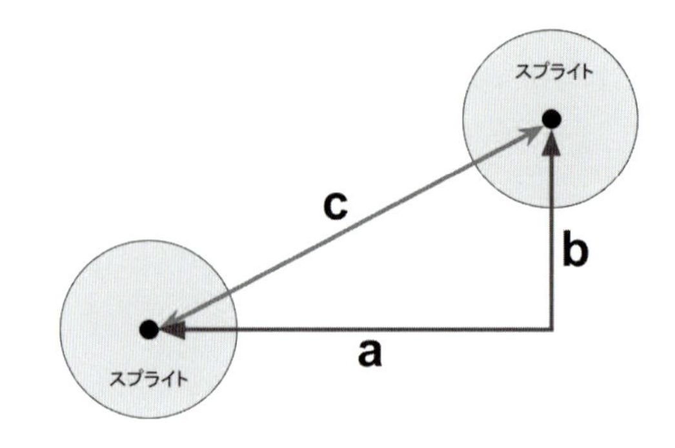

図4-39：2つのスプライトの距離は、ピタゴラスの定理を使って計算できる。

衝突したら消えるスプライト

では、実際に衝突判定を使ってみましょう。ここでは、先ほどまでのスクリプトにさらに追記をして、「スプライトどうしが触れたら（片方が）消える」というプログラムを作ってみます。sample_2.pyを以下のように修正してください。

▼リスト4-20

```
from math import pi, sqrt # 追加
import random
from scene import *
import threading

# スプライトのクラス
class SampleSprite(SpriteNode):

  def __init__(self, img):
    省略……

  def update(self):
    省略……

  def is_touched(self, pt):
    省略……

  # 衝突判定
  def is_collided(self, target):
    dx = abs(self.position.x - target.position.x)
    dy = abs(self.position.y - target.position.y)
    return abs(sqrt(dx ** 2 + dy ** 2)) < 50

# シーンのクラス
class SampleScene(Scene):

  def setup(self):
    省略……

  def createSprite(self, p):
    省略……

  def draw(self):
    省略……

  def update(self):
    for sp in self.children:
      self.check_collision(sp) #衝突チェック
      sp.position += sp.d
      if sp.position.x <= 0 or sp.position.x >= self.size.width:
        sp.d.x *= -1
      if sp.position.y <= 0 or sp.position.y >= self.size.height:
        sp.d.y *= -1

  # スプライトが衝突したら消す
  def check_collision(self, target):
```

```
    for sp in self.children:
      if sp == target:
        continue
      if target.is_collided(sp): # 衝突時の処理
        target.remove_from_parent()
        return

  def change_img(self):
    省略……

  def touch_began(self, touch):
    省略……

run(SampleScene())
```

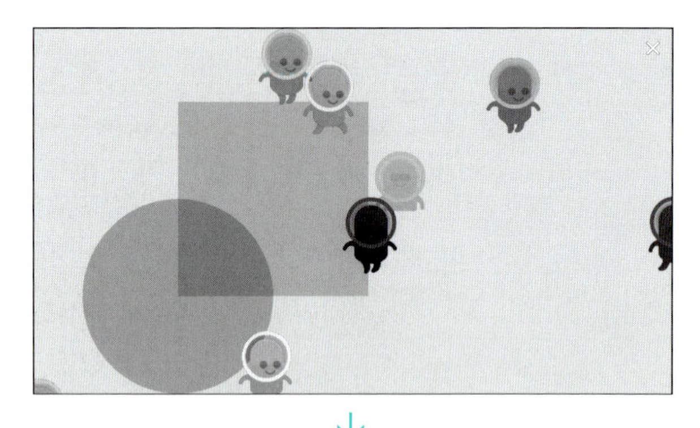

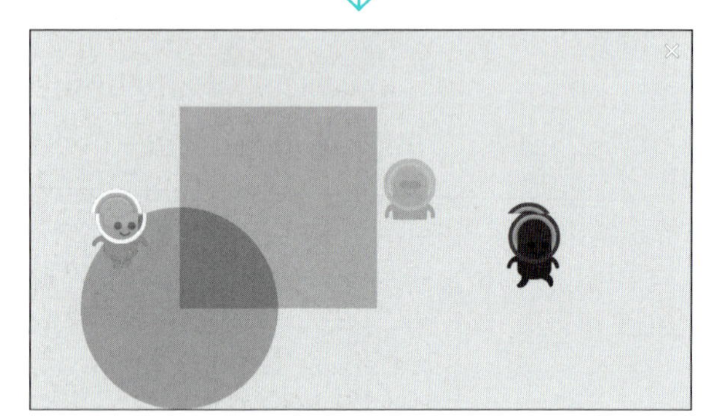

図4-40：スプライトどうしがぶつかると片方が消える。放っておくと、一番最初に表示されたものだけが残る。

実行し、画面をタッチするとスプライトが増えていきますが、スプライトどうしがぶつかると片方が消えます。放っておくとどんどんぶつかっていき、最終的には起動時に表示されたスプライト１つだけに戻ります。

ここでは、SampleSpriteクラスに「is_collided」というメソッドを用意しています。これは、引数として渡したスプライトと衝突しているかどうかをチェックするものです。このメソッドがどのような処理をしているか見てみましょう。

```
def is_collided(self, target):
  dx = abs(self.position.x - target.position.x)
  dy = abs(self.position.y - target.position.y)
  return abs(sqrt(dx ** 2 + dy ** 2)) < 50
```

dxとdyに、自身とtargetの位置の差を取り出します。absというのは、絶対値を返す関数です。

そしてdxとdyの自乗を足し、その平方根の値が50より小さければ「接触している」とみなします。sqrtは、平方根を計算する関数です。ここでは50以下かどうかチェックしていますが、この値はスプライトの大きさに合わせて調整すればいいでしょう。

では、このis_colliededはどこでどのように使われているのでしょうか。SampelSceneクラスを見ると、「check_collision」というメソッドが追加されていますね。ここで、すべてのスプライトについて衝突の判定を行っています。引数にはtargetという値が用意されていて、チェックする対象となるスプライトが渡されます。

```
def check_collision(self, target):
  for sp in self.children:
    if sp == target:
      continue
```

self.childrenで組み込まれているは、すべてのノードについて繰り返し処理をしています。ここでは、まずtargetがspだったら（つまり自分自身だったら）次に進むようにしています。

```
    if target.is_collided(sp): # 衝突時の処理
      target.remove_from_parent()
      return
```

targetのis_collidedを呼び出し、spと接触しているかチェックしています。そして接触しているならば、remove_from_parentでtargetをシーンから取り除き、メソッドを抜け出します。

衝突したかチェックする機能をスプライトに用意してあれば、こんな具合に思ったよりも簡単にすべてのスプライトの接触をチェックすることができます。

gravityで操作する

ゲームでスプライトを操作する方法は、いろいろと考えられます。指で画面をタッチする方法は既にやりましたが、この他にもう１つ、比較的よく用いられる入力方法があります。それは、「機器の傾き」を利用したものです。

Pythonista3には、現在の機器の傾き具合を調べる「gravity」という関数が用意されています。これは、以下のように利用します。

▼機器の傾きを調べる

```
変数 = gravity()
```

gravityは、３方向の傾き具合の値をタプルとして返す関数です。ただし、実際のゲーム利用では最初の２つの値しか使うことはないでしょう。これらが、機器を縦持ちにしたときの横方向と縦方向の傾きになります。これは、-1 ～ 1の範囲の実数として値が得られます。水平状態のとき、値はゼロになります。

このgravityを使って、機器の傾きによって操作をする例を作成してみましょう。sample_2.pyを以下のように修正します。

▼リスト4-21

```
import random
from scene import *
```

```
class SampleSprite(SpriteNode):

  def __init__(self, img):
    super().__init__(img)
    self.d = Point(0, 0)
    self.d = Point(random.random()*10, random.random()*10)
    self.color = (random.random(), random.random(), random.random())

  def is_touched(self, pt):
    p = self.point_from_scene(pt)
    return -25 < p.x < 25 and -25 < p.y < 25

class SampleScene(Scene):

  def setup(self):
    self.background_color = '#d0d0d0'
    self.createSprite(self.size / 2)

  def createSprite(self, p):
    sp = SampleSprite('plf:AlienGreen_front')
    sp.position = p
    self.add_child(sp)

  def draw(self):
    省略……

  def update(self):
    g = gravity()
    gr = Point(g.y, g.x * -1)
    for sp in self.children:
      np = sp.position + sp.d * gr
      if np.x <= 25:
        np.x = 25
      if np.x >= self.size.width - 25:
        np.x = self.size.width - 25
      if np.y <= 25:
        np.y = 25
      if np.y >= self.size.height - 25:
        np.y = self.size.height - 25
      sp.position = np

  def touch_began(self, touch):
    for sp in self.children:
      if sp.__class__.__name__ != 'SampleSprite':
        continue
      if sp.is_touched(touch.location):
        sp.remove_from_parent()
        return
    self.createSprite(touch.location)

run(SampleScene(), LANDSCAPE)
```

機器を90度右に回転した状態で水平に持ち、実行しましょう。実行したら、なるべく水平に保ってください。そしてゆっくり縦横に傾けると、スプライトは低くなったほうへと移動します。画面をタッチするとスプライトが増えるので、いくつか増やして動かしてみると動きがよくわかるでしょう。

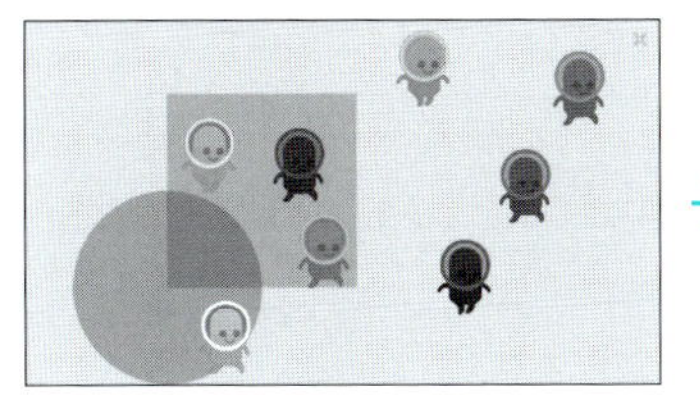

図4-41：画面をタッチするとスプライトが増える。そのまま機器を傾けると、より低いほうへとスプライトが移動していく。

ここではupdateメソッドで傾きを調べ、スプライト動かしています。

```
    g = gravity()
```

まず、gravity関数で傾きの値を変数に取り出します。ここでは、変数gに値を収めておきます。そして、ここから縦横の傾きだけを取り出し変数にまとめます。

```
gr = Point(g.y, g.x * -1)
```

gravityのyの値と、xに-1をかけた値（つまり、プラスマイナス逆にしたもの）を使って、Point値を作成しています。今回、画面を横向きにして動かすようにしているため、このような形で値を取り出しています。もし縦向きで使う場合は、以下のように取り出せばいいでしょう。

```
gr = Point(g.x, g.y)
```

後は、forを使ってself.childrenから順に値を取り出して処理していきます。まず現在の値に、傾きによって移動する距離を足して、新たに設定される位置を計算します。

```
np = sp.position + sp.d * gr
```

grは、傾きの度合いをまとめた変数でしたね。spのdは、ランダムに割り振った値で、要するに「移動量」を表します。このdにgrをかけて、そのスプライトでの移動量を計算しています。それをsp.positionに足せば、新しい位置が計算できます。

その後にいくつもif文が並んでいますが、これは「画面の端まできたら、そこで止める」ための処理です。xとyの値が25以下になったらゼロに戻し、縦横幅が-25より大きくなったらその値に戻す、ということを行っています。

後は、用意できた位置の値（np）をスプライトに設定して移動するだけです。

```
sp.position = np
```

これで、傾きに応じた新しい位置に移動します。gravityの値さえわかれば、傾きによる操作はわりと簡単に行えるのです。

向きを固定する

根塊のプログラムのポイントは、実はもう１ヶ所あります。今回のプログラムは、実行時に「横向きの状態で動かす」ように固定しています。

機器を斜めに傾けると、ときにはその方向にアプリの表示が90度回転してしまうことがあります。これは困るので、横向きで固定するようにしておきましょう。

向きの固定は、run関数でシーンを実行する際に指定します。

▼横向きに固定する

```
run( シーン, LANDSCAPE)
```

▼縦向きに固定する

```
run( シーン, PORTRAIT)
```

▼向きを固定しない

```
run( シーン, DEFAULT_ORIENTATION)
```

このように、第２引数に向きを示す値を用意することで、縦向き横向きに固定させることができます。

C O L U M N

gravityは画面の向きに注意！

gravityを使うとき、注意しないといけないのが「gravityの値は、画面の向きに応じて軸が変化しない」という点です。gravityの値は、「縦向き」で置いた場合を想定して得られます。xは縦向きのときの横方向の角度、yは縦向きのときの縦方向の角度となります。

画面が縦向きのときは、これらはそのまま取り出してxとyの位置に利用すればいいのです。つまり、gravityのx値をスプライトのpositionのx値に、gravityのy値をスプライトのpositionのy値に加算減算すればいいのです。

横向きの場合は、gravityのxの値がpositionのyに、gravityのy値がpositonのxにそれぞれ対応します。また、右に倒すか左に倒すかによってプラスマイナスが逆転します。「そのプログラムは、どっち向きに機器を構えて使うのか」を考慮する必要があるのです。

EffectNodeによる視覚効果

スプライトは、キャラクタの表示以外にも使うことがあります。例えば背景のグラフィックを使い、画面全体にスプライトを使って背景イメージを表示する、というような使い方もします。

こうした「イメージを表示するための部品」としてスプライトを利用するとき、そのイメージに何らかの効果を与えられたらさらに表現力がアップするでしょう。例えば、複数のイメージを重ね合わせたりできたら？　面白い効果が得られそうですね。

こうした「イメージに視覚効果を与える」ために用意されているノードが、「EffectNode」というものです。これは、スプライトなどイメージを表示するノードに特殊な効果を与えます。

▼EffectNodeの作成

```
変数 = EffectNode()
```

インスタンスの作成は簡単ですが、これだけでは効果が得られません。いくつかの属性を設定していくことになります。

▼表示位置

```
《EffectNode》.position =《Point》
```

EffectNodeの配置場所を指定します。値はPointで指定します。ただし、実際に効果を適用する領域は、これとは別に指定をします。

▼効果を与える領域の設定

```
《EffectNode》.crop_rect =《Rect》
```

視覚効果を与える領域を指定するものです。EffectNodeは、視覚効果を適用する領域をcrop_rectで指定します。

▼視覚効果のON/OFF

```
《EffectNode》.effects_enabled = 真偽値
```

視覚効果を適用するかどうかを指定するものです。Trueにすると効果をONにします。

▼ブレンドモード

```
《EffectNode》.blend_mode = 定数
```

どのようなモードでその領域に重なっている他の表示と合成するかを指定します。以下の3つの定数が用意されています。

BLEND_NORMAL	合成せず通常のノードと同様、上書き表示する。
BLEND_ADD	輝度を加算する。重なるごとに白へと近づいていく。
BLEND_MULTIPLY	色の強さを重ねていく。重なるごとに黒へと近づいていく。

▼透過度の設定

```
《EffectNode》.alpha = 0～1の実数
```

EffectNodeは他のノードを組み込んで使いますが、これは組み込まれたノード類の透過度を指定します。これにより、半透明な状態で効果を与えたりできます。値は0～1の実数で指定し、ゼロならば透明、1ならば完全に不透明となります。

▼スケールの設定

```
《EffectNode》.scale = 実数
《EffectNode》.x_scale = 実数
《EffectNode》.y_scale = 実数
```

スケール（拡大縮小率）を指定するものです。値は実数で指定し、1で等倍となります。scaleは、縦横を等倍に拡大縮小します。x_scaleは横方向に、y_scaleは縦方向に拡大縮小します。

▼描画順の指定

```
《EffectNode》.z_position = 整数
```

これは、描画順を指定するものです。通常、シーンでは最初に組み込まれたものから順に描画されます。つまり、最初のものが一番下になり、最後のものが一番上に描かれるわけです。

z_positionは、この描画順を操作します。数字を大きく設定するほど上に位置し、後で描画されるようになります。

EffectNodeを利用するには、最低でもposition、crop_rect、blend_mode、effect_enabledといった属性は設定する必要があるでしょう。それ以外のものはデフォルトで値が設定されるため、省略しても表示がされなくなることはありません。必要なときに設定すればよいでしょう。

EffectNodeを使う

では、実際にEffectNodeを利用して視覚効果を使ってみましょう。sample_2.pyを以下のように書き換えてみてください。」

▼リスト4-22

```
import random
from scene import *

class SampleSprite(SpriteNode):

  def __init__(self, img):
    super().__init__(img)
    self.d = Point(0, 0)
    self.d = Point(random.random() * 10, random.random() * 10)
    self.color = (random.random(), random.random(), random.random())

  def is_touched(self, pt):
    p = self.point_from_scene(pt)
    return -25 < p.x < 25 and -25 < p.y < 25

class SampleScene(Scene):

  def setup(self):
    self.background_color = '#d0d0d0'
    # 視覚効果のノード作成
    ef = EffectNode()
    ef.alpha = 1.0
    ef.crop_rect = Rect(0, 0, self.size.width, self.size.height)
    ef.position = Point(0,0)
    ef.blend_mode = BLEND_MULTIPLY #
    ef.effects_enabled = True
    # 背景用スプライト作成
    self.bg = SpriteNode('test:Sailboat')
    self.bg.size = self.size
    self.bg.position = self.size / 2
    ef.add_child(self.bg)
    # シェイプ作成
    sh = ShapeNode(ui.Path.oval(0, 0, 200, 200))
    sh.position = Point(300, 300)
    sh.fill_color = '#ff0000'
    ef.add_child(sh)

    self.add_child(ef)
    self.createSprite(self.size / 2)

  def createSprite(self, p):
    sp = SampleSprite('plf:AlienGreen_front')
    sp.position = p
    self.add_child(sp)

  # シーンの背景
  def draw(self):
```

```
        fill('#aa00ff')
        ellipse(50, 0, 200, 200)
        fill(1.0, 0.0, 0.5)
        rect(150, 125, 200, 200)
        fill(0, 1.0, 0.25)
        ellipse(0, 250, 200, 200)

    def update(self):
        g = gravity()
        gr = Point(g.x, g.y)
        for sp in self.children:
            if sp.__class__.__name__ != 'SampleSprite':
                continue
            np = sp.position + sp.d * gr
            if np.x <= 25:
                np.x = 25
            if np.x >= self.size.width - 25:
                np.x = self.size.width - 25
            if np.y <= 25:
                np.y = 25
            if np.y >= self.size.height - 25:
                np.y = self.size.height - 25
            sp.position = np

    def touch_began(self, touch):
        for sp in self.children:
            if sp.__class__.__name__ != 'SampleSprite':
                continue
            if sp.is_touched(touch.location):
                sp.remove_from_parent()
                return
        self.createSprite(touch.location)

run(SampleScene(), PORTRAIT)
```

実行すると、グラフィックイメージの上にスプライトのキャラクタが表示されます。

このグラフィックイメージは、実はEffectNodeに組み込まれたスプライトです。よく見ると、背景として描かれた図形が半透明のように重なって表示されていることがわかります。

図形は4つ描かれていますが、一番上の赤い円は背景ではなく、EffectNodeに組み込まれたシェイプです。シェイプもEffectNodeに組み込むことで視覚効果を得ることができます。

blend_modeは、BLEND_MULTIPLYを指定してあります。これにより、下にある図形がEffectNodeのグラフィックイメージに描き足されるような感じで表示されるようになります。

図4-42：背景の図形の上にイメージを重ねたところ。下にある図形が透けて見えている。

視覚効果の処理を確認する

ここでは、SampleSceneクラスのsetupで視覚効果のEffectNodeと、それに組み込むスプライトやシェイプを作成しています。ざっと処理を見てみましょう。

まず、視覚効果のEffectNodeインスタンスを作成します。インスタンスを作成した後、基本的な属性を設定していきます。

▼EffectNodeの作成

```
ef = EffectNode()
ef.alpha = 1.0
ef.crop_rect = Rect(0, 0, self.size.width, self.size.height)
ef.position = Point(0,0)
ef.blend_mode = BLEND_MULTIPLY
ef.effects_enabled = True
```

crop_rectでは、シーンのsizeからwidthとheightの値を取り出し、それらを利用して画面全体を覆うように適用範囲を設定しています。blend_modeは、BLEND_MULTIPLYを指定してあります。値の設定そのものは、そう難しくはありません。

▼背景イメージの作成

```
self.bg = SpriteNode('test:Sailboat')
self.bg.size = self.size
self.bg.position = self.size / 2
ef.add_child(self.bg)
```

背景として表示するイメージのスプライトを用意しています。'test:Sailboat'というイメージを指定しています。森の中の湖に浮かぶヨットのイメージですね。

作成したら、SpriteNodeのsizeとpositionを設定して画面全体に表示されるようにします。そして、add_childでEffectNodeの中に組み込まれれば完了です。

▼シェイプ作成

```
sh = ShapeNode(ui.Path.oval(0, 0, 200, 200))
sh.position = Point(300, 300)
sh.fill_color = '#ff0000'
ef.add_child(sh)
```

EffectNodeに追加するシェイプを作成します。赤い円のパスで作成をし、add_childでEffectNodeに組み込みます。これで、EffectNodeの準備は完了しました。

```
self.add_child(ef)
```

最後に、EffectNodeをシーンにadd_childで組み込んで完成です。視覚効果で利用するノードはすべてEffectNodeに組み込み、最後にEffectNodeをSceneに組み込みます。効果で使うノードをSceneに直接add_childしてはいけないので注意しましょう。

blend_modeをBLEND_ADDにする

EffectNodeを利用する場合に一番重要なのが、ブレンドモードでしょう。これは、BLEND_MULTIPLYとBLEND_ADDが用意されています。

先ほどはBLEND_MULTIPLYを使いました。表示を確認したら、blend_modeの設定部分（マークの文）を以下のように書き換えてみてください。

```
ef.blend_mode = BLEND_ADD
```

これで、BLEND_ADDで視覚効果を適用するようになります。表示がまるで変わってしまうので、両モードの表示の違いをここでよく頭に入れておくようにしましょう。

図4-43：BLEND_ADDを指定した場合の表示。

SampleSpriteのみ処理を行う

この他、地味だけど重要な修正がなされています。スクリプトでは、for sp in self.children:というようにしてすべてのノードについて処理を行う部分が2ヶ所ほどあります。これらの繰り返しでは、まず最初に以下のような処理を行っています。

```
for sp in self.children:
  if sp.__class__.__name__ != 'SampleSprite':
    continue
  ……以下略……
```

__class__はそのオブジェクトのクラスを示す属性で、__name__はそのクラスの名前を示す属性です。つまり、sp.__class__.__name__というのは、spオブジェクトのクラス名を取り出していたのです。その値が'SampleSprite'ではない場合はcontinueで何もせずに、次の繰り返しに進みます。

今回は、self.childrenにはスプライトだけでなくEffectNodeも組み込まれています。EffectNodeにはSampleSpriteに用意した値やメソッドなどはありませんから、処理を実行しようとすると当然エラーになるでしょう。そこで、あらかじめ「これはSampleSpriteか？」をチェックし、SampleSpriteのみ処理を実行するようにしたのです。

これから、さまざまな種類のスプライトを組み合わせていくようになりますが、そうなると「このスプライトは何なのか？」が重要になってきます。どうやってスプライトを識別し処理すればいいか。それは実は非常に重要な問題なのです。

Chapter 4

4.5. サンプルゲームを作ろう

傾きと画面タッチでプレイする!

シーンとスプライトを使ったゲーム作成の基本はだいたい説明できました。といっても、具体的にこれらをどう組み合わせればどういうゲームが作れるのか、イメージできない人も多いことでしょう。そこで、簡単なゲームを作成してみます。

今回作るのは画面タッチでジャンプし、ブロックを登っていくゲームです。実行すると、ブロックが画面に散らばったような表示が現れます。これがゲームのプレイ画面になります。画面をタッチするとスタートします(図4-44)。

プレイはとても簡単です。キャラクタを操作してどんどんブロックを上に登っていくだけです。左右に機器を傾けると左右にゆっくり移動します。そして画面をタッチするとジャンプします(図4-45)。

図4-44:ゲームの起動画面。

図4-45:キャラクタを操作してブロックを登る。

ゲーム画面は、スタートするとゆっくりと下へ沈んでいきます。上に登れず画面の下にキャラクタが消えてしまうとゲームオーバーです。また、非常に高いところから落ちてしまった場合もゲームオーバーになります。

図4-46：キャラクタが下に消えてしまうとゲームオーバー。

無事に一番上まで登りきると、ゲームクリアになります。画面左上には、スコアの代わりに経過時間が表示されます。なるべく短いタイムでクリアできるように挑戦してみてください。

図4-47：一番上までたどり着くとゲームクリア。

スクリプトを作成しよう

では、スクリプトを作成しましょう。画面の右上にある「＋」をタッチして「New File...」を選び、ファイルの種類のリストから「Empty Script」を選びます。ここでは、ファイル名を「SampleGame」としておきました。

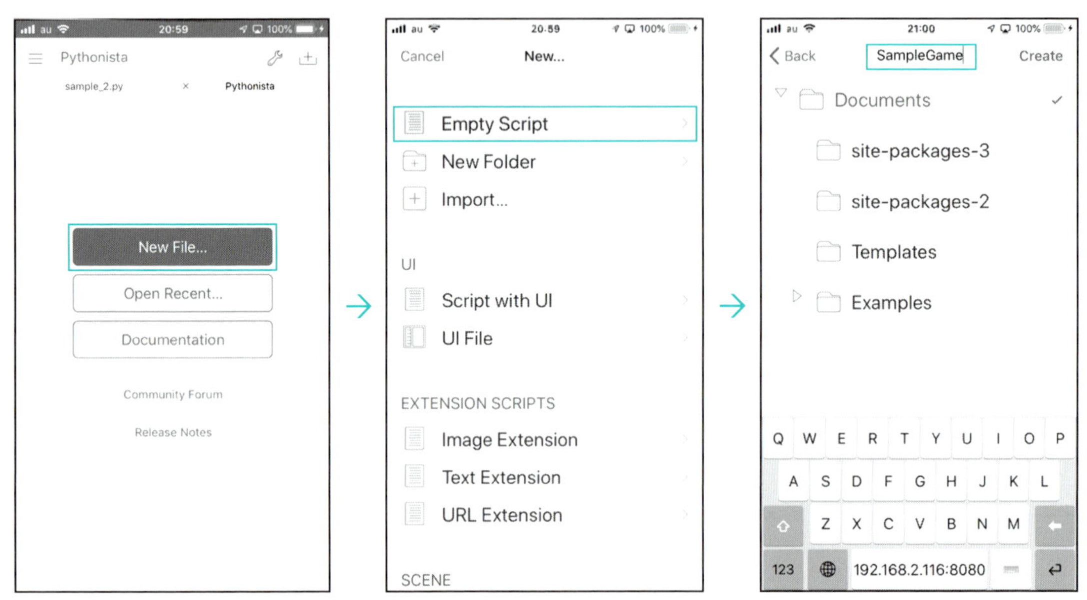

図4-48：「SampleGame」という名前の新しいスクリプトファイルを作成する。

ファイルが用意できたら、スクリプトを記述していきます。シーンとスプライトを使ったゲームでは、UIのようにスクリプト以外のファイルは必要ありません。ただひたすらスクリプトを記述すれば完成します。がんばって記述してください！

▼リスト4-23

```
from datetime import datetime
from math import floor
from scene import *
import threading

# キャラクタクラス
class CharSprite(SpriteNode):

  def __init__(self):
    super().__init__('plf:AlienYellow_front')
    self.spsize = self.size * 0.8
    self.size = self.spsize
    self.jmp_flg = True
    self.jmp = 0.0
    self.img_n = 0
```

```
    self.img = [
      Texture('plf:AlienYellow_front'),
      Texture('plf:AlienYellow_walk1'),
      Texture('plf:AlienYellow_walk2'),
      Texture('plf:AlienYellow_jump')]

  # 現在のマス目を得る
  def get_point(self):
    x = (self.position.x - self.d.width) / (self.d.width * 2)
    y = (self.position.y - self.d.height * 3 + 4) / (self.d.height * 2)
    return (int(x), int(y))

  # 指定のマス目に移動する
  def set_point(self,p):
    x = self.d.width * 2 * p.x + self.d.width * 2 #補正
    y = self.d.height * 2 * p.y + self.d.height * 4 - 4
    self.position = Point(x,y)

  # キャラクタの上下左右のマス目を得る
  def get_news(self):
    n = (self.position.y - self.d.height * 2 + 4) / (self.d.height * 2)
    s = (self.position.y - self.d.height * 4 + 4) / (self.d.height * 2)
    e = (self.position.x - 4 + self.d.width * 0) / (self.d.width * 2)
    w = (self.position.x + 4 - self.d.width * 2) / (self.d.width * 2)
    return {'n':floor(n),
      's':floor(s),
      'e':floor(e),
      'w':floor(w) }

  # 移動量を得る
  def get_move(self):
    x,y,z = gravity()
    p = Point(0, 0)
    p.x += x * 5
    p.y += self.jmp
    self.jmp -= 0.1
    return p

  # キャラクタのイメージ切り替え
  def walk(self):
    self.texture = self.img[self.img_n]
    self.size = self.spsize
    self.anchor_point = self.spsize / 2
    if self.img_n == 0:
      pass
    elif self.img_n == 1:
      self.img_n = 2
    elif self.img_n == 2:
      self.img_n = 1
    elif self.img_n == 3:
      pass
    threading.Timer(0.5, self.walk).start()

  # ジャンプする
  def jump(self):
    if self.jmp_flg:
```

```
        self.jmp_flg = False
        self.jmp = 5.0
        self.img_n = 3

# シーンクラス
class GameScene(Scene):

    def setup(self):
        self.playing = False #プレイ中フラグ
        self.end_flg = False # ゲーム終了フラグ
        self.bd_flg = False # 背景スクロールフラグ
        self.spsize = Size(self.size.width / 7, self.size.width / 7)
        self.d = self.spsize / 2
        # ベースとなるノードを用意
        self.board = Node()
        self.board.size = Size(self.spsize.width * 7, self.spsize.height * 25)
        self.board.position = Point(0, 0)
        self.add_child(self.board)
        # ゲームデータ用意
        self.data = [
          [1, 1, 1, 1, 1, 1, 1, 1], [0, 0, 0, 0, 0, 1, 1, 1],
          [1, 1, 1, 1, 0, 0, 0, 1], [0, 0, 0, 0, 0, 0, 0, 1],
          [1, 1, 0, 0, 0, 1, 1, 1], [0, 0, 0, 1, 1, 0, 0, 1],
          [0, 1, 0, 0, 0, 1, 0, 1], [0, 0, 1, 1, 0, 0, 1, 1],
          [0, 0, 0, 0, 1, 0, 0, 1], [1, 0, 0, 1, 0, 0, 1, 1],
          [0, 0, 0, 1, 0, 0, 0, 1], [0, 0, 1, 0, 0, 1, 1, 1],
          [1, 0, 0, 0, 1, 1, 0, 1], [1, 1, 0, 0, 0, 0, 0, 1],
          [0, 0, 1, 1, 1, 1, 0, 1], [0, 1, 0, 0, 0, 0, 0, 1],
          [0, 0, 0, 1, 0, 0, 0, 1], [0, 1, 0, 1, 0, 0, 0, 1],
          [0, 0, 0, 0, 0, 1, 0, 1], [0, 0, 1, 0, 0, 0, 1, 1],
          [0, 0, 0, 1, 0, 0, 0, 1], [0, 0, 0, 0, 0, 0, 0, 1],
          [0, 1, 0, 0, 0, 0, 0, 1], [0, 0, 0, 0, 0, 0, 0, 1],
          [0, 0, 0, 0, 0, 0, 0, 1], [0, 0, 0, 0, 0, 0, 0, 1],
          [0, 0, 0, 0, 0, 0, 0, 1], [1, 1, 1, 1, 1, 1, 1, 1]
          ]
        # ボード作成
        y = -1
        for raw in self.data:
          y += 1
          x = -1
          for cell in raw:
            x += 1
            if self.data[y][x] == 1:
              bl = self.createBlock()
              bl.position = Point(self.spsize.width * x + self.d.width, \
                self.spsize.height * y + self.d.height)
              self.board.add_child(bl)
        self.create_char()
        self.create_label()
        self.create_title()

    # キャラクタ作成
    def create_char(self):
        self.me = CharSprite()
        self.me.d = self.d
        self.me.set_point(Point(2,1))
```

```
    self.board.add_child(self.me)

  # ラベル作成
  def create_label(self):
    self.label = LabelNode('00:00:00')
    self.label.font = ('<System-Bold>', 24)
    self.label.color = 'green'
    self.label.anchor_point = Point(0, 0)
    self.label.position = Point(10, self.size.height - 40)
    self.add_child(self.label)

  # タイトル作成
  def create_title(self):
    self.title = LabelNode('Start!')
    self.title.font = ('Arial Rounded MT Bold', 60)
    self.title.position = self.size / 2
    self.title.color = 'blue'
    self.add_child(self.title)

  # スタート
  def start(self):
    self.title.alpha = 0.0
    self.playing = True
    self.start_time = datetime.now()
    self.me.walk()
    threading.Timer(3.0, self.start_bg).start()

  # 背景移動フラグ設定
  def start_bg(self):
    self.bd_flg = True

  # 終了処理
  def finish(self, flg):
    self.playing = False
    self.end_flg = True
    # flgがTrueならクリア、
    # そうでないならゲームオーバー
    if flg:
      self.title.text = 'Finished!'
      self.title.color = 'red'
    else:
      self.title.text = 'game over'
      self.title.color = 'blue'
    self.title.alpha = 1.0

  # 背景描画
  def draw(self):
    image('plf:BG_Blue_grass',0, 0, self.size.width, self.size.height)

  # ブロック作成
  def createBlock(self):
    block = SpriteNode('plf:Tile_BrickGrey')
    block.size = self.spsize
    return block

    # ボードのスクロール処理
```

```
    def move_board(self):
      if self.bd_flg:
        bp = self.board.position
        bp.y -= 0.5
        self.board.position = bp
        # ボードが24列以上スクロールしたら終わり
        if bp.y < self.spsize.height * 24 * -1:
          self.finish(False)
          return

    # キャラクタの移動処理
    def move_char(self):
      mp = self.me.get_move()
      me = self.me.get_point()
      news = self.me.get_news()
      # 周囲にブロックがあれば移動幅をゼロにする
      if me[0] < 0 or mp.x < 0 and self.data[me[1]][news['w']] != 0:
        mp.x = 0
      if me[0] > 6 or mp.x > 0 and self.data[me[1]][news['e']] != 0:
        mp.x = 0
      if mp.y > 0 and self.data[news['n']][me[0]] != 0:
        mp.y = 0
      if mp.y < 0 and self.data[news['s']][me[0]] != 0:
        mp.y = 0
        self.me.jmp = 0
        self.me.jmp_flg = True
      # 動いていなければ停止イメージ
      if mp.x == 0 and mp.y == 0:
        self.me.img_n = 0
      # 縦に動いていれば落下イメージ
      if mp.y != 0:
        self.me.img_n = 3
      # 横に動いていたら歩くイメージ
      elif mp.x != 0 and (self.me.img_n == 0 or self.me.img_n == 3):
        self.me.img_n = 1
      self.me.position += mp

    # 更新処理
    def update(self):
      # end_flg, playingのチェック
      if self.end_flg or self.playing == False:
        return
      # self.meの縦位置が下に隠れたか、
      # 落下速度が-10を超えたらゲームオーバー
      if self.board.point_to_scene(self.me.position).y < \
        self.spsize.height or self.me.jmp < -10:
        self.finish(False)
        return
      self.move_board()
      self.move_char()
      # 26列以上まで登ったらクリア
      if self.me.position.y > self.spsize.height * 26:
        self.finish(True)
      # タイム表示
      self.label.text = str(datetime.now() - self.start_time)
```

```
  # タッチ処理
  def touch_began(self,touch):
    if self.end_flg:
      return
    if self.playing:
      self.me.jump()
    else:
      self.start()

run(GameScene(), PORTRAIT, frame_interval=2)
```

C O L U M N

「\」記号について

リストの中で、文の最後に「\」という記号が付けられているところがありますね。この「文の終わりに付ける\記号」は、「見かけの改行」を示すものです。つまり、「改行しているけど、この文は次の行に続いているよ」ということを表しているのですね。

スクリプトでは、非常に長い文を書くこともありますが、あまり長くなってくると見づらくなってきます。そんなとき、この\記号を付けて適当に改行して書けばいいのです。

オブジェクトの構成を整理する

今回は、ずいぶんとたくさんのノードが用意されています。それぞれのノードごとにポイントをピックアップして、まとめておきましょう。

シーン(GameScene)

シーンは、GameSceneというクラスとして用意してあります。この中に、ゲームの進行に関する機能がひと通りまとめられています。

drawメソッドでは、イメージを読み込んで背景として表示しています。

```
image('plf:BG_Blue_grass',0, 0, self.size.width, self.size.height)
```

imageは、第１引数で指定したイメージを読み込み、第２～５引数の領域にはめ込むようにして表示するものです。これにより、imageで指定したイメージが画面全体を覆うように表示されます。

GameSceneクラスでは、必要なノードの作成処理の他に、表示の更新やキャラクタの移動、ゲームの開始／終了など、ゲームの進行に関するメソッドがひと通り用意されています。

キャラクタ（CharSprite）

プレイヤーが操作するキャラクタは、CharSpriteというクラスとして用意されています。これには、移動とイメージ切り替えに関するメソッドが用意されています。また、「現在、どのマス目にいるか」「周辺のマス目はどうなっているか」を調べるためのメソッドもあります。

このゲームでは、画面は横7×縦28のマス目として扱われます。それぞれのマス目の値に応じてブロックを表示していたのです。

キャラクタを動かす際には、移動する方向にあるマス目にブロックがないか確認しないといけません。ブロックがあれば、キャラクタは進めないのですから。

そのため、キャラクタがあるマス目の位置を調べたり、その周辺のマス目の値を調べたりするメソッドも用意されています。

ゲームボード（Node）

今回のゲームでは、表示されているボードがゆっくりと沈んでいきます。これは、どうやればいいのでしょうか。すべてのスプライトの位置を少しずつ下に移動する？　もちろん、それでもいいのですが、ここではもっとシンプルな方法をとっています。

それは、「ゲームで使われるスプライトをすべてノードにまとめておき、そのノード自体を動かす」というやり方です。

GameSceneクラスのself.boardという値には、Nodeオブジェクトを保管しています。ブロックやキャラクタなどは、すべてこのself.boardに組み込んでいます。self.boardではなくシーン（self）に組み込んでいるノードは、テキストを表示するTextNodeのみです。

Nodeというクラスは、SpriteNodeなどのノードクラスの基底クラスです。ノードとしての基本機能はこのNodeクラスに備わっています。このNodeにadd_childですべてのスプライトを組み込み、このNodeをmove_boardメソッドでゆっくり下に動かせば、すべてのスプライトが同じ速度で下に落ちていきます。

ブロック（SpriteNode）

画面に表示されているブロックはSpriteNodeで作成されています。これは、self.dataに用意されている2次元リストを元に作成しています。

GameSceneのsetupでは二重のforを使ってself.dataから値を取り出し、それが1ならばSpriteNodeインスタンスを作成して、取り出した値があるマス目に表示します。

作成されたブロックのSpriteNodeはGameSceneではなく、self.boardにadd_childしていきます。

ラベルとタイトル（LabelNode）

GameSceneに直接組み込まれるノードは、ゲームボードとなるNodeの他に2つのLabelNodeがあります。スコア代わりに表示される経過時間と、ゲームスタート／ゲームオーバー／クリア時の表示を行うためのものです。

これらはゲームボードのノードの後に追加し、上に重なるようにして表示します。

ゲームはどのように動いている?

では、ゲームはどのようにして動いているのでしょうか。全体の流れを簡単にまとめてみましょう。

スタート時

- 必要な値を初期化します。ゲームの状態を表すさまざまな変数がGameSceneに用意されています。
- ゲームボードのデータself.dataを元にゲームボードを作成し、シーンに追加します。
- キャラクタを作成し、ゲームボードに追加します。
- 2つのラベルを作成し、シーンに追加します。

表示の更新時

- ゲームの基本処理は、updateでのゲーム画面の更新時に行っています。
- self.end_flgとself.playingをチェックし、ゲーム中でなければ処理を抜けます。
- 操作するキャラクタのスプライト（self.me）の位置が画面の下辺に隠れたら、あるいはキャラクタの落下速度（self.me.jmp）が-10以上になったらゲームオーバーにします。
- move_boardでボードを移動します。ボードの縦の位置を少し下に移動するだけです。
- もし位置が24列以上、下に移動していたなら、ゲームオーバーにします。
- move_charでキャラクタを移動します。gravityで傾きを取り出し、それを元に移動量を計算します。
- get_pointとget_newsで自身のいるマス目と周辺のマス目のself.dataの値を調べます。
- 上下左右のマス目がブロックかどうかをチェックし、ブロックだった場合は移動量をゼロにして移動できなくします。
- キャラクタが26列以上に登っていたらクリアします。
- 現在の経過時間をラベルに表示します。

タッチ時の処理

- 画面をタッチすると、touch_beganが呼び出されます。
- end_flgをチェックし、ゲーム終了していたらそのまま抜けます。
- playingをチェックし、ゲーム中ならself.me.jumpを呼び出しジャンプします。
- そうでない場合（ゲーム開始前）ならば、startメソッドでゲームをスタートします。

別スレッドの処理

- ゲームをスタートすると、Timerを使い、キャラクタ内のwalkメソッドを定期的に呼び出します。
- walkではキャラクタのimg_nの値をチェックし、その値に応じて表示するイメージを変更します。ゼロなら停止、3なら落下、それ以外の場合は2と3を交互に表示して歩かせます。

——主要な処理の流れをざっと整理すると、このようになるでしょう。後は、1つ1つの処理を行っているメソッドの内容を調べていけば、やっていることがわかってくるはずです。

ゲームは1つ1つの処理をどう作るかも重要ですが、「どのように処理していけばゲームになるか」を理解するのも重要です。

　キャラクタを動かす、ボードを動かす、新たな位置を元に周辺の状況をチェックして表示や動作を変える。そうした「ゲームはどういう処理を行って動いているのか」をよく考えながらスクリプトを読んでみましょう。

Chapter 5

Pythonista3をさらに使いこなそう！

Pythonista3には、他にもさまざまな機能が用意されています。
それらの中から「これは覚えておきたい」というものをピックアップして、
使い方を説明していきましょう！

Chapter 5

5.1. ダイアログの利用

ダイアログについて

ここまでの説明で、Pythonista3の基本となる「UI」と「Scene」の使い方を学びました。UIは用意されたUI部品を使ったプログラムの作成を行い、Sceneではスプライトを利用したゲームプログラムの作成を行いました。この2つが使えるようになれば、Pythonista3の基本はだいたいわかったと考えていいでしょう。

これらの機能以外にも、Pythonista3にはいろいろと便利な機能が用意されています。「知らないとプログラムが作れない」というものではありませんが、知っていればそれだけ高度な表現が可能になる、そういうものです。ここまでの説明をひと通り理解できたなら、こうした「使えるようになればさらに便利！」という機能についても覚えてみてください。

まずは、「ダイアログ」についてです。

ダイアログは、入力用の定形View

ダイアログというと、パソコンユーザーならばなんとなくイメージが浮かぶはずです。画面に現れるパネルのようなもので、その場で入力などを行うことができる、そういうUIです。

このダイアログは、Pythonista3にも用意されています。というと、「前にやったアラートみたいなものか」と思うかもしれませんね。が、それはちょっと違います。

アラートは画面に小さなパネルのようなものが現れ、その場でちょっとした入力を行うことができる、というものでしたが、Pythonista3のダイアログは、そうした「画面上に現れる小さな部品」ではありません。

Pythonista3のダイアログは、「ポップオーバーで現れる定型的なView画面」といったものです。呼び出すと画面に新しいViewが現れ、そこで入力をすると、それが呼び出し元に戻される——といったものです。アラートのようにその場で小さな表示が現れるのではなく、「新たな画面が現れる」のです。

dialogsモジュールについて

このダイアログは、表示される内容に応じていくつかのものが用意されています。それらは、「dialogs」というモジュールにまとめられています。ダイアログを利用する際には、

```
import dialogs
```

このような形でモジュールをインポートしておいてください。これで、dialogs内の諸機能が使えるようになります。

テキストダイアログを利用する

ダイアログのもっとも基本となるものは、「テキストダイアログ」でしょう。これは、テキストを記入するためのダイアログです。以下のように利用します。

▼テキストダイアログの表示

```
変数 = dialogs.text_dialog( title=タイトル , text=デフォルトテキスト , font=フォント指定 )
```

text_dialogは、オプションの引数をいくつか持っています。title、text、fontあたりを知っていれば実用上、困ることはないでしょう。titleは表示されるViewのタイトル、textはデフォルトで表示されるテキスト、fontはテキストのフォントとサイズを指定するものです。

テキストダイアログを利用する

では、簡単な利用例を挙げておきましょう。UIデザイナーを利用すると説明が面倒になるので、今回はすべてスクリプトでUIを作成します。スクリプトファイル（sample_1.pyなど）を開いて、以下のスクリプトを記述してください。

▼リスト5-1

```
import ui
import dialogs

vw = ui.View()
vw.name = 'Main'
vw.background_color = '#ffffdd'
vw.bounds = (0, 0, 150, 150)

#button action
def onAction(sender):
  result = dialogs.text_dialog(title="write message", \
    text="please write your message...", font=('<System>', 24))
  if result == None:
    label.text = 'キャンセルされました。'
  else:
    label.text = result
    label.size_to_fit()

# Label
label = ui.Label()
label.text = 'input your message...'
label.font = ('Arial Hebrew', 24)
label.number_of_lines = 10 # 最大10行表示
```

```
label.center = (vw.width / 2, 50)
label.flex = 'WB'
label.text_color = 'black'

# button
button = ui.Button(title='OK')
button.font = ('<System>', 30)
button.background_color = 'white'
button.bounds = (0, 0, vw.width / 2, 50)
button.flex = 'WT'
button.center = (vw.width / 2, vw.height - 50)
button.action = onAction

# add ui
vw.add_subview(label)
vw.add_subview(button)
vw.present('sheet')
```

図5-1：ボタンをタッチすると、テキストを入力するエディタが現れる。
ここでテキストを記入し「Done」ボタンをタッチすると、入力したテキストがLabelに表示される。

実行すると、「input your message...」と表示されたLabelと、「OK」というButtonが表示されます。Buttonをタッチすると、画面の下から新しい表示がスクロールアップして現れます。これが、テキストダイアログです。

onAction関数の処理をチェック

このテキストダイアログの呼び出し処理は、Buttonのactionに割り当てられているonAction関数の中で行っています。

```
result = dialogs.text_dialog(title="write message", \
  text="please write your message...", font=('<System>', 24))
```

これがその部分です。実行すると、テキストを記述するだけのシンプルなテキストエディタのようなViewが現れます。テキストを入力し「Done」ボタンをタッチすると、それが戻り値として返されます。キャンセルした場合は、戻り値はNoneになります。

ここでは戻り値がNoneかどうかをチェックし、Nodeでなければ戻り値をLabelに表示しています。

```
  if result == None:
    label.text = 'キャンセルされました。'
  else:
    label.text = result
    label.size_to_fit()
```

テキストが長いとLabelに表示しきれないこともあるので、size_to_fitでLabelの大きさを再調整しています。Text Dialogはアラートと異なり、複数行に渡る長文も入力することができます。長いメッセージなどを入力するのに重宝するでしょう。

日時のダイアログについて

「ダイアログを使った入力」でもっとも利便性が高いのは、「日時」に関するものでしょう。全部で４通りの関数が用意されています。

▼日付を入力する

```
変数 = dialogs.date_dialog(title=タイトル )
```

▼時刻を入力する

```
変数 = dialogs.time_dialog(title=タイトル )
```

▼日時を入力する

```
変数 = dialogs.datetime_dialog(title=タイトル )
```

▼時間（秒数）を入力する

```
変数 = dialogs.duration_dialog(title=タイトル )
```

ちょっとわかりにくいのは、最後の「duration_dialog」でしょう。これは時間の長さを入力するもので、時・分の値を入力できるようになっています。

duration_dialog以外の3つは、入力するとdatetimeモジュールのdatetimeオブジェクトが値として返されます。duration_dialogは秒数を示す数値が返されます。

日付ダイアログを使う

では、日時関係のダイアログを使ってみましょう。先ほどのサンプルで、onAction関数を以下のように書き換えてみてください。

▼リスト5-2

```
def onAction(sender):
  result = dialogs.date_dialog(title="select date:")
  if result == None:
    label.text = 'キャンセルされました。'
  else:
    label.text = str(result)
    label.size_to_fit()
```

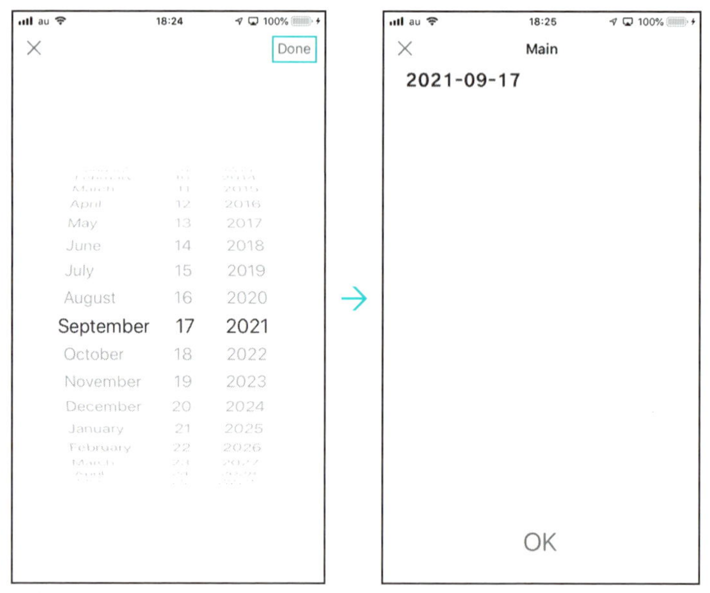

図5-2：ボタンをタッチすると、年月日を入力する画面が現れる。Doneすると、その日付が表示される。

ボタンをタッチすると、年月日を入力する画面が現れます。ここで入力をして右上の「Done」をタッチすると、その日付が表示されます。

見ればわかるように、使い方はテキストダイアログの場合とほとんど同じです。title引数を指定しているだけですので、利用はさらに簡単ですね。戻り値はdatetimeオブジェクトになるので、ここではstrにしてlabel.textに表示しています。

リストダイアログを使う

リストを表示して選択するためのダイアログが、リストダイアログです。「list_dialog」という関数として用意されています。

▼リストダイアログを表示する

```
変数 = dialogs.list_dialog(title=タイトル , items=項目データ )
```

引数にはtitleの他に、itemsとして表示する項目のデータを用意します。これは、表示する項目のテキストをリストやタプルにまとめたものを用意すればOKです。戻り値は、選択した項目の値（テキスト）となります。

では、利用例を挙げておきましょう。先ほどと同じように、onAction関数を以下のように書き換えてください。

▼リスト5-3

```
def onAction(sender):
  result = dialogs.list_dialog(title="select item:", \
    items= ['One', 'Two', 'Three', 'Four', 'Five'])
  if result == None:
    label.text = 'キャンセルされました。'
  else:
    label.text = '"' + result + '" selected.'
    label.size_to_fit()
```

ボタンをタッチすると、リストが表示された画面が現れます。項目をタッチするとリストが消え、「"○○" selected.」とメッセージが表示されます。

list_dialogは、itemsに項目を用意さえすれば簡単にリストを表示し、利用者に選択させることができます。

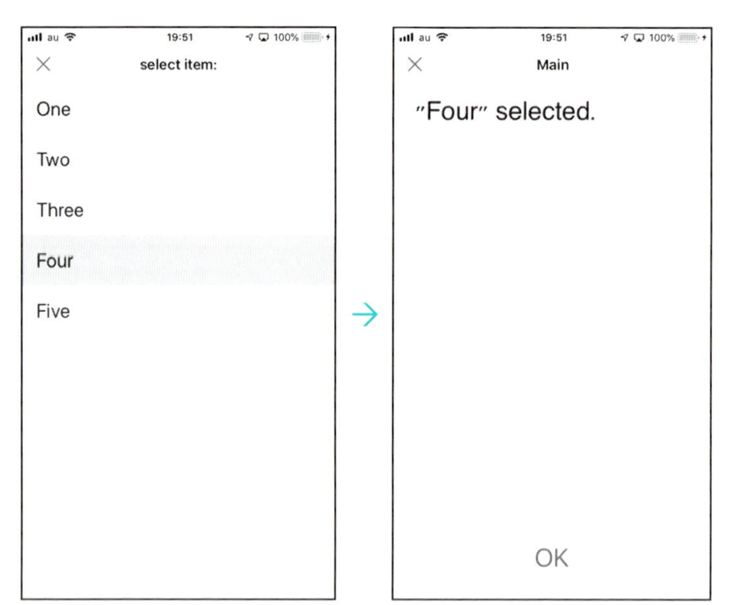

図5-3：ボタンをタッチすると、リストが現れる。ここで項目を選べば、その項目のテキストがLabelに表示される。

リスト項目にアクセサリを付ける

先にTableViewでリストの表示を行ったとき、「アクセサリ」というものを表示できるという説明をしましたが、覚えているでしょうか。

アクセサリは、項目の右端に表示される小さなアイコンです。リストダイアログでも使うことができます。やってみましょう。

▼リスト5-4

```
def onAction(sender):
  items = [
    {'title':'One', 'accessory_type':'detail_button'},
    {'title':'Two', 'accessory_type':'checkmark'},
    {'title':'Three', 'accessory_type':'disclosure_indicator'}
    ]
  result = dialogs.list_dialog(title="select item:", items= items)
  if result == None:
    label.text = 'キャンセルされました。'
  else:
    label.text = '"' + result['title'] + '" selected.'
    label.size_to_fit()
```

先ほどと同じように、ボタンをタッチしてリストダイアログを呼び出してみると、各項目の右端にアクセサリのアイコンが表示されます（図5-4）。

今回は各項目をテキストではなく、titleとaccessory_typeからなる辞書データとして用意してあります。このようにデータを用意しitemsに渡すことで、アクセサリを項目に追加することができます。

ただしこの場合、戻り値の扱いには注意が必要です。返される値は、titleとaccessory_typeの辞書になるからです。したがって、戻り値からさらにtitleを取り出して、項目名として利用する必要があります。

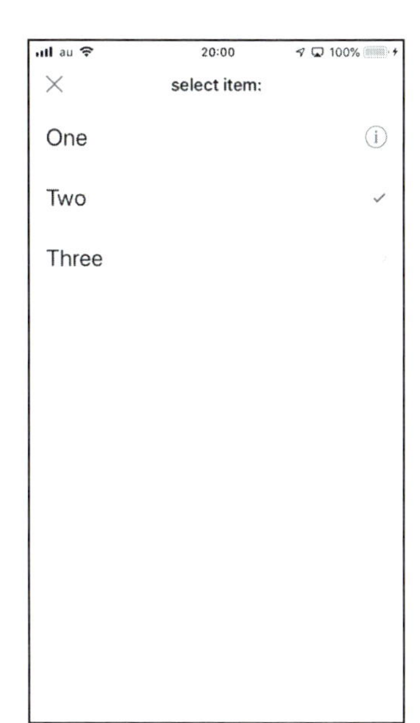

図5-4：リストの項目の右端にアクセサリアイコンが表示されている。

フォームダイアログについて

より具体的な情報の入力を行わせたい場合は、「フォームダイアログ」を利用することができます。これはその名の通り、Webページで使われているフォームと同じような形で入力項目を用意できるダイアログです。

これは、「form_dialog」という関数として用意されています。この関数は以下のような形で呼び出します。

▼フォームダイアログを表示する

```
変数 = dialogs.form_dialog( title=タイトル , fields=フィールドデータ )
```

問題は、「fields」に用意するフィールドデータです。フィールドに関する情報を辞書にまとめたもののリストになります。つまり、こういうことですね。

```
fields=[ 辞書1 , 辞書2 , ……]
```

フィールド情報の辞書は、フィールドに関する以下のような値をひとまとめにしたものです。これらは、value以外は必須項目と考えていいでしょう。

フィールド情報に用意する項目

title	フィールドに表示するタイトル。
type	フィールドの種類。以下のいずれかで指定する。 'text', 'url', 'email', 'password', 'number', 'check', 'switch', 'datetime', 'date', 'time'
key	フィールド名として使われるキー。戻り値で使用する。
value	フィールドの初期値。

フィールドごとに、これらをひとまとめにした辞書を作成してリストにまとめたものをfieldsに設定すれば、その情報を元にフィールドが自動生成される、というわけです。

フォームダイアログを使ってみる

では、実際にフォームダイアログを利用してみましょう。例によって、onAction関数を書き換えてください。

▼リスト5-5

```
def onAction(sender):
  fields = [
    {'title':'Name', 'type':'text', 'key':'name'},
    {'title':'Mail', 'type':'email', 'key':'mail'},
    {'title':'Age', 'type':'number', 'key':'age', 'value':'0'},
    {'title':'Minor', 'type':'switch', 'key':'minor'}
    ]
  result = dialogs.form_dialog(title="input form:", fields= fields)
  if result == None:
    label.text = 'キャンセルされました。'
  else:
    label.text = str(result)
    label.size_to_fit()
```

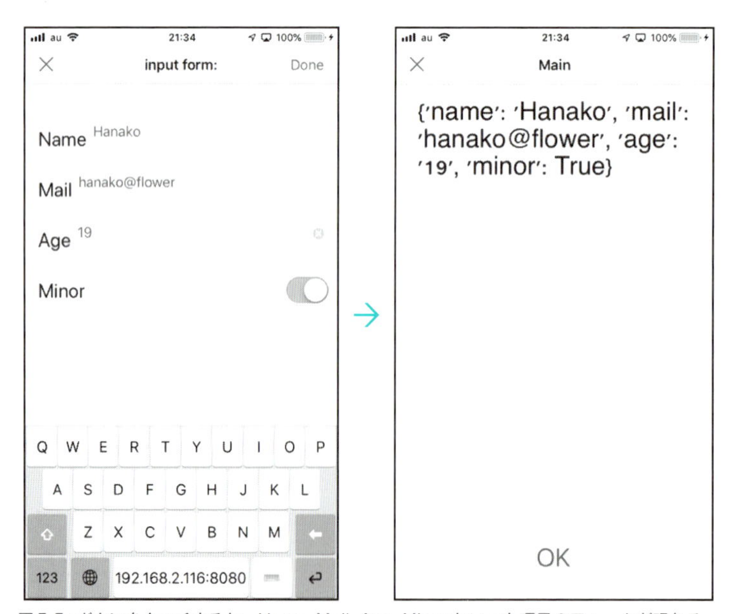

図5-5：ボタンをタッチすると、Name, Mail, Age, Minorといった項目のフォームが現れる。これらを入力してDoneすると内容が表示される。

ボタンをタッチすると、「Name」「Mail」「Age」「Minor」といった項目のあるフォームダイアログが現れます。フォームダイアログは、こんな具合にリストのような形で入力項目が並んだものです。

これらに入力をして右上の「Done」をタッチすると、入力した結果が表示されます。この値は、例えばこんな形になっているでしょう。

```
{'name': 'Hanako', 'mail': 'hanako@flower', 'age': '19', 'minor': True}
```

各フィールド情報に用意したkeyの値をキーに使い、辞書として入力データをまとめていることがわかります。後は、ここから必要に応じて値を取り出し利用すればいいのです。

フィールドにセクションを設定する

このフォームダイアログは、用意する項目が増えてくるとかなり見づらくなってきます。そこで、「セクション」と呼ばれるものでフィールドをグループ分けして表示することができるようになっています。

▼フォームダイアログを表示する

```
変数 = dialogs.form_dialog( title=タイトル , fields=フィールドデータ , sections=セクションデータ )
```

「sections」という引数に、セクションの情報を用意します。この値は、各セクションの情報をまとめたリストになっています。

```
sections=[ タプル1 , タプル2 , ……]
```

各セクションの情報は、「タイトル」と「所属フィールドのリスト」という、2つの項目からなるタプルとして用意します。所属フィールドのリストというのは、fieldsに用意しているフィールド情報をリストにまとめたものです。こうすることで、「このタイトルのセクションに、これとこれのフィールドが入る」ということを指定するわけです。

セクションを利用する

セクションはデータ構造が複雑で、fieldsよりさらにわかりにくくなるので、きっちりとフィールド情報をまとめて管理する必要があります。実際の利用例を挙げておきましょう。

▼リスト5-6

```
def onAction(sender):
  name_field = {'title':'Name', 'type':'text', 'key':'name'}
```

```
mail_field = {'title':'Mail', 'type':'email', 'key':'mail'}
age_field = {'title':'Age', 'type':'number', 'key':'age', 'value':'0'}
minor_field = {'title':'Minor', 'type':'switch', 'key':'minor'}
fields = [name_field, mail_field, age_field, minor_field]
sections = [
  ('String', [name_field, mail_field]),
  ('Number', [age_field]),
  ('Boolean', [minor_field])
]
result = dialogs.form_dialog(title="input form:", fields= fields, 
sections=sections)
if result == None:
  label.text = 'キャンセルされました。'
else:
  label.text = str(result)
  label.size_to_fit()
```

実行すると、今回はフォームのフィールドが「STRING」「NUMBER」「BOOLEAN」というセクションに分類され表示されます。このようにすると、項目が増えてもだいぶわかりやすくなりますね。

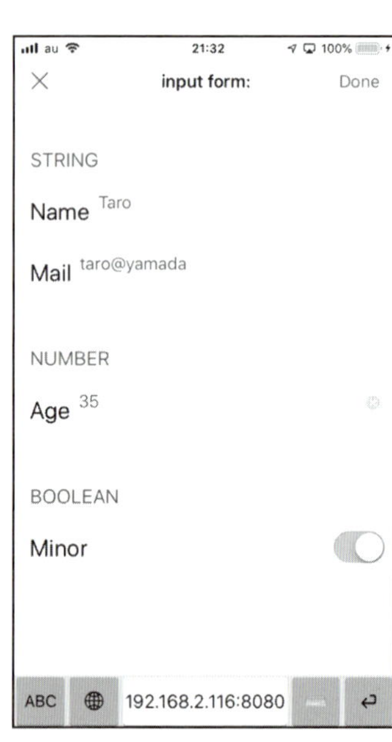

図5-6：フォームに表示されるフィールドを「STRING」「NUMBER」「BOOLEAN」という３つのセクションに分けて表示する。

セクションの設定

sectionsにどのような値が設定されているのか、見てみましょう。ここでは、以下のようにデータをまとめています。

```
sections = [
  ('String', [name_field, mail_field]),
  ('Number', [age_field]),
  ('Boolean', [minor_field])
]
```

タプルにタイトルとリストが用意されているのがわかります。

このリストにまとめられているのが、フィールド情報の値です。これは、例えば以下のような形になっています。

```
name_field = {'title':'Name', 'type':'text', 'key':'name'}
```

このように、フォームに表示するフィールドを１つずつ変数にまとめていき、それを利用してfieldsとsectionsに設定する値を作成していけばいいのです。

データの共有を行う

ここまでのダイアログは、基本的にプログラマ側でダイアログの内容を用意しその結果を受取る、というものでした。

しかし、そうしたものとはまったく性質の異なるダイアログも用意されています。それは、「データ共有のためのダイアログ（？）」です。

iOSではデータを共有する際に、共有先を選択するパネルのようなものが現れます。これを利用するための機能も、dialogsモジュールに用意されているのです。それは、以下のようなものです。

▼イメージの共有

```
dialogs.share_image(《Image》)
```

▼テキストの共有

```
dialogs.share_text( テキスト )
```

▼URLの共有

```
dialogs.share_url( urlテキスト )
```

share_imageは、引数に指定したイメージを共有するためのものです。これは、uiモジュールのImageか、あるいは「PIL」というモジュールにあるImageクラスのインスタンスとして引数を用意します（２つのImageについては、もう少し後で説明します）。

share_textとshare_urlは、テキストおよびURLを共有するためのもので、引数にはそれぞれテキストで値を用意します。

これらは、引数に用意する値は多少違いますが、基本的な使い方は同じです。関数を呼び出せば共有のためのパネルが現れ、共有できます。

テキストを共有する

実際に使ってみましょう。基本的な使い方は同じなので、ここではテキストの共有を行ってみます。

まず、これまで使っていたサンプルスクリプトにTextFieldの生成スクリプトを追記しましょう。Labelの作成を行っている部分の後あたりに以下を追記してください。

▼リスト5-7

```
# text field
field = ui.TextField()
field.font = ('<System>', 24)
field.bounds = (0, 0, vw.width - 20, 40)
field.flex = 'wb'
field.center = (vw.width / 2, 100)
vw.add_subview(field)
```

onAction関数を書き換えて、テキストの共有を行ってみましょう。以下のように修正をしてください。

▼リスト5-8

```
def onAction(sender):
  result = dialogs.share_text(field.text)
  label.text = str(result)
  label.size_to_fit()
```

図5-7：テキストを書いてボタンをタッチすると、共有のためのパネルが現れる。

実行したら、入力フィールドにテキストを記入してボタンをタッチしましょう。すると、画面に共有する対象を選ぶパネルが現れます。ここで共有先を選ぶと、フィールドに記入したテキストが共有されます。

例えば「Copy」を選択すると、Labelには('com.apple.UIKit.activity.CopyToPasteboard', []) とテキストが表示されます。これが共有後の戻り値です。

１つ目のCopyToPasteboardという値は、サービスのタイプを示します。

２つ目は付随する値で、特になければ空のリストになります。まぁ、これらを眺めてもよくわからないかもしれませんが、「こういうサービス機能のおかげで共有が行われているんだ」ということはイメージできるのではないでしょうか。

イメージ共有とui.Image

共有の中で注意が必要なのが、イメージを共有する「share_image」でしょう。ということは、引数にイメージを用意しなければいけない、ということです。

これには、uiモジュールにある「Image」クラスを利用するのがよいでしょう。以下のようにインスタンスを作成します。

▼ui.Imageインスタンスの作成

```
変数 = ui.Image( イメージの指定 )
```

この引数は、スプライトのイメージなどを指定したのと同じような形で、イメージを示すテキストを用意すればいいでしょう。

コードエディタで右下の「＋」アイコンをタッチし、現れた画面でイメージを選択すると、そのイメージを示すテキスト値が出力されましたね。この値をそのまま指定すればいいわけです。

イメージを共有する

では、イメージの共有を利用してみましょう。イメージの値を手入力するのは面倒なので、ここではデフォルトで値を用意しておきます。

先ほど記述したTextFieldの作成スクリプトの最初の１文を、以下のように修正してください。

```
field = ui.TextField()
```

⬇

```
field = ui.TextField(text='test:Mandrill')
```

これは、まぁ修正していなくても動作にはまったく影響ないのですが、最初にサンプルイメージの名前を設定しておいたほうが、イメージが利用しやすくなります。

続いて、onActionメソッドを修正しましょう。以下のように書き換えてください。

▼リスト5-9

```
def onAction(sender):
  img = ui.Image(field.text)
  result = dialogs.share_image(img)
  label.text = str(result)
  label.size_to_fit()
```

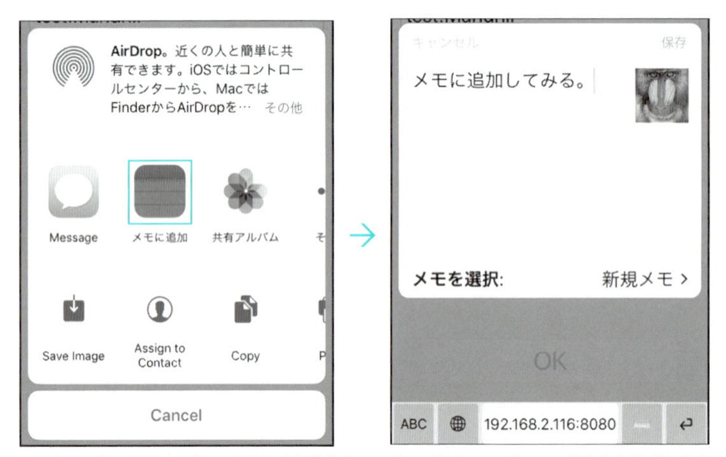

図5-8：ボタンをタッチすると、イメージを共有するパネルが現れる。「メモに追加」を選び入力する。

実行し、ボタンをタッチすると、イメージを共有するパネルが現れます。ここから共有先を選べば、そこに共有されます。

試しに、「メモに追加」のアイコンをタッチしてみましょう。するとメモのテキストを入力するパネルが現れるので、適当に記入して保存をします。

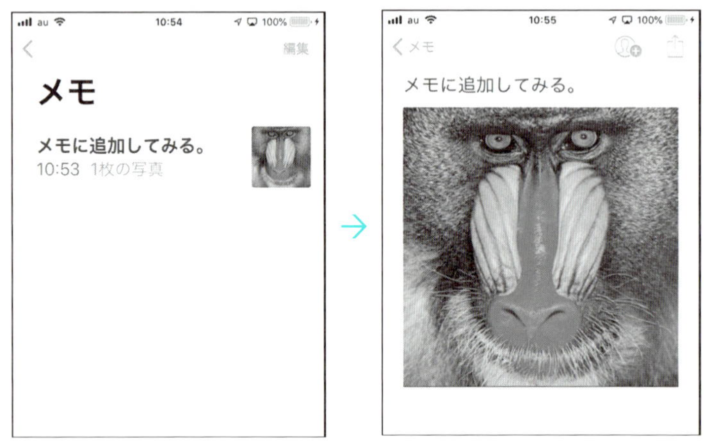

図5-9：メモを起動し保存されたメモを開いてみると、マンドリルのイメージが保存されている。

　これで、メモにイメージが追加されました。「メモ」アプリを起動し、保存したメモを見てみましょう。デフォルトで用意したマンドリルのイメージがメモに保存されているのが確認できますよ。

　こんな具合に、Imageインスタンスの作成さえわかれば、イメージの共有も意外と簡単にできるのです。働きがわかったら、TextFieldに記入するイメージの名前を変更して試してみましょう。

Chapter
5

5.2.

photosとイメージの利用

フォトライブラリを利用する

iOSには、さまざまなデータが保管されています。Pythonista3には、それらにアクセスするための機能も用意されています。

もちろん、すべてのデータにアクセスできるわけではありませんが、重要ないくつかのデータにアクセスできるだけでも、さまざまな応用が考えられるでしょう。

まずは、フォトライブラリへのアクセスについて説明しましょう。

フォトライブラリの利用に関する機能は、「photos」というモジュールに用意されています。これを利用するためには、以下のような形でモジュールをインポートしておきます。

```
import photos
```

このphotosには、フォトライブラリのデータを取り出すための関数がいくつか用意されています。一番の基本となるものは、すべてのデータをリストとして取得する「get_assets」でしょう。

▼アセットの一覧を得る

```
変数 = photos.get_assets(media_type=タイプ , include_hidden=真偽値 )
```

引数には2つの名前付きのものが用意されていますが、これらはオプションですので、省略してもかまいません。medit_typeは表示するデータの種類を指定するもので、イメージデータならば 'image' としておきます。includde_hiddenは非表示の項目も含めるかどうかで、Trueにすると非表示の項目も取り出せます。

Assetオブジェクトについて

こうして得られるデータは、「Asset」というクラスのインスタンスのリストになっています。Asset（アセット）は、フォトライブラリのリソースファイルを扱うための基本的なクラスです。ファイル類はまずAssetとして取り出し、そこから必要な情報を取得し利用します。

では、Assetを使ってイメージの情報を取得する例を挙げておきましょう。onAction関数を以下のように修正してください（import photosの追記を忘れないように）。

▼リスト5-10

```
def onAction(sender):
  assets = photos.get_assets()
  asset = assets[-1]
  w = asset.pixel_width
  h = asset.pixel_height
  d = asset.creation_date
  id = asset.local_id
  img = asset.get_image()
  img.show()
  label.text = 'width:' + str(w) + '\nheight:' + str(h) + '\ndate:' + str(d)
  field.text = str(id)

（import photos を追記しておくこと）
```

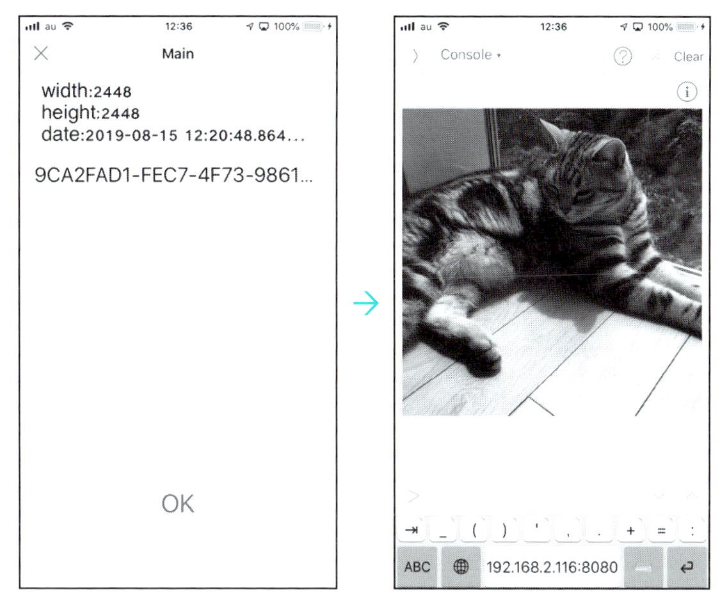

図5-10：ボタンをタッチすると、最後に撮った写真のデータが表示される。
アプリを閉じると、コンソールにイメージが表示されている。

ここでは、最後に撮影した写真のデータを取得し表示します。スクリプトを実行してボタンをタッチすると、最後のイメージをAssetとして取り出し、その横幅・縦幅・作成日をLabelに表示します。また、入力フィールドにはイメージのローカルIDと呼ばれるもの（ファイル名に相当する、イメージを識別するためのもの）を表示します。

表示を確認したら、画面を閉じてスクリプトを終了しましょう。するとコンソールが表示され、そこに取得したイメージが表示されています。

処理の流れを整理する

スクリプトを見ていきましょう。まず、全Assetのリストを変数に取り出しています。

```
assets = photos.get_assets()
```

これで、Assetのリストが変数assetsに取り出されます。今回は、ここから一番最後の項目を変数に取り出しています。

```
asset = assets[-1]
```

そして、取り出したAssetインスタンスから、さまざまなデータを変数に取り出しています（これらの属性については後述します）。

```
    w = asset.pixel_width
    h = asset.pixel_height
    d = asset.creation_date
    id = asset.local_id
```

最後にイメージを取り出し、コンソールに表示します。これは、以下のように行っています。

```
    img = asset.get_image()
    img.show()
```

C O L U M N

ui.ImageとPIL.Image

Pythonista3では、イメージを扱うためのクラスが2つ用意されています。ui.ImageとPIL.Imageです。

ui.Imageは、uiモジュールにあるImageクラスです。uiモジュールは、Pythonista3のUI作成で使うものでしたね。このui.Imageは、Pythonista3に用意されているイメージ利用のUI部品などで利用するために用意された「Pythonista3の標準イメージクラス」といったものです。

PILというのは、イメージを扱うPillowというモジュールのことです。これはPythonで広く使われているモジュールで、Pythonista3にも標準で組み込まれています。Pythonista3では、イメージのリソースファイルなどを扱う際に利用されます。

このPIL.Imageは、Pythonista3のui.Imageとは違うものです。「UIで使うイメージはui.Image、ファイルなど外部から取り込んだイメージを扱う場合はPIL.Image」と考えるとよいでしょう。

「get_image」は、Assetからイメージを取り出すものです。戻り値は、「PIL」というモジュールにある「Image」クラスのインスタンスになります。これは、uiモジュールのImageとはちょっと違うものです。

取り出したImageの「show」メソッドを呼び出すと、そのイメージを画面に表示できます。Pythonista3では、コンソールにイメージが出力されます。

Assetの基本属性について

先ほどのサンプルでは、Assetからさまざまな属性の値を取り出していました。Assetには、そのリソースファイルに関する各種の情報が属性として用意されています。ここで簡単に整理しておきましょう。

▼削除と編集の許可

```
can_delete
can_edit_content
can_edit_properties
```

上からそれぞれ、「削除可能か」「コンテンツを編集可能か」「プロパティを編集可能か」を示します。値は真偽値で、デフォルトではTrueに設定されています。

▼作成日、更新日

```
creation_date
modification_date
```

ファイルが作成された日時と、最後に更新した日時を表す属性です。それぞれ値はdatetimeクラスのインスタンスになります。

▼お気に入り／非表示

```
favorite
hidden
```

「お気に入り」に登録されているか、非表示になっているかを示します。それぞれTrueならば、その設定がONになっています。

▼動画の長さ

```
duration
```

動画ファイルの長さを示す属性です。静止画（イメージ）ファイルの場合、この値は0.0になります。値は変更できません。

▼ローカルID

```
local_id
```

ファイルに割り振られているIDをテキストで示します。個々のリソースを識別するためのファイル名に相当するものになります。この値は変更できません。

▼撮影場所

```
location
```

撮影された場所を示すものです。値の読み取りのみ可能で変更は不可です。値は以下のように緯度·経度·高度をまとめた辞書になっています。

```
{'latitude':緯度 , 'longitude':経度 , 'altitude':高度 }
```

▼メディアタイプ

```
media_type
media_subtypes
```

データの種類を表すものです。値の読み取りのみ可能で変更はできません。

media_typeは、ファイルの種類を示すものです。イメージファイルならば、通常 'image' となります。media_subtypesは、さらに細かく分類されたサブタイプを示します。例えば、スクリーンショットのファイルならば、'photo_screenshot' というサブタイプが設定されていたりします。これは同時に複数設定される場合があるので、サブタイプ名のリストとして値が設定されます。

▼縦横幅

```
pixel_height
pixel_width
```

イメージの横幅と縦幅を示します。いずれも実数の値として用意されています。読み取りのみ可能な値です。この値を変更してイメージサイズを変えたりすることはできません。

イメージをImageViewに表示する

イメージを利用する場合、コンソールに表示するよりも、やはりViewでデザインした画面にUI部品としてイメージを利用できるようにしたほうがはるかに便利ですね。

こうした「イメージの表示」には、「ImageView」というUI部品を用います。ImageViewは、「image」という属性にui.Imageインスタンスを設定することで、そのイメージを表示することができます。実際に使ってみましょう。

まず、ImageViewをViewに追加するスクリプトを用意します。先ほどのサンプルに以下のスクリプトを追記してください。TextFieldを作成している部分の後あたりでいいでしょう。

▼リスト5-11

```
img_vw = ui.ImageView()
img_vw.bounds = (0, 0, 300, 300)
img_vw.flex = 'LRB'
img_vw.center = (vw.width / 2, 300)
img_vw.background_color = 'black'
vw.add_subview(img_vw)
```

これで、TextFieldの下あたりにImageViewが300×300の大きさで表示されます。ButtonやTextFieldなどが重なるようなら、位置を調整するなどしてください。

続いて、ボタンをタッチしたらイメージを選択して表示するようにonAction関数を修正しましょう。

▼リスト5-12

```
def onAction(sender):
  assets = photos.get_assets()
  data = []
  for item in assets:
    data.append(item.local_id)
  result = dialogs.list_dialog(title='select image:', items=data)
  if result != None:
    asset = photos.get_asset_with_local_id(result)
    w = asset.pixel_width
    h = asset.pixel_height
    d = asset.creation_date
    id = asset.local_id
    img_vw.image = asset.get_ui_image()
    label.text = 'width:' + str(w) + '\nheight:' + str(h) + '\ndate:' + str(d)
    field.text = str(id)
  else:
    label.text = 'canceled...'
    field.text = ''
```

実行すると、画面の中央あたりに黒い四角い領域が表示されます。これがImageViewです。ボタンをタッチすると画面にリストダイアログが現れ、イメージのローカルIDが一覧表示されます。

ここから項目を選んでタッチするとリストダイアログが閉じられ、そのイメージがImageViewに表示されます。

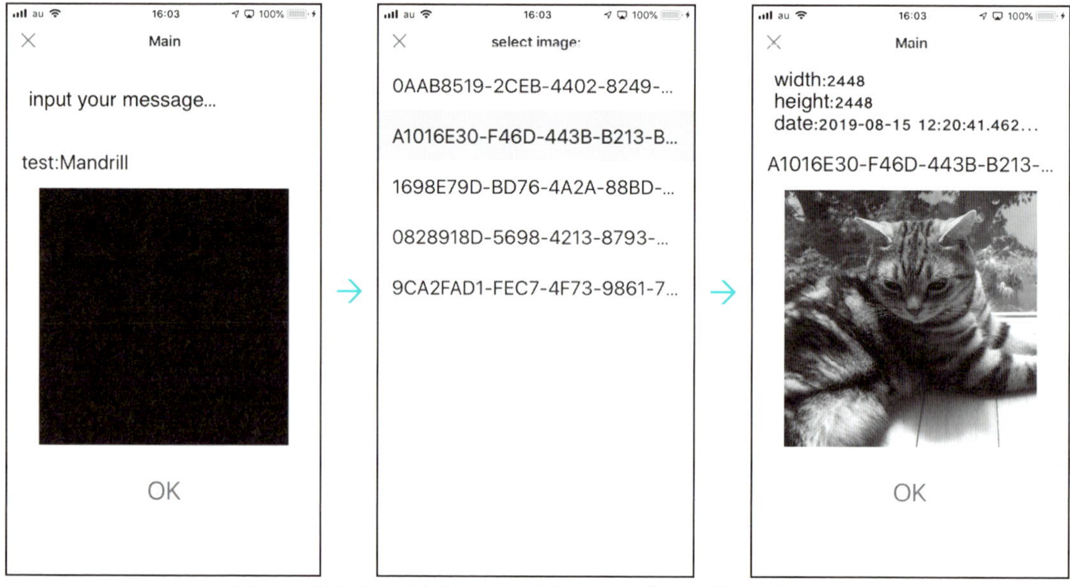

図5-11：ボタンをタッチすると、イメージIDのリストダイアログが表示される。
項目を選ぶと、そのイメージが表示される。

リストダイアログでIDリストを表示する

では、処理を見ていきましょう。最初にローカルIDのリストを用意して、リストダイアログとして表示をしていますね。これは、まずAssetsのリストを取得し、そこからローカルIDをリストにまとめていきます。

```
assets = photos.get_assets()
data = []
for item in assets:
  data.append(item.local_id)
```

これで、dataにアセットのローカルIDのリストが作成されました。これを引数に指定してリストダイアログを呼び出します。

```
result = dialogs.list_dialog(title='select image:', items=data)
```

項目を選択すると、そのローカルIDが戻り値として返されます。このローカルIDを使ってAssetを取得します。

▼ローカルIDを指定してAssetを得る

```
asset = photos.get_asset_with_local_id(result)
```

「get_asset_with_local_id」は、引数にローカルIDを指定して呼び出します。これで、そのIDのAssetインスタンスが得られます。後は、そこからイメージを取り出し、ImageViewに設定するだけです。

▼Assetからui.Imageを取得しImageViewに表示

```
img_vw.image = asset.get_ui_image()
```

先ほどのget_imageは、PIL.Imageインスタンスを取得するものでした。単にイメージを表示するだけならこれでいいのですが、ImageViewで使う場合は、ui.Imageインスタンスとしてイメージを取り出す必要があります。

それを行っているのが、「get_ui_image」メソッドです。これでui.Imageインスタンスが得られますので、それをImageViewのimage属性に設定すれば、イメージが表示されます。

「PIL.Imageとui.Imageは似ているけど違うもので、ImageViewではui.Imageが必要」――この点さえ押さえておけば、ImageViewの扱いはそんなに難しくはありません。

イメージピッカーを利用する

リストダイアログは便利ですが、意味不明なローカルIDがリストで表示されても、どれが何のイメージかよくわかりませんね。こういう場合は、やはりイメージを選択するイメージピッカーが利用できたほうがはるかに便利です。

イメージを選択するイメージピッカーの利用は、photosモジュールに関数として用意されています。

▼イメージピッカーを呼び出す

```
変数 = photos.pick_asset(title=タイトル , assets=リスト , multi=真偽値 )
```

「pici_asset」はイメージピッカーを呼び出し、選択したイメージのAssetを返す関数です。引数には、title、assets、multiといったものが用意されています。これらはすべてオプションですので、省略してもかまいません。titleは画面上部にタイトルとして表示するテキストです。multiは複数選択を許可するかどうかで、デフォルトはFalseに設定されています。

では、assetsは？　これは、ピッカーに表示するAssetsのリストを指定するものです。例えば、いくつかある中から1つを選ぶような場合、あらかじめ選択肢となるAssetをリストにまとめておいてこのassets引数に指定すれば、指定のイメージだけがピッカーに表示されます。

ピッカーでイメージを選ぶ

では、イメージピッカーを利用してイメージを選択してみましょう。onAction関数を以下のように書き換えます。

▼リスト5-13

```
def onAction(sender):
 asset = photos.pick_asset(title='Select Image!')
  if asset is not None:
    w = asset.pixel_width
    h = asset.pixel_height
    d = asset.creation_date
    id = asset.local_id
    img = asset.get_ui_image()
    img_vw.image = img
    label.text = 'width:' + str(w) + '\nheight:' + str(h) + '\ndate:' + str(d)
    field.text = str(id)
  else:
    label.text = 'canceled...'
    field.text = ''
```

実行してボタンをタッチすると、イメージピッカーが起動します。ここからイメージを選ぶと、そのイメージがImageViewに選択されます。

```
asset = photos.pick_asset(title='Select Image!')
```

図5-12：ボタンをタッチするとイメージピッカーが起動し、イメージを選択できる。

これで、変数assetに選択したAssetインスタンスが代入されます。ただし、キャンセルした場合はNoneになるので、値がNoneかどうかを確認した上で処理を行えばいいでしょう。

アルバムを利用する

フォトライブラリでは、イメージの作成状況などに応じていくつかのアルバムが自動生成されています。例えば、写真撮影したものは「カメラロール」、自撮りの写真は「セルフィー」、スクリーンショットは「スクリーンショット」、お気に入り登録した写真は「お気に入り」といった具合ですね。

これらのアルバムを利用するための関数というのもphotosには用意されています。以下に整理しておきましょう。

▼「お気に入り」アルバム

```
get_favorites_album
```

▼最近追加したアルバム

```
get_recently_added_album
```

▼「自撮り」アルバム

```
get_selfies_album
```

▼「スクリーンショット」アルバム

```
get_screenshots_album
```

▼スマートアルバム（自動生成されるアルバム）

```
get_smart_albums
```

▼モーメントアルバム（日時や場所に応じて自動生成されるアルバム）

```
get_moments
```

これらのうち最後の２つ以外は、「AssetCollection」というクラスのインスタンスとして値を返します。最後の２つは、「AssetCollectionのリスト」として値を返します。フォトライブラリのアルバムというのは、スクリプト的にはAssetCollectionインスタンスのことだ、と言ってもいいでしょう（AssetCollectionについてはこの後で説明します）。

「お気に入り」アルバムから選択する

アルバムを利用してみましょう。ここでは、「お気に入り」アルバムの写真をピッカーで表示して選ぶようにしてみます。

onAction関数の冒頭の部分（if asset is not None: までの部分）を以下のように修正してみましょう。

▼リスト5-14

```
def onAction(sender):
  album = photos.get_favorites_album()
  asset = photos.pick_asset(title='Pick image from Favorite.', assets=album.assets)
  if asset is not None:
     ……以下略……
```

ボタンをタッチすると、「お気に入り」アルバムの写真がピッカーに表示されるようになります。ここでは、まず「お気に入り」アルバムのAssetCollectionを変数に取り出します。

```
album = photos.get_favorites_album()
```

図5-13：ボタンをタッチすると、「お気に入り」アルバムの写真がピッカーに表示される。

そしてpick_assetを呼び出す際、assets引数にalbum.assetsを指定しておきます。assets属性は、AssetCollectionに保管されているAssetのリストを示すものです。

```
asset = photos.pick_asset(title='Pick image from Favorite.', assets=album.assets)
```

これで、「お気に入り」アルバムのイメージがピッカーに表示されるようになります。ここでは「お気に入り」を利用しましたが、その他のアルバムも同様にして使うことができます。

アルバム自体をピッカーで使うのではなく、「アルバムからAssetのリストを取り出して、それをピッカーに指定して利用する」のです。

AssetCollectionについて

AssetCollectionとは?

ここで使った「AssetCollection」というクラスが、アルバムの正体といっていいでしょう。名前から想像がつくと思いますが、Assetsをまとめて扱うためのコレクションクラス（リストのように多数の値を管理するクラスのこと）です。

コレクションですから、そのままfor構文などを使って保管されているAssetを順に取り出していくことができます。

また、専用の属性やメソッドも用意されており、それらを利用してアルバムに関する操作を行うことができます。

では、以下にその内容を整理しておきましょう。

AssetCollectionの属性

- ローカルID 「local_id」

アルバムのローカルIDです。これはアセットの場合と同様に、自動で割り振られるものです。

- タイトル「title」

アルバムのタイトルです。テキストで設定されています。

- タイプ「type」

アルバムのタイプを示すものです。'album'、'smart_album'、'moment'のいずれかになります。自分で作成したアルバムは'album'タイプになります。

- 開始日時/最終日時「start_date」「end_date」

アルバムに保管されているイメージ（アセット）から、もっとも古いものと、もっとも新しいものを得るための属性です。

- 削除可能か否か「can_delete」
- アセットを追加可能か「can_add_assets」
- アセットを削除可能か「can_remove_assets」
- 名前の変更可能か「can_rename」

いずれも、指定の操作が可能かどうかを示す属性です。可能であれば値はTrueに、可能でなければFalseにそれぞれ設定されます。

AssetCollectionのメソッド

アセットの追加	
add_assets(Assetリスト)	コレクションにアセットを追加します。引数は、アセットのリストになります。これにより、そのアルバムに写真が追加されます。なお、これはcan_add_assetsがTrueでなければ使えません。
アセットの削除	
remove_assets(Asset リスト)	アルバムからアセットを削除します。引数には、アセットのリストを指定します。これは、can_remove_assetsがTrueでなければ使えません。
アルバムの削除	
delete()	アルバム自体を削除するためのものです。引数はありません。これを実行すると、そのアルバムがライブラリから消えます。これも、can_deleteがTrueでなければ使えません。

カメラで撮影しよう!

フォトライブラリ関係はだいぶ使えるようになりましたね。次はさらに一歩進んで、「カメラで写真を撮影して、そのイメージを利用する」ということをやってみましょう。これは、photosモジュールの関数を使って簡単に行えます。

▼カメラで撮影する

```
変数 = photos.capture_image()
```

引数などはありません。この関数を実行すると、その場でカメラが起動し、撮影できます。撮影したイメージを選択すると、そのイメージが返されます。戻り値は、PIL.Imageのインスタンスになっています。

撮影して表示する

実際に使ってみましょう。onAction関数を以下のように書き換えてみてください。

▼リスト5-15

```
def onAction(sender):
  img = photos.capture_image()
  if img is not None:
    img.show()
    label.text = 'Captured!!'
  else:
    label.text = 'canceled...'
```

ボタンをタッチすると、カメラが起動して撮影できるようになります。そのまま写真を撮影し、「これでOK」となったら「Use Photo」をタッチすると、そのイメージが返されます。Labelに「Captured!!」と表示されたら、Viewを閉じてみましょう。

するとコンソール画面に、撮影した写真のイメージが表示されます。現在のiPhoneのカメラはかなり高解像度なので、処理に時間がかかります。撮影してから「Captured!!」が表示されるまで、少し待たないといけません。

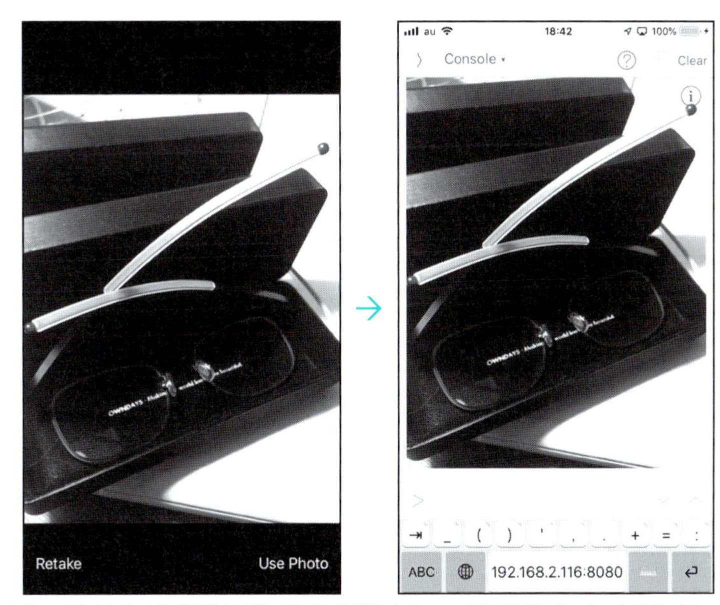

図5-14：ボタンをタッチするとカメラが起動し撮影できる。撮影したら、アプリを閉じるとコンソールにイメージが表示される。

ここで行っているのは、非常にシンプルな処理です。capture_imageの戻り値を変数imgに代入し、これがNoneでなかったらimg.show()で表示する、これだけです。カメラで撮影するだけなら、実に単純に行えるのです。

PIL.Imageをui.Imageに変換する

ただし、これで撮影されるのはPIL.Imageです。撮影したイメージをUI部品（ImageViewなど）で利用しようと思ったら、これをui.Imageに変換しなければいけません。

これは、思ったより面倒なのです。

ちょっとわかりにくいので、まずはサンプルを見てもらいましょう。onAction関数を以下のリストのように修正します。また、冒頭に「import io」を追記しておいてください。

▼リスト5-16

```
def onAction(sender):
  img = photos.capture_image()
  with io.BytesIO() as bIO:
```

```
    img.save(bIO, 'PNG')
    png = ui.Image.from_data(bIO.getvalue())
    w = png.size.width
    h = png.size.height
    img_vw.image = png
    label.text = 'width:' + str(w) + '\nheight:' + str(h)
    field.text = ''
```

(import io を追記すること)

ボタンをタッチするとカメラが起動し、撮影するのは先の例と同じです。撮影して「Use Photo」をタッチすると、撮影した写真がImageViewに表示されます。

図5-15:撮影すると、イメージがImage Viewに表示されるようになった。

BytesIOでイメージを変換する

では、どのように処理をしているのか見てみましょう。まずは、capture_imageで撮影をします。これは変わりません。その後の処理が問題です。

```
img = photos.capture_image()
```

▼io.BytesIOインスタンスの作成

```
with io.BytesIO() as bIO:
```

データの処理は、ioモジュールの「BytesIO」というクラスを使います。これは、メモリ内で動作するバイナリストリームクラスです。というと何だかよくわからないでしょうが、要するに「バイナリデータをやり取りするための機能を備えたクラス」と考えてください。

これを、「with」というキーワードを使ってインスタンス生成し、変数bIOに代入します(withについてはこの後のコラムを参照)。

▼PNGデータをBytesIOに書き出す

```
img.save(bIO, 'PNG')
```

imgのsaveメソッドは、データを書き出すためのものです。これの引数に、今作ったBytesIOインスタンスを指定します。第2引数には'PNG'として、PNGフォーマットを指定します。これで、imgのイメージデータがPNGフォーマットのバイナリデータとしてbIOに書き出されます。といっても、bIOのBytesIOクラスはメモリ上で動作するので、ファイルなどに書き出されるわけではありません。

▼ui.Imageを生成する

```
png = ui.Image.from_data(bIO.getvalue())
```

ui.Imageの「from_data」メソッドで、イメージを生成します。引数には、イメージのデータを指定します。ここでは、bIOのgetValueメソッドでbIOに書き出したデータを取り出して指定します。これで、img（PIL.Image）のデータを元に新しくui.Imageが作成できました。

▼必要な属性を用意する

```
w = png.size.width
h = png.size.height
img_vw.image = png
```

C　O　L　U　M　N

with構文って何?

ここでは、withという構文が登場しました。このwithは、構文を抜けたときにリソースの開放を自動で行うための構文です。

```
with インスタンス生成 as 変数 :
```

このように記述することでインスタンスを生成し、変数に代入します。そして、withの後の右にインデントされた部分で変数を使った処理を行い、構文を抜けると自動的にそのインスタンスが開放され、後処理をしてくれます。ファイルなどを扱う場合、「使用後にリソースを開放する」という処理を実行しないと、後でファイルが開けなくなるなど問題が発生することがあります。そういうとき、withを利用すれば「使用後、確実に開放される」というわけです。

こういう役割のものなので、いつでもどこでも使うような構文ではありません。「インスタンスを作成して使った後、確実にリソースを開放する」という場合にのみ利用されるものです。ですから、withが出てきたときは、それを利用しているクラスとセットで覚えてたほうがいいでしょう。

ここでは、「io.BytesIOを使うときはwithを利用する」と丸暗記しておきましょう。

後は、作成したui.Imageから属性を取り出して利用します。pngをImageViewのimageに設定すれば、そのままイメージを表示させることができます。

PIL.Imageからui.Imageへの変換は、ちょっと難しいですが、やり方は常に同じです。「ここで書いた文をそのままコピー&ペーストして使う」と考えておけばいいでしょう。

QRコードを作成しよう

photosモジュールの機能ではありませんが、イメージ利用でもう1つ、面白い機能の使い方を覚えておきましょう。それは「QRコード」です。

Pythonista3には、「qrcode」というQRコード生成のためのモジュールが標準で組み込まれています。これを利用すると、テキストを簡単にQRコードにできるのです。

これは、qrcodeというモジュールを使います。この中の「make」メソッドで、QRコードのイメージを作成することができます。

▼QRコードのイメージを生成する

```
変数 = qrcode.make( テキスト )
```

非常に簡単ですね。引数にテキストを指定して呼び出すだけです。戻り値はPIL.Imageインスタンスになっていますから、先ほどやったやり方でui.Imageに変換し、利用すればいいでしょう。

QRコードを表示する

では、実際に使ってみましょう。onAction関数を以下のように書き換えてください。なお、冒頭に「import qrcode」という文を追記しておくのを忘れないように！

▼リスト5-17

```
def onAction(sender):
  img = qrcode.make(field.text)
  with io.BytesIO() as bIO:
    img.save(bIO, 'PNG')
    png = ui.Image.from_data(bIO.getvalue())
    w = png.size.width
    h = png.size.height
    img_vw.image = png
    label.text = 'width:' + str(w) + '\nheight:' + str(h)

(import qrcode を追記すること)
```

プログラムを実行したら、入力フィールドにテキストを書いてください。そしてボタンをタッチすると、そのテキストを元にQRコードを生成し、ImageViewに表示します（図5-16）。

実際にQRコードのアプリで画面を撮影すると、元のテキストが得られますよ（図5-17）。

図5-16：フィールドにテキストを書いてボタンをタッチすると、そのテキストをQRコードに変換して表示する。

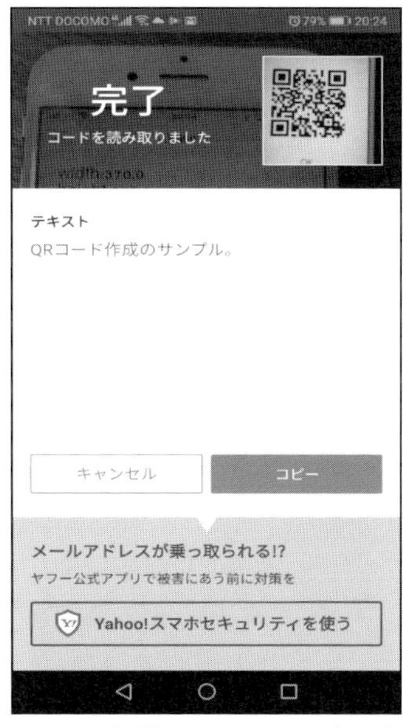

図5-17：別の機器のQRコードアプリで撮影すると、元のテキストが得られた。

Chapter 5

5.3. 連絡先の利用

連絡先を使うには?

Pythonista3には、iOSの機能に関するさまざまなモジュールが用意されています。それらから、覚えておくと便利なものをピックアップして順に説明していきましょう。

まずは、「連絡先」データについてです。連絡先を利用するための機能は、「contacts」というモジュールとして用意されています。スクリプトに以下のような形でモジュールのインポートを用意しておいてください。

```
import contacts
```

このcontactsには、連絡先を取得するための関数がいろいろと揃っています。中でも、もっとも重要なのは以下の2つの関数でしょう。

▼すべての連絡先を得る

```
変数 = contacts.get_all_people()
```

すべての連絡先をリストとして取り出します。引数はなく、ただ呼び出すだけです。得られる連絡先は、Personというクラスのインスタンスになっています。

▼指定したIDの連絡先を得る

```
変数 = contacts.get_person( ID番号 )
```

連絡先であるPersonインスタンスには、すべてID番号が割り振られています。これは、そのID番号を使って連絡先を取得するものです。引数に整数を指定すると、そのIDのPersonインスタンスが得られます。

連絡先のデータを表示する

実際にこれらを使って連絡先のデータを取り出してみましょう。先ほどまでのサンプルにあるonAction関数を修正して行います。

なお、冒頭に「import contacts」を追記しておいてください。

▼リスト5-18

```
def onAction(sender):
  people = contacts.get_all_people()
  data = []
  for p in people:
    data.append(str(p.id) + ':' + str(p.full_name))
  result = dialogs.list_dialog(title='All people', items=data)
  if result is not None:
    (id, fname) = result.split(':')
    person = contacts.get_person(int(id))
    fn = person.full_name
    if len(person.email) > 0:
      ml = person.email[0][1]
    else:
      ml = 'None'
    if len(person.phone) > 0:
      tl = person.phone[0][1]
    else:
      tl = 'None'
    label.text = fn + '\n' + ml + '\n' + tl
  else:
    label.text = 'Canceled.'
```

（import contactsを追記する）

図5-18：ボタンをタッチすると、連絡先の名前リストが現れる。
そこから名前をタッチすると、メールアドレスと電話番号が表示される。

実行したら、ボタンをタッチすると、画面にリストダイアログが現れます。ここに、登録されている連絡先のID番号と名前（フルネーム）が表示されます。このリストから見たい項目をタッチするとリストダイアログが閉じられ、Labelに名前・最初のメールアドレス・最初の電話番号が表示されます。

処理の流れを整理する

どのようにして処理を行っているのか、全体の流れを整理していきましょう。まず、すべての連絡先を変数に取り出します。

```
people = contacts.get_all_people()
```

これで、peopleに全Personインスタンスがリストとして得られます。ここから1つずつPersonを取り出し、必要なデータをリストにまとめていきます。

```
data = []
for p in people:
  data.append(str(p.id) + ':' + str(p.full_name))
```

ここでは、「ID:名前」というテキストを作ってリストに追加しています。IDはid属性、名前（フルネーム）はfull_nameという属性で得ることができます。

こうしてIDと名前のリストができたら、それを使ってリストダイアログを呼び出します。

```
result = dialogs.list_dialog(title='All people', items=data)
```

これで、タッチした項目のテキストが戻り値としてresultに代入されます。ここからIDの値を取り出します。テキストの「split」というメソッドでテキストを分割すればいいでしょう。

▼テキストを分割する

```
変数 = テキスト .split( 区切り文字 )
```

テキストも、テキストのクラス（strクラス）のインスタンスです。ですから、その中にあるメソッドを呼び出して利用できるのです。splitは、テキストを決まった文字で区切って配列にして返すメソッドです。

これを使い、「：」記号でテキストを分解して取り出します。

```
(id, fname) = result.split(':')
```

これで、分割して最初のIDの値を変数idに取り出します。後は、これを使ってPersonインスタンスを取り出すだけです。

```
person = contacts.get_person(int(id))
```

get_personでは、引数はID番号の整数値なので、intに変換して指定しています。こうしてPersonを取り出したら、そこから必要な値を利用するだけです。流れとしてはそう難しいものではありませんね。

名前で検索する

必要な連絡先を得る方法は、「ID番号で取り出す」という他に、「名前で検索する」という方法も用意されています。これは、「find」という関数で以下のように利用します。

▼名前で検索する

```
変数 = contacts.find( テキスト )
```

引数には、検索テキストを指定します。このfindは、名前の値が引数のテキストで始まる連絡先を検索し、Personのリストとして返します。例えば「山田」で検索をすれば、山田太郎も山田花子も、「山田」で始まる名前のものがすべて検索されます。

では、これも利用例を挙げておきましょう。onAction関数を以下のように書き換えてください。

▼リスト5-19

```
def onAction(sender):
  people = contacts.find(field.text)
  data = []
  for p in people:
    data.append(p.full_name)
  label.text = '\n'.join(data)
```

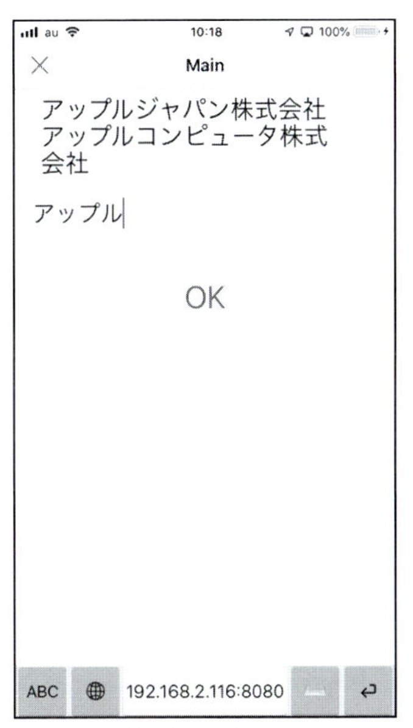

図5-19：検索テキストを記入しボタンをタッチすると、そのテキストで始まる名前のデータを検索する。

実行したら、まず入力フィールドに検索するテキストを記入してボタンをタッチします。すると、そのテキストで始まる連絡先の名前がLabelに表示されます。

ここでは、以下のようにして検索を実行していますね。

```
people = contacts.find(field.text)
```

これで、peopleにPersonのリストが代入されます。後は繰り返しを使って、そこから順に名前（full_name）の値を取り出していき、それをlabelに表示するだけです。

Personクラスの属性について

連絡先の利用は、検索の方法などよりも、検索して得られた「Person」というクラスのインスタンスからどのような値をどう取り出すか、にかかってきます。

このPersonの属性は、かなり複雑な形をしているものもあります。ここで、主なものの使い方を整理しておきましょう。

- id

それぞれのPersonに自動的に割り振られるID番号です。これは変更不可です。

- full_name/first_name/middle_name/last_name/nickname

名前のデータです。名前は、first_name、middle_name、last_nameの３つの値として保管されています。それらをつなげたfull_nameもあります。またニックネームを登録した場合、nicknameで取り出すことができます。

この他、それぞれの属性名の後に「_phonetic」を付ける属性で読みがなを得ることができます。例えばfirst_name_phoneticで、ファーストネームの読みがなが得られます。

- birthday

誕生日のデータです。datetimeオブジェクトとして値が保管されています。

- creation_date/modification_date

作成日および最終更新日のデータです。これらは連絡先に用意されているデータではなく、連絡先の作成や編集時に自動的に保管されているものです。これらもdatetimeオブジェクトして用意されています。

- organization/department

組織名と役職。organizationは、連絡先では「会社」として用意されている項目になります。departmentは役職名に相当します。

- note

メモです。テキストとして値が得られます。

• address

住所のデータです。登録された住所をまとめたデータのリストになっています。住所のリストには、住所の種類（自宅や勤務先など）を示す値と住所データのタプルの形で保管されています。

住所データの辞書は以下のような形になっています。

```
[
    Street：通り，
    ZIP：郵便番号，
    City：郡 / 市区，
    CoutryCode：国別コード，
    State：都道府県，
    Country：国
]
```

• email

メールアドレスのデータです。これもリストの形になっています。個々のデータは、アドレスの種類を示す値とメールアドレスのタプルの形で保管されています。

• phone

電話番号のデータです。これもリストとして保管されています。個々のデータは、電話番号の種類を示す値と電話番号のテキストのタプルになっています。

• social_profile

ソーシャルプロフィールのデータです。これもリストになっており、個々のデータは種類を示す値とプロフィール名のタプルになっています。

Personの作成・削除

contactsには新しい連作先を作成したり、既にある連絡先を削除したりする機能も用意されています。以下のような関数を利用します。

▼新しい連絡先の追加

```
contacts.add_person(《Person》)
```

▼連絡先の削除

```
contacts.remove_person(《Person》)
```

▼連絡先の保存

```
contacts.save()
```

add_personはPersonを連絡先に追加し、remove_personはPersonを連絡先から取り除きます。ただし、これらを実行しただけでは連絡先は変更されません。実行後、saveを実行して保存することで連絡先が更新されます。

Personインスタンスの作成

これらの関数そのものは別に難しいものではありません。問題は、「Personインスタンスをどうやって用意するか」でしょう。

remove_personで削除をする場合は、そう大きな問題にはなりません。既にget_personやfindでPersonインスタンスを取り出すことはできますから、それらで削除したいPerson取得し、remove_personすればいいでしょう。

が、連絡先を追加する場合はそうはいきません。新たにPersonインスタンスを作成する必要があります。インスタンスを作成後、個々の属性を設定していかなければいけません。これがけっこう大変です。

▼Personインスタンスの作成

```
変数 = Person()
```

▼Personの属性設定

```
《Person》.first_name = テキスト
《Person》.middle_name = テキスト
《Person》.last_name = テキスト
……略……
```

このように、Personインスタンスに１つ１つ値を設定していく必要があります。ただし、こうした属性はすべて用意しなければいけないわけではありません。必要な項目だけ用意しておけばPersonインスタンスを作成し、保存することができます。

Personの属性は、名前などは単にテキストを指定するだけですが、phoneやemail、addressといったものは、それぞれのデータをリストにまとめたものを設定しなければいけません。これらは正しい形式で値を用意しなければ、値としてうまく設定できないので注意が必要です。

新しい連絡先を保存する

実例を見ながら説明していくことにしましょう。onAction関数を以下のように修正してください。

▼リスト5-20

```
def onAction(sender):
  name_field = {'title':'Name', 'type':'text', 'key':'name'}
  mail_field = {'title':'Mail', 'type':'email', 'key':'mail'}
  tel_field = {'title':'Tel', 'type':'text', 'key':'tel'}
```

```
zip_field = {'title':'Zip', 'type':'text', 'key':'zip'}
state_field = {'title':'State', 'type':'text', 'key':'state'}
city_field = {'title':'City', 'type':'text', 'key':'city'}
street_field = {'title':'Address', 'type':'text', 'key':'street'}

fields = [name_field, mail_field, tel_field, zip_field, \
  state_field, city_field, street_field]
sections = [
  ('Name', [name_field]),
  ('Tel', [tel_field]),
  ('Mail', [mail_field]),
  ('Address', [zip_field, state_field, city_field, street_field])
]
result = dialogs.form_dialog(title="input form:", \
  fields= fields, sections=sections)

if result is not None:
  person = contacts.Person()
  person.nickname = field.text
  person.first_name = result['name']
  person.email = [(contacts.HOME, result['mail'])]
  person.phone = [(contacts.MAIN_PHONE, result['tel'])]

  person.address = [(contacts.HOME, {
    contacts.ZIP:result['zip'],
    contacts.COUNTRY_CODE:'jp',
    contacts.COUNTRY:'Japan',
    contacts.STATE:result['state'],
    contacts.CITY:result['city'],
    contacts.STREET:result['street']
    })]

  contacts.add_person(person)
  contacts.save()
  label.text = 'Create new Person!'
else:
  label.text = 'Canceled.'
```

入力フィールドにニックネームを書いてからボタンをタッチしてください。画面にフォームダイアログが現れます。ここで、名前、電話番号、メールアドレス、住所といった項目を記入し、右上の「Done」をタッチすると、その内容で連絡先が作成されます。

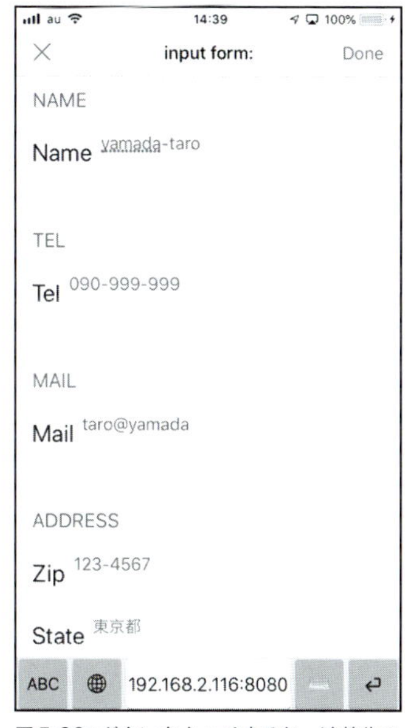

図5-20：ボタンをタッチすると、連絡先の項目がフォームダイアログで現れる。

作成後「連絡先」アプリを起動して、記入した内容の連絡先が作成されているか確認をしてください。

図5-21：新たに作成された連絡先。名前、電話番号、メールアドレス、住所といったものが設定されている。

電話番号・メールアドレス・住所のデータ

実行している処理の内容をチェックしましょう。スクリプトの前半は、フォームダイアログの準備とその呼出のためのものです。まず、必要なフィールドの情報をそれぞれ変数に保管しておき、それらを元にform_dialogを呼び出します。

```
result = dialogs.form_dialog(title="input form:", fields= fields, sections=sections)
```

呼び出したフォームダイアログの結果は、これで変数resultに代入されます。ここからが、今回の最大の難関部分に入ります。

まず、簡単な部分を済ませましょう。Personインスタンスを作成し、名前関係を設定します。

▼Personインスタンスの作成

```
person = contacts.Person()
```

▼ニックネームと名前の設定

```
person.nickname = field.text
person.first_name = result['name']
```

nicknameは、fieldの値を指定します。また名前は、今回はfirst_nameに設定しました。名前で注意したいのは、「full_nameには設定できない」という点です。full_nameは、first_name、middle_name、last_nameから自動的に設定されます。ですから、1つだけ名前を設定するなら、first_nameに設定しておくようにしましょう。

▼メールアドレスの設定

```
person.email = [(contacts.HOME, result['mail'])]
```

メールアドレスはemail属性に設定されていますが、複数のメールアドレスが保管できるようにリストの形になっています。リストにまとめるメールアドレスのデータは、（ 種類 , メールアドレス ）という形のタプルになります。

この種類は、contactsに用意されている定数を使って設定します。ここでは、contacts.HOMEを指定しています。これは「自宅」に相当する値です。そして、resultからmailの値を取り出してメールアドレスの値として利用します（定数については後述します）。

▼電話番号の設定

```
person.phone = [(contacts.MAIN_PHONE, result['tel'])]
```

これも、やはり複数の電話番号が登録できるようリストになっています。値は、（ 種類 , 電話番号 ）という形のタプルになります。種類は、やはりcontactsに用意されている定数を使います。ここでは、contacts.MAINという値を使っています。メインで使う電話番号（主番号）を示す値です。

▼住所の設定

```
person.address = [(contacts.HOME, {
  contacts.ZIP:result['zip'],
  contacts.COUNTRY_CODE:'jp',
  contacts.COUNTRY:'Japan',
  contacts.STATE:result['state'],
  contacts.CITY:result['city'],
  contacts.STREET:result['street']
  })]
```

これが最大の難関でしょう。住所もリストになっていて、そのリストに保管される値は（ 種類 , 住所データ ）というタプルになっています。種類にはcontactsの定数を利用し、ここでは自宅を示すcontacts.HOMEを指定しています。問題は、住所データが非常に複雑であるという点です。これは辞書になっていますが、辞書のキーにcontactsで用意されている定数を指定して値を用意していきます。住所の項目は非常に多いため、こんなわかりにくい形になってしまうのです。

住所の項目さえきっちりと押さえて辞書データを用意できれば、そう難しいわけではありません。「項目の多さ」が複雑に見えてしまうのですね。

▼連絡先を追加し保存する

```
contacts.add_person(person)
contacts.save()
```

ひと通りの設定ができたら、作成したPersonインスタンスをadd_personで連絡先に追加し、saveで保存をします。これで連絡先が作成できました！

Personの種類で使う定数について

Personインスタンスの作成は、個々の属性に値を設定して作ります。このとき、重要になるのが「種類を示すcontactsの定数」をよく頭に入れておく、ということです。定数は、すべて暗記する必要はまったくありませんが、どういうものが用意されているかぐらいは知っておいたほうがよいでしょう。

以下に、属性の種類として使われる定数を整理しておきましょう。

▼自宅／職場／その他

```
contacts.HOME
contacts.WORK
contacts.OTHER
```

これらは、電話番号、メールアドレス、住所などで利用される、もっとも基本的な定数です。とりあえずこの3つだけ知っていれば、基本的な属性の設定は行えるでしょう。

▼電話番号用

```
contacts.IPHONE
contacts.MAIN_PHONE
contacts.HOME_FAX
contacts.WORK_FAX
contacts.OTHER_FAX
contacts.PAGER
```

電話番号の種類として使われるものです。iPhoneの番号、主番号、自宅/職場/その他のFAX、ページャ(ポケベル)が用意されています。この他、HOME、WORK、OTHERも使えます。

▼住所の項目

```
contacts.STREET
contacts.CITY
contacts.STATE
contacts.ZIP
contacts.COUNTRY
contacts.COUNTRY_CODE
```

住所では、一般的な種類としてはHOME、WORK、OTHERが使われますが、住所のデータを辞書にまとめる際、その項目名（キー）としてこれらの定数が使われます。日本ではSTATEが都道府県、CITYが郡/市区、STREETがそれ以降の住所として使われます。

Chapter 5 5.4. その他のiOS機能

ノーティフィケーションセンターの利用

その他のiOS関連機能についても、主なものをピックアップして説明していきましょう。まずは、ノーティフィケーションセンターについてです。

ノーティフィケーションセンターというのは、アプリからのメッセージを表示する機能のことですね。メッセージなどが届くとiPhoneの待受に表示される、あれです。このノーティフィケーションセンターのメッセージは、「notification」というモジュールに機能が用意されています。

```
import notification
```

スクリプトの冒頭にこのように記述しておくことで、ノーティフィケーションセンターの機能が使えるようになります。

ノーティフィケーションのメッセージを表示するのは、「schedule」というメソッドです。引数がいくつかありますが、もっともシンプルな使い方は以下のようになります。

▼メッセージを表示する

```
notification.schedule( テキスト )
```

引数にテキストを指定して実行するだけで、メッセージを表示させることができます。実際に試してみましょう。onAction関数を以下のように書き換えます。なお、スクリプトの冒頭に「import notification」を追記するのを忘れないでください。

▼リスト5-21

```
def onAction(sender):
  notification.schedule(field.text)

(import notification を追記しておくこと)
```

入力フィールドにテキストを記入してボタンをタッチすると、その場でメッセージが表示されます。アラートと同じような感覚で使えるのですね。

ノーティフィケーションセンターのメッセージは、メッセージを送信したアプリが選択されたままだと、このようにアラートとして表示されます。

図5-22：入力フィールドにメッセージを書いてボタンをタッチするとメッセージが表示される。

タイムラグを指定する

では、ノーティフィケーションセンターにメッセージを表示させるにはどうすればいいのでしょうか。これはメッセージ表示が行われる際、アプリが選択されていない状態になっている、というのが条件です。そうなっていると、メッセージはアラートとしてではなく、ノーティフィケーションセンターに追加されます。

そのためには関数を呼び出し後、少し時間がたってからメッセージの表示を行う必要があります。

▼メッセージを表示する

```
notification.schedule( テキスト , 秒数 )
```

第2引数に、メッセージが表示されるまでの秒数を整数値で指定します。例えば10と指定すれば、実行してから10秒後にメッセージが表示されるわけです。

では、試してみましょう。

▼リスト5-22

```
def onAction(sender):
  notification.schedule(field.text, 10)
```

スクリプトを実行したら、入力フィールドにメッセージを記入してボタンをタッチします。そしてすぐにPythonista3を終了するか、あるいはiPhoneをスリープさせましょう。すると、10秒経過したところでメッセージが表示されます。このメッセージをタッチすると、Pythonista3が起動します。

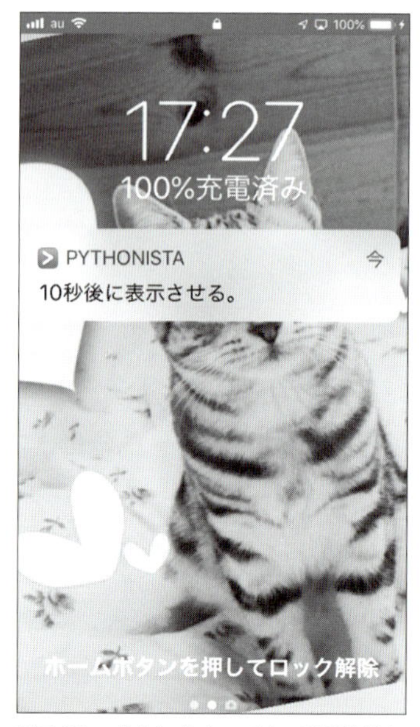

図5-23：ボタンをタッチして10秒後にメッセージが表示される。

実際にやってみるとわかりますが、notification.scheduleを実行後、スクリプトを終了していても（さらには、Pythonista3を終了していても！）、時間が経てばちゃんとメッセージが表示される、という点です。notification.scheduleを呼び出した時点で、ノーティフィケーションセンターにメッセージが登録されるため、スクリプト自体が起動している必要はないのです。

メッセージのキャンセル

メッセージセンターに送信したメッセージはそこに蓄えられ、一定時間が経過したところで表示を行います。したがって、実際に表示される前ならば、送信したメッセージをキャンセルすることも可能です。

▼すべてのメッセージをキャンセルする

```
notification.cancel_all()
```

▼指定のメッセージをキャンセルする

```
notification.cancel( メッセージデータ )
```

cancel_allは、Pythonista3のスクリプトから送信されたすべてのメッセージをリストとして取り出します。cancelは、引数に指定したメッセージデータをノーティフィケーションセンターから取り除きます。

また、あらかじめノーティフィケーションセンターに追加されているメッセージを調べたい場合は、「get_scheduled」を利用します。

▼メッセージ情報を取得する

```
変数 = notification.get_scheduled()
```

これで、インフォメーションセンターに保管されているメッセージ情報が得られます。この戻り値は、メッセージ情報のリストになっています。それぞれのメッセージ情報は以下のような辞書データになります。

▼メッセージデータの内容

```
{
  message: メッセージ ,
  fire_date: 時間 ,
  action_url: アクションURL ,
  sound_name: サウンド名
}
```

これらの情報を元に、メッセージがスケジューリングされています。fire_dateはdatetimeではなく、呼び出される日時を表した数値（タイムスタンプ）になります。

未入力ならメッセージをキャンセル

では、これも試してみましょう。onAction関数を修正し、入力フィールドの値によってメッセージの追加と削除の両方が扱えるようにしてみます。

▼リスト5-23

```
def onAction(sender):
  msg = field.text
  if msg == '':
    info = notification.get_scheduled()
    if len(info) > 0:
      notification.cancel(info[-1])
      label.text = 'Canceled.'
    else:
      label.text = 'no-info message.'
  else:
    notification.schedule(field.text, 60)
    label.text = 'メッセージを送信しました。'
```

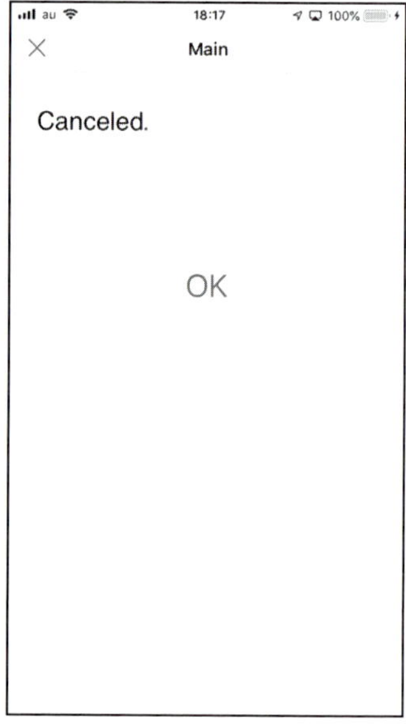

図5-24：入力フィールドに入力せずボタンをタッチすると、最初のメッセージが取り除かれる。

ここでは、入力フィールドにメッセージを書いてボタンをタッチすると、1分後にメッセージが表示されるようスケジュールされます。

入力フィールドを空にしてボタンをタッチすると、既に追加されているメッセージから一番最後のものをキャンセルします。

ここではfield.textが空の場合、まずスケジュールデータを取り出しています。

```
info = notification.get_scheduled()
```

infoのリストの項目数がゼロではない（つまり、メッセージがある）ことを確認した上で、最後のメッセージをキャンセルします。

```
if len(info) > 0:
  notification.cancel(info[-1])
```

非常に簡単にメッセージのキャンセルができることがわかるでしょう。

なお、get_scheduledで管理できるのは「そのアプリ自身のメッセージ」のみです。つまり、Pythonista3によって追加されたメッセージのみで、他のアプリのメッセージは操作できません。

アクションURLを利用する

get_scheduledでは、メッセージデータは辞書の形になっていましたが、その中で「action_url」という値が用意されていたのに気がついた人もいるでしょう。これは、メッセージをタッチしたときに実行する処理（アクション）をURLで指定するためのものです。

iOSでは、URLスキーマと呼ばれるものを使ってアプリを起動するなどのアクションを実行させることができます。action_urlはこの機能を利用するものです。schedule関数を実行する際、「action_url」という引数を用意することで設定できます。

この機能を使ってどんなことができるのか、簡単な例を挙げておきましょう。onAction関数を以下のように修正してください。

▼リスト5-24

```
def onAction(sender):
  msg = field.text
  if msg == '':
    msg = 'None'
  notification.schedule(field.text, 10, action_url='sms:' \
    + field.text)
  label.text = 'メッセージを送信しました。'
```

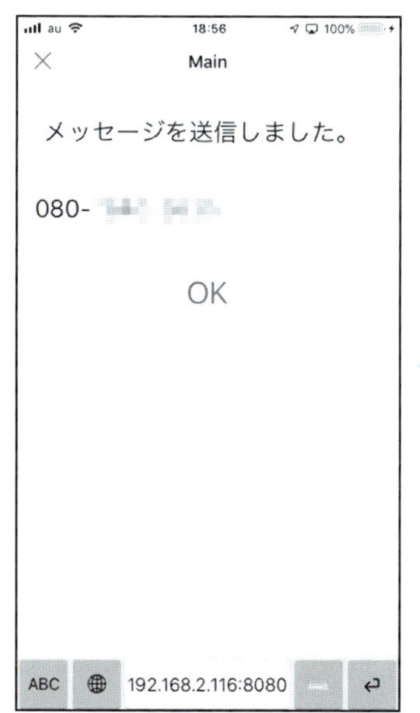

図5-25：入力フィールドに携帯電話番号を記入し、ボタンをタッチする。

実行したら、入力フィールドに携帯電話の番号を記入してボタンをタッチしましょう。10秒経過するとメッセージが表示されます。そのメッセージをタッチすると「メッセージ」アプリが起動し、入力した電話番号のメッセージが表示されます。

ここでは、以下のようにしてメッセージをスケジューリングしています。

```
notification.schedule(field.text, 10, action_url='sms:' + field.text)
```

action_urlには「sms:○○」というように値が設定されていますね。これがURLスキーマで、'sms:○○'はメッセージアプリを開き指定の宛先にメッセージを送信する画面を呼び出します。こんな具合に、非常に簡単に他のアプリを操作できるのです。

ただし、そのためには「どういうURLスキーマが用意されているのか」を知っておかないといけません。

誰でもすぐに使えるのは、WebサイトのURL（http://○○といったもの）でしょう。これをaction_urlに指定すればWebブラウザが起動し、そのアドレスを開きます。

また、'mailto:アドレス'というURLスキーマはメールアプリを起動し、指定のアドレスに送る新規メールを作成します。

これらはiOSの機能というわけではなく、Webブラウザなどで一般的に広く使われているURLスキーマです。これらを覚えておくだけでもけっこう便利な使い方ができますね。

iOSに標準で用意されているアプリのURLスキーマについては、アップルのデベロッパーサイトに情報があります。そちらを参照してください。

https://developer.apple.com/library/archive/featuredarticles/iPhoneURLScheme_Reference/Introduction/Introduction.html
（短縮URL　https://apple.co/2KB2Hqa）

リマインダーの利用

次は、「リマインダー」について考えてみましょう。リマインダーを利用するための機能は、「reminders」というモジュールとして用意されています。これを利用するためには、以下のような形でモジュールをインポートしておきます。

```
import reminders
```

remindersモジュールには、リマインダーのクラス「Reminder」が用意されています。このインスタンスを作成し、タイトルを設定して保存すれば、新たにリマインダーを追加することが簡単にできるのです。

▼Reminderインスタンスの作成

```
変数 = reminders.Reminder()
```

▼タイトルの設定

```
《Reminder》.title = テキスト
```

▼Reminderの保存

```
《Reminder》.save()
```

とりあえず、「Reminderインスタンス作成」「title属性の設定」「saveメソッドの実行」という３つさえわかれば、新しくリマインダーを作って保存することができるようになります。

リマインダーを作る

リマインダーを使ってみましょう。例によって、onAction関数を書き換えます。その前に、スクリプトの冒頭に「import reminders」を追記しておくのを忘れないように。

▼リスト5-25

```
def onAction(sender):
  r = reminders.Reminder()
  r.title = field.text
  r.save()
  label.text = 'リマインダを設定しました。'

(import reminders を追記しておく)
```

実行したら、入力フィールドにメッセージを書いてボタンをタッチしましょう。これで、入力したメッセージがリマインダーとして登録されます。

図5-26：メッセージを書いてボタンをタッチすると、リマインダーに登録される。

実行後、「リマインダー」アプリを開いて、リマインダーが保存されていることを確認しましょう。

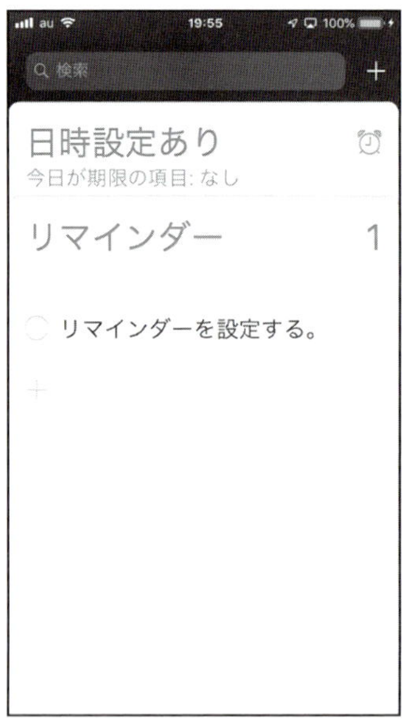

図5-27：リマインダーを開いたところ。確かにメッセージが登録されている。

ここで行っていることは、先ほどの3つの作業をそのまま実行するだけのシンプルなものです。このようになっていますね。

▼Reminderインスタンスの作成

```
r = reminders.Reminder()
```

▼タイトルの設定

```
r.title = field.text
```

▼保存する

```
r.save()
```

改めて説明するまでもないくらい、単純な操作です。たったこれだけでリマインダーが使えるようになるなんて、実に便利ですね！

アラームを追加する

ただし、こうやって作られたリマインダーはテキストが表示されるだけのものです。「リマインダー」というからには、決まった日時にアラームを設定できないと意味がありません。

アラームの設定は、remindersモジュールの「Alarm」というクラスとして用意されています。以下のようにしてインスタンスを作成し、アラームの日時を指定します。

▼Alarmインスタンスの作成

```
変数 = reminders.Alarm()
```

▼日時の設定

```
《Alarm》.date = 《datetime》
```

アラームは、まずAlarmインスタンスを作成し、そのdate属性にdatetimeインスタンスを使って日時の情報を設定します。これで、指定した日時に発生するアラームが作成できます。

後は、これをReminderインスタンスに設定するだけです。

▼アラームの設定

```
《Reminder》.alerm = [《Alarm》, ……]
```

アラームは、Reminderクラスの「alarm」という属性に設定されます。注意したいのは、Alarmのリストとして値を設定する、という点です。Reminderでは複数のアラームを設定できます。したがって、値はリストでなければいけないのです。

明日のアラームを作成する

実際に例を挙げておきましょう。onAction関数を以下のように書き換えて、動作を確かめましょう。

▼リスト5-26

```
def onAction(sender):
  r = reminders.Reminder()
  r.title = field.text
  alm = reminders.Alarm()
  alm.date = datetime.datetime.now() + datetime.timedelta(days=1)
  r.alarms = [alm]
  r.save()
  label.text = 'リマインダを設定しました。'
```

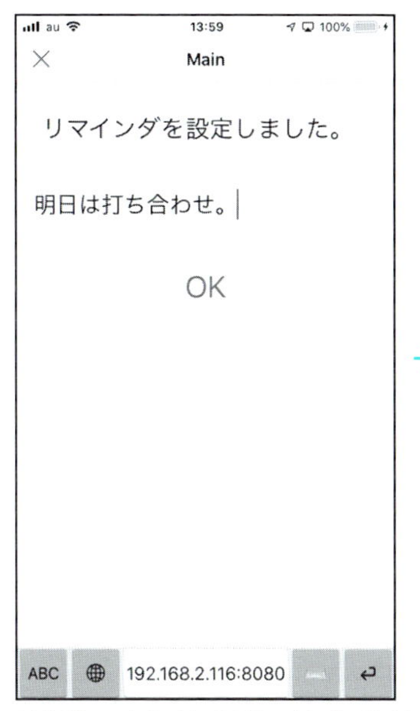

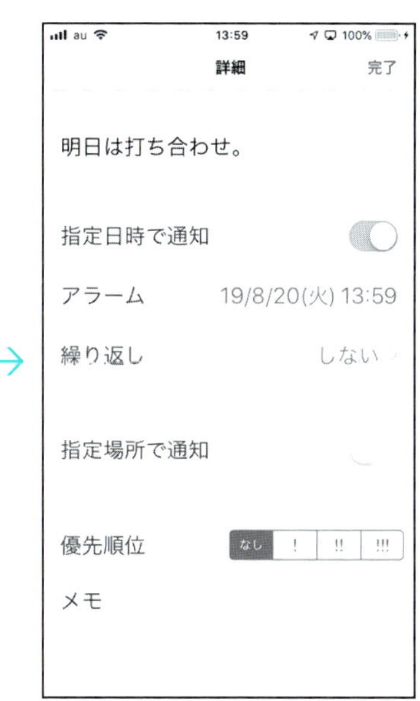

図5-28:スクリプトでのリマインダー作成と、実際に作成されたリマインダーの設定内容。

実行したらテキストを記入し、ボタンをタッチしてアラームを作成します。そして「リマインダー」アプリを起動してください。作成したリマインダーが追加されているのがわかるでしょう。

そのリマインダーの編集画面を呼び出し、24時間後の日時がアラームとして設定されているのを確認しましょう。

ここではReminderインスタンス作成後、Alarmインスタンスを作り、明日の日時をdatetimeインスタンスとして用意してdateに設定しています。

```
alm = reminders.Alarm()
alm.date = datetime.datetime.now() + datetime.timedelta(days=1)
r.alarms = [alm]
```

明日の日時は、nowで得られたdatetimeインスタンスにdatetime.timedeltaで1日後の日時を設定したものを用意しています。こんな具合に、datetimeとtimedeltaを組み合わせることで一定時間後の日時にアラームを設定できます。

Alarmのdateの値は、Pythonのdatetimeをそのまま利用できます。また、datetime_dialogなどの日時系ダイアログでも得ることができますから、これらを組み合わせてアラームの日時を設定すればいいでしょう。

リマインダーの削除

既に作成してあるリマインダーの削除はどう行うのでしょうか。remindersモジュールにはすべてのリマインダーを取り出したり、リマインダーを削除する機能が用意されています。が、「特定のリマインダーを検索して取り出す」という機能は実装されていません。ですから、用意されている機能を組み合わせて対処するしかありません。

▼すべてのリマインダーを得る

```
変数 = reminders.get_reminders()
```

▼リマインダーを削除する

```
reminders.delete_reminder(《Reminder》)
```

リマインダーの編集に使えそうな関数はこれぐらいです。したがって、すべてのリマインダーを取り出し、そこから繰り返しを使って1つ1つのリマインダーの内容をチェックし、削除するリマインダーを探してdelete_reminderするしかないでしょう。

リマインダーを削除する

では、リマインダーの削除を行ってみましょう。onAction関数を以下のように修正してください。

▼リスト5-27

```
def onAction(sender):
  data = reminders.get_reminders()
  rname = []
  for datum in data:
    rname.append(datum.title)
  res = dialogs.list_dialog(title="select reminder", items=rname)
  if res is not None:
    for datum in data:
      if datum.title == res:
        reminders.delete_reminder(datum)
        label.text = '"' + res + '" を削除しました。'
  else:
    label.text = 'Canceled.'
```

図5-29：リストダイアログから削除するリマインダーを選択すると、それが削除される。

ボタンをタッチすると、登録されているリマインダーがリストダイアログに一覧表示されます。ここから削除したいものをタッチすると、そのリマインダーが削除されます。

ただし、ここではリマインダーのtitle（表示されるテキスト）で削除する対象を検索しているので、まったく同名のtitleを持つリマインダーが複数あると最初のものを削除してしまいますので、注意してください。

最初に、すべてのリマインダーを変数に取り出しておきます。

```
data = reminders.get_reminders()
```

続いて、リストダイアログに表示するため、全リマインダーのtitleをリストに取り出していきます。

```
for datum in data:
  rname.append(datum.title)
```

これで、rnameに全リマインダーのtitle属性がまとめられました。これを使って、リストダイアログを表示します。

```
res = dialogs.list_dialog(title="select reminder", items=rname)
```

タッチしたtitleが変数resに代入されます。リマインダーのリストdataから繰り返し処理でリマインダーを取り出し、そのtitleがresと等しいものを探してdelete_reminderします。

```
for datum in data:
  if datum.title == res:
    reminders.delete_reminder(datum)
```

これで、リストダイアログで選択したtitleのリマインダーが削除できました。特定のリマインダーをIDなどで直接取り出すための関数がないため、繰り返しを使って探していくという方法をとっていますが、リマインダーはそれほど多量のものが蓄積されていることはないので、このやり方が問題となることはそう多くはないでしょう。

実行済みかどうかの処理

リマインダーには「実行済み」のチェックがあります。まだ実行済みでないものを実行済みにしたり、既に実行済になっているものをまだ済んでない状態に戻したりすることも可能です。

これは、「completed」という属性を使います。completedは真偽値の値で、Trueならば実行済み、Falseならば実行済みでない、ということを表します。また、リマインダーを取得するget_reminders関数にも、実行済みに関するオプション引数が用意されています。

▼すべてのリマインダーを得る

```
変数 = reminders.get_reminders(completed=真偽値 )
```

このようにcompleted引数を指定することで、実行済みのものだけを取り出したり、実行済になっていないものだけを取り出したりできます。

リマインダーを実行済みにする

では、先ほどのサンプルを修正して、選択したリマインダーを実行済みに変更するようにしてみましょう。

▼リスト5-28

```
def onAction(sender):
  data = reminders.get_reminders(completed=False)
  rname = []
  for datum in data:
    rname.append(datum.title)
  res = dialogs.list_dialog(title="select reminder", \
    items=rname)
  if res is not None:
    for datum in data:
      if datum.title == res:
        datum.completed = True #☆
        datum.save() #☆
        label.text = '"' + res + '" を実行済みにしました。'
  else:
    label.text = 'Canceled.'
```

図5-30：リストダイアログから項目を選ぶ。リマインダーで確認すると、実行済みに変わっている。

ボタンをタッチすると、実行済になっていないリマインダーのリストが表示されます。ここから項目を選ぶと、その項目が実行済みに変わります。「リマインダー」アプリを起動して、選択した項目が実行済みに変わっていることを確認しましょう。

今回はリマインダーのリストを取り出す際、以下のようにして実行済みでないものだけを取り出すようにしています。

```
data = reminders.get_reminders(completed=False)
```

そして、リストダイアログで選択したtitleのリマインダーを取り出したら、そのcompletedを修正して保存します(リストの☆マークの部分)。

```
datum.completed = True
datum.save()
```

リマインダーのcompletedをTrueにすれば実行済みになります。ただしそれだけではダメで、修正したらsaveメソッドで保存しないといけません。これを忘れると修正が反映されないので注意しましょう。

現在地点を調べる

iPhoneにはGPSが搭載されており、現在の位置をリアルタイムに得ることができます。この位置に関する情報は、「location」というモジュールに用意されています。このモジュールでもっとも基本となるのは「現在地点を調べる」という関数です。

▼現在地点の情報を得る

```
変数 = location.get_location()
```

非常に単純ですね。get_locationの戻り値は辞書になっています。この辞書の中に、位置に関するデータが保管されています。その中から以下の3つの値を取り出して利用します。

latitude	緯度に関する値です。
longitude	経度に関する値です。
altitude	高度に関する値です。

これらはいずれも実数値になっています。get_locationは、ただ呼び出しさえすればGPSデータを取得できます。一定時間、定期的に現在地の情報を扱うような場合は明示的に更新を開始し、処理が不要になったら停止するようにしておくとよいでしょう(GPSの更新を放っておくとバッテリを消費しますから)。

▼更新の開始

```
location.start_updates()
```

▼更新の停止

```
locaiton.stop_updates()
```

これらは必須ではありません。start_updatesを実行しなくとも、ただget_locationするだけで現在地点の値は得ることができます。これは、連続してGPSを利用するような際に更新を制御するためのものと考えておけばいいでしょう。

では、簡単な利用例を挙げておきましょう。onActionを書き直します。

▼リスト5-29

```
def onAction(sender):
  location.start.updates()
  loc = location.get_location()
  label.text = '緯度：' + str(loc['latitude']) + '\n経度：' + \
    str(loc['longitude']) + '\n高度：' + str(loc['altitude'])
  location.stop_updates()

(import location を追記しておくこと)
```

ボタンをタッチすると、現在地点の緯度経度高度がLabelに表示されます。ここでは、get_locationで取得した値から必要な値を取り出しテキストにまとめているだけですが、このように、非常に簡単に現在地点の情報を得ることができるのです。

図5-31：ボタンをタッチすると、現在地点の情報が表示される。

機器の動きを調べる

iPhoneには、機器の「動き」に関するセンサーも用意されています。先にシーンとスプライトを利用するところで機器の傾きに関する機能を使いましたが、シーンを利用しなくとも、こうした機能は使えます。それは、「motion」というモジュールを利用するのです。

▼重力を得る

```
変数 =motion.get_gravity()
```

重力の値を得るものです。x, y, zの各方向の重力の値を調べます。３つの値のタプルになります。要するに、重力を３方向のベクトルに分解した値と考えればいいでしょう。

各値は０～ 1.0の実数になります。例えばiPhoneを机などの上においた状態だと、値は (0, 0, -1.0) に限りなく近くなります。垂直に立てた状態なら、(0, -1.0, 0) に限りなく近づくでしょう。

▼傾きを得る

```
変数 = motion.get_attitude()
```

機器の向きを得るものです。これもx, y, zの３方向の角度を示す実数値のタプルになります。

これらは呼び出せばその場で値が得られますが、長い時間連続して値を取得するような場合には、locationと同様に明示的に更新の開始・停止を行うようにしたほうがよいでしょう。

▼更新の開始

```
motion.start_updates()
```

▼更新の停止

```
motion.stop_updates()
```

機器の傾き具合を調べたいなら、get_attitudeで得られた値の、最初の２つの値（x軸とy軸の傾き）を得ればよいでしょう。

では、利用例を挙げておきましょう。

▼リスト5-30

```
def onAction(sender):
  motion.start_updates()
  result = motion.get_attitude()
  label.text = str(result)
  motion.stop_updates()

(import motion を追記しておくこと)
```

ボタンをタッチすると、３方向の傾きを表す値がLabelに出力されます。iPhoneを水平においた状態でタッチすると、最初の２つの値（x, y軸）が、いずれもゼロに近い状態となることがわかるでしょう。その状態から少しずつiPhoneを立てていくと、値が変化していくのがわかります。

図5-32：ボタンをタッチすると、３方向の傾きが数値で表示される。

ここではstart_updatesした後、get_attitudeで得た値をそのままLabelに表示しているだけです。このmotionの機能自体は、単体で使うことはあまりないはずです。何かのプログラムを作成している中で、iPhoneの状態をチェックする必要が生じたときに使うものと考えましょう。

クリップボードの利用

クリップボードは、テキストなどを他のアプリとやり取りするのに利用されるものですね。これは、「clipboard」というモジュールとして用意されています。テキストをクリップボードとやり取りするのは非常に簡単です。「get」「set」の関数を覚えるだけです。

▼クリップボードのテキストを得る

```
変数 = clipboard.get()
```

▼クリップボードにテキストをコピーする

```
clipboard.set( テキスト )
```

たったこれだけでクリップボードが使えるようになります。

では、試してみましょう。onAction関数を以下のように書き換えてみます。

▼リスト5-31

```
def onAction(sender):
  msg = field.text
  if msg == '':
    field.text = clipboard.get()
    label.text = 'ペーストしました。'
  else:
    clipboard.set(field.text)
    label.text = 'コピーしました。'

(import clipboardを追記しておくこと)
```

図5-33：フィールドにテキストを書いてボタンをタッチすると、そのテキストをコピーする。フィールドを空にしてボタンをタッチすると、フィールドにテキストをペーストする。

入力フィールドにテキストを書いてボタンをタッチすると、そのテキストをクリップボードにコピーします。そしてフィールドを空にしてボタンをタッチすると、クリップボードにあるテキストをフィールドに書き出します。

field.textの値を取り出し、その値が空かどうかでclipboard.getかclipboard.setのいずれかを実行するようにしています。テキストだけなら、こんなに単純に使えるのです。

イメージをコピーするには?

テキストは非常に簡単ですが、では、イメージはどうでしょうか？　イメージをコピーすることはできるのでしょうか？

これもちゃんとできます。イメージのコピーには、それ専用の関数が用意されているのです。

▼クリップボードのイメージを得る

```
変数 = clipboard.get_image()
```

▼クリップボードにイメージをコピーする

```
clipboard.set_image(《PIL.Image》)
```

ここで使われるイメージはui.Imageではなく､PIL.Imageのインスタンスです。ui.ImageとPIL.Imageは、少しばかり性質が違いましたね。ui.ImageはUI関連の部品で使うものでしたし､PIL.Imageはイメージピッカーなどのイメージファイルから直接イメージを取り込むときなどに用いられました。

イメージピッカーのイメージをコピーする

では、実際に使ってみましょう。ここではイメージピッカーを利用してイメージを読み込み、コピーしてみます。

▼リスト5-32

```
def onAction(sender):
  asset = photos.pick_asset(title='select picture.')
  img = asset.get_image()
  clipboard.set_image(img)
  label.text = 'イメージをコピーしました。'
  img.show()

(import photos を用意しておくこと)
```

実行すると、イメージピッカーが現れます。ここでイメージを選ぶと、それがクリップボードにコピーされます。

実際にコピーされたか確かめるために、「メモ」アプリを起動して新しいメモを作り、ペーストしてみましょう。イメージピッカーで選択したイメージがペーストされます。

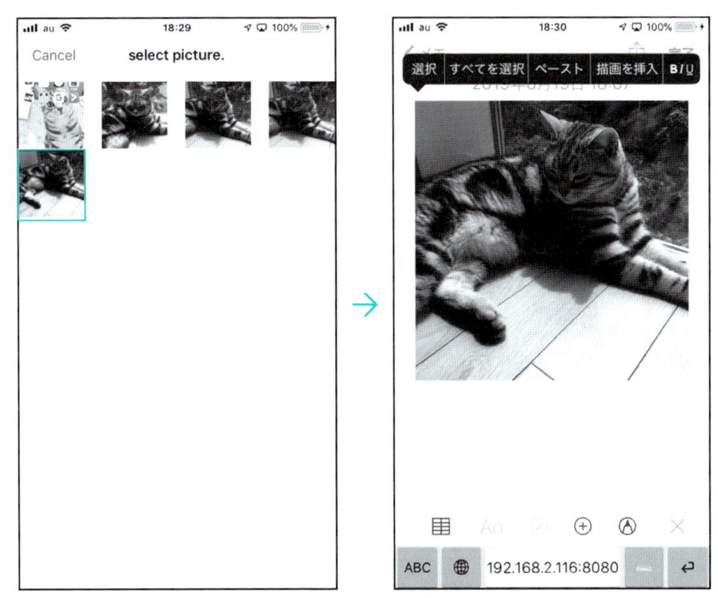

図5-34：イメージピッカーでイメージを選択してコピーする。「メモ」アプリにペーストして、イメージがコピーされたか確認する。

では、ここでの処理の流れを整理しましょう。

▼イメージピッカーでアセットを得る

```
asset = photos.pick_asset(title='select picture.')
```

▼アセットからPIL.Imaeを得る

```
img = asset.get_image()
```

▼イメージをコピーする

```
clipboard.set_image(img)
```

イメージピッカーは、アセット（Asset）としてイメージファイルを取り出しましたね。そこからget_imageでPIL.Imageを取り出します。後は、それをset_imageでクリップボードにコピーするだけです。

ui.Imageをコピーするには?

では、ui.Imageをコピーしたい場合はどうすればいいのでしょうか。これは、ui.ImageをPIL.Imageに変換する作業が必要になります。前に「PIL.Imageをui.Imageに変換する」（277ページ）というのをやりましたが、あれの逆を行うことになります。

では、これもサンプルを作成して説明しましょう。

▼リスト5-33

```
def onAction(sender):
  u_img = ui.Image(field.text)
  png = u_img.to_png()
  with io.BytesIO(png) as b_data:
    img = PIL.Image.open(b_data)
    clipboard.set_image(img)
  label.text = 'イメージをコピーしました。'
  img.show()

(import ui, io, PILを用意しておくこと)
```

図5-35：フィールドにイメージ名を記述しボタンをタッチすると、そのイメージをコピーする。「メモ」にペーストしてコピーされたイメージを確認する。

ここでは、入力フィールドにイメージ名を記述します。例えば、「test:Lenna」と記述してボタンをタッチすると、Pythonista3に用意されているtest:Lennaイメージがui.Imageに読み込まれます。これまでと同様に「メモ」アプリを起動して、新しいメモにイメージをペーストして内容を確認しましょう。

ここでは、ui.ImageからPNGフォーマットのバイナリデータを取り出し、それを元にPIL.Imageを作成しています。

▼ui.Imageを作成する

```
u_img = ui.Image(field.text)
```

▼PNGフォーマットのデータを得る

```
png = u_img.to_png()
```

▼バイナリストリームでデータを生成する

```
b_data = io.BytesIO(png)
```

▼生成されたデータを元にui.Imageを生成する

```
img = PIL.Image.open(b_data)
```

▼クリップボードにイメージを設定する

```
clipboard.set_image(img)
```

決して難しいことをしているわけではないのですが、バイナリストリームというのを使ったり、どういう手順でどういうデータを取り出し利用しているかを考えると混乱してくるでしょう。

これも、サンプルで作成したスクリプトをそのままコピー&ペーストして利用できればOK、ぐらいに割り切って考えましょう。

サウンドの再生

ゲームなどでは、必要に応じてサウンドを再生することもあります。この機能は、「sound」というモジュールに用意されています。

▼サウンドを再生する

```
sound.play_effect( サウンド名 )
```

引数にサウンドの名前を指定して呼び出せば、その音が再生されます。このサウンド名は、コードエディタの右下にある「＋」アイコンをタッチし、現れた画面で「Sounds」を選ぶと、さまざまなサウンドのジャンルがリスト表示されます。

そこから使いたい項目をタッチすると、サンプルとして多数のサウンドデータが現れます。そこから選んだ名前を利用すればいいでしょう。

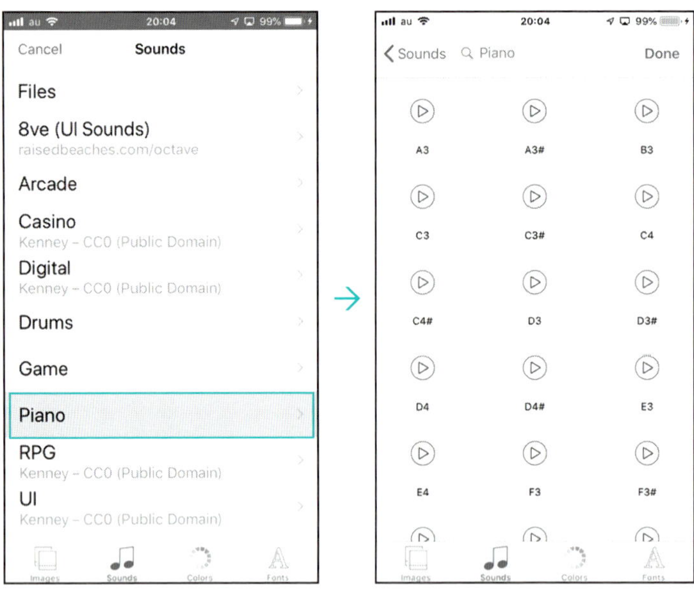

図5-36：コードエディタの「＋」アイコンをタッチして現れた画面で「Sounds」アイコンを選ぶと、ジャンル名のリストが現れる。そこで項目を選ぶと、そのジャンルのサウンドデータが現れる。

サウンドを再生する

簡単な例を挙げておきましょう。onActionを以下のように書き換えて使います。冒頭にimport soundを追記するのを忘れないように。

▼リスト5-34

```
def onAction(sender):
  sname = field.text
  sound.play_effect(sname)
  label.text = '"' + sname + '"を再生しました。'

(import soundを追記すること)
```

図5-37：フィールドにサウンド名を書いてボタンをタッチすると、その音を再生する。

入力フィールドにサウンド名を記入してボタンをタッチすると、そのサウンドを再生します。実際に「piano:A3」と書いてボタンをタッチしてみましょう。ピアノの「ラ」の音がなります。「piano:C3」とすれば「ド」の音がなります。サンプルとしてドレミファソラシドのすべてのサウンドが用意されているので、ちょっとしたサウンドアプリぐらいは作れそうですね。

他にも、ゲームなどで使える効果音も多数揃っています。いろいろな音を鳴らして確かめてみましょう。

音声による読み上げ

サウンドは用意されたサウンドデータを再生するものですが、これとは別に「音声による読み上げ」を行うこともできます。これは、「speech」というモジュールとして用意されています。

speechモジュールにはテキストを読み上げる関数が用意されており、簡単にテキストを喋らせることができるのです。

▼テキストを読み上げる

```
speech.say( テキスト [, 言語] )
```

say関数は引数にテキストを指定するだけで、そのテキストを読み上げます。ただし、デフォルトで話せるのは英語です。日本語のテキストを読み上げるときは第2引数に 'ja-JP' というように、言語の指定を用意する必要があります。

この他、停止や読み上げ中のチェックのための機能も用意されています。

▼読み上げを停止する

```
speech.stop()
```

▼読み上げ中かチェックする

```
変数 = speech.is_speaking()
```

stopは、読み上げをその場で停止します。読み上げ中でない場合もエラーにはなりません。

is_speakingは、読み上げ中であればTrue、そうでなければFalseを返します。

では、利用例を挙げておきましょう。

▼リスト5-35

```
def onAction(sender):
  speech.say(field.text, 'ja-JP')
```

非常に単純なものですね。入力フィールドに日本語のテキストを記入してボタンをタッチすると、それを読み上げます。

外部ファイルをインポートするには?

最後に、ファイルのインポートについても触れておきましょう。

Pythonista3では、イメージやサウンドのリソースを利用します。これらは、サンプルとしてひと通りのものが用意されてはいますが、「自分で作ったデータを利用したい」ということも多いでしょう。こうしたものは、どのようにして利用すればいいのでしょうか。

これは、ファイルの共有機能を使って行うことができます。手順を説明しましょう。

1.「ファイル」アプリを開き、表示されているファイルからインポートしたいファイルを開きます。

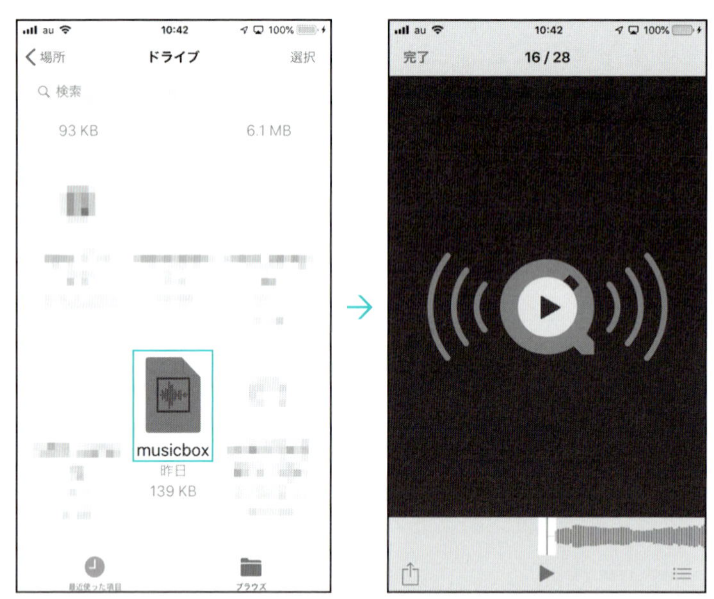

図5-38:「ファイル」アプリでインポートするファイルを開く。

2. 左下にある共有アイコンをタッチすると、共有アプリのアイコンが現れます。ここから「Run Pythonista Script」を選び、さらに現れたアイコンから「Import File」を選びます(図5-39)。

これで、Pythonista3にファイルがインポートされます。ちゃんとインポートができているか確認をしましょう。

コードエディタで右下の「+」アイコンをタッチしてリソースの選択画面を呼び出します。「Images」と「Sounds」の表示では、一番上に「Files」という項目があるので、これをタッチしてください。すると、インポートされたファルの一覧が現れます。ここに、先ほどインポートしたファイルのアイコンが表示されれば、インポートできています(図5-40)。

図5-39：共有の画面で「Run Pythonista Script」の「Import File」を選ぶ。

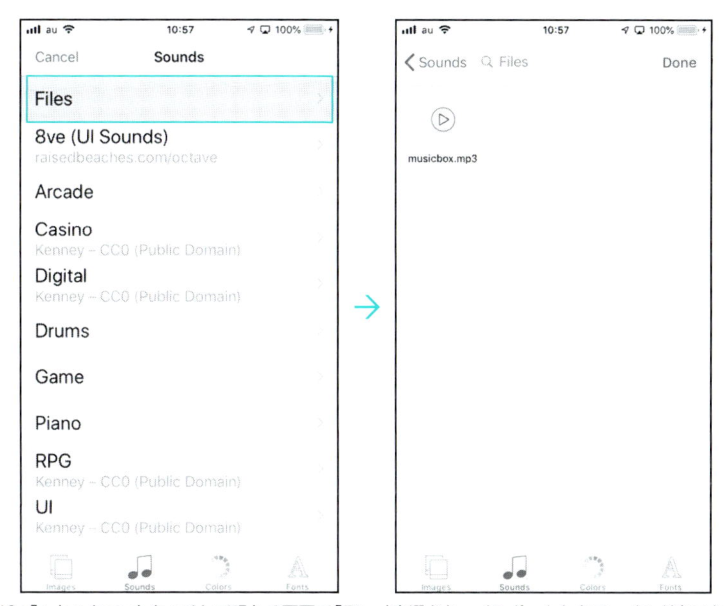

図5-40：「＋」アイコンをタッチして現れる画面で「Files」を選ぶと、インポートしたファイルが表示される。

インポートされたファイルのアイコンをダブルタップすれば、コードエディタにそのファイル名が書き出されます。

インポートされたファイル類は、そのままファイル名を指定してui.Imageやsound.play_effectなどで使うことができるようになります。実際にこれらの機能を使ってインポートしたファイルが使えるか確かめてみましょう。

なお、ここでは「ファイル」アプリを使ったインポート手順を説明しましたが、基本的に共有機能があるアプリであれば、同様の手順でインポートが行えるはずです。

Chapter 5

5.5. iOSの機能を拡張するプログラム

Todayウィジェットについて

Pythonista3では、そのままスクリプトを実行して動かす一般的なプログラムの他に、iOSに用意されている特殊なプログラムを作成するための機能も用意されています。その1つが、「Todayウィジェット（今日のウィジェット）」です。Todayウィジェットというのは、iPhoneのホーム画面で左端から右へとスワイプすると現れるウィジェット類です。さまざまなアプリが、このTodayウィジェット用のウィジェットを提供しています。Pythonista3にもその機能が用意されています。そして自分でスクリプトを作成し、それをPythonista3のTodayウィジェットとして組み込むことができるようになっているのです。

スクリプトを作成する

では、実際にスクリプトを作ってみましょう。まず、新しいスクリプトファイルを用意します。画面右上の「＋」アイコンをタッチし、現れた画面で「New File...」ボタンをタッチします。作成する項目のリストが現れたら「Empty Script」を選び、ファイル名を「sample_widget」としてファイルを作成しましょう。

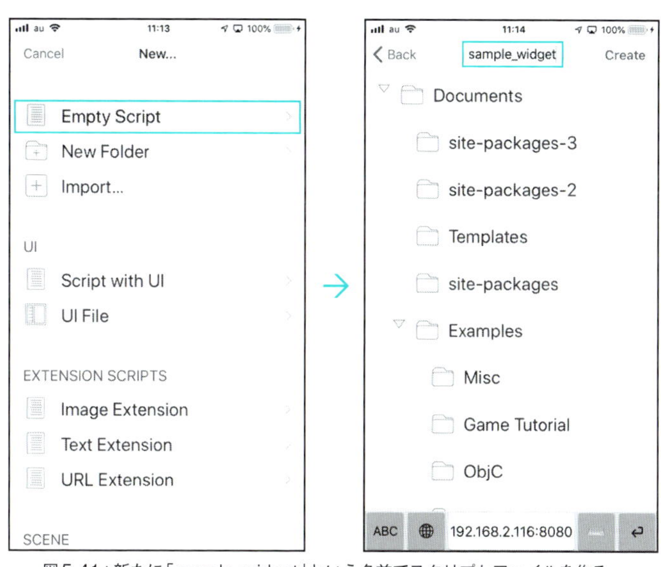

図5-41：新たに「sample_widget」という名前でスクリプトファイルを作る。

ウィジェット表示の作成

Todayウィジェットはどのようにして作成すればいいのか、ポイントを整理しましょう。

Todayウィジェットといっても、基本的にはui.Viewをベースにしたプログラムであることに変わりはありません。ですから、その内容は通常のUI部品のウィジェットとして作成すればいいのです。

ただし、「作成したViewをどうやってウィジェットとして組み込むか」を知っておかないといけません。これは、「appex」というモジュールに用意されている機能を使います。この中に、Todayウィジェットとして組み込むViewに関する関数が用意されています。

▼ウィジェットのViewを取得する

```
変数 = appex.get_widget_view()
```

▼ウィジェットにViewを設定する

```
appex.set_widget_view(《View》)
```

非常に単純ですね。Viewインスタンスを作成し、set_widget_viewでウィジェット用に設定すれば、それだけでPythonista3のTodayウィジェットとして表示するプログラムが作れてしまいます。

ただし、Todayウィジェットは常に組み込まれた状態となっているので、実行の際には「既にウィジェットが組み込み済みで動いている」ということもあります。そこで、実際のスクリプト作成時には、まずget_widget_viewで現在のウィジェットのViewを調べ、自身がViewとして既に組み込み済みかどうかを確認の上で実行するような処理が必要になるでしょう。

サンプルウィジェットを作る

では、実際にサンプルのウィジェットを作ってみましょう。用意したsample_widget.pyに以下のようなスクリプトを記述してください。

▼リスト5-36

```
# coding: utf-8

import appex
import ui
import os
import photos

def main():
  wt_name = __file__ + str(os.stat(__file__).st_mtime)
  vw = appex.get_widget_view()
  if vw is not None and vw.name == wt_name:
    return
```

```
    vw = ui.View(name=wt_name)
    vw.frame=(0, 0, 320, 270)

    # label
    label = ui.Label()
    label.font = ('Arial Hebrew', 16)
    label.center = (vw.width / 2, 20)
    label.flex = 'WB'
    label.text_color = 'black'

    # image
    img_vw = ui.ImageView()
    img_vw.background_color = 'black'
    img_vw.bounds =(0, 0, 200, 200)
    img_vw.center = (vw.width / 2, 150)
    img_vw.flex = 'WB'

    #image asset
    assets = photos.get_favorites_album().assets
    asset = assets[-1]
    label.text = str(asset.creation_date)
    img_vw.image = asset.get_ui_image()

    vw.add_subview(label)
    vw.add_subview(img_vw)

    appex.set_widget_view(vw)

  if __name__ == '__main__':
    main()
```

記述できたら、その場でスクリプトを実行してみましょう。すると、ウィジェットと同じ形態でスクリプトが表示されます。これは、「写真」アプリで「お気に入り」に登録してある一番新しいフォトイメージを表示するスクリプトです。

実行すると、イメージを200×200サイズでウィジェット内に表示します。おそらく初期状態では表示しきれないと思うので、「Show More」という表示をタッチして表示サイズを拡大して確認をしてください。また、当たり前ですが「お気に入り」に1枚も写真がないとエラーになるので注意してください。

図5-42：実行すると、このようにウィジェットのプレビューとして表示される。

Todayウィジェットに設定する

動作を確認したら、実際にTodayウィジェットに組み込みましょう。まず、Pythonista3の「Todayウィジェット」として、このスクリプトを設定します。

スクリプトの実行中、画面の右上を見ると「Use in "Today"」というリンクが見えます。これをタッチすれば、Pythonista3のTodayウィジェットのスクリプトに設定されます。

「Pythonista3の、どこでそれが設定されているのか、きちんと理解したい」という人は、コードエディタで左端から右へとスワイプして、「Pythonista」と表示されているサイドバーを表示してください。その右下に見える歯車のアイコンをタッチします。

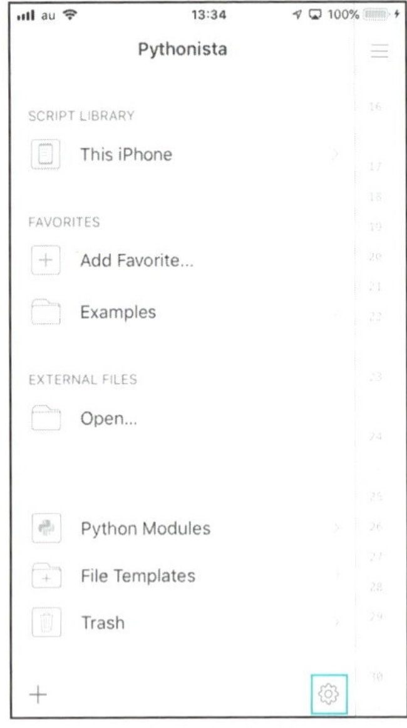

図5-43：ファイル管理のサイドバー右下の歯車アイコンをタッチする。

画面に「Settings」という表示が現れます。これは、Pythonista3の設定を行う画面です。ここから「Today Widget」という項目を探してタッチしてください。

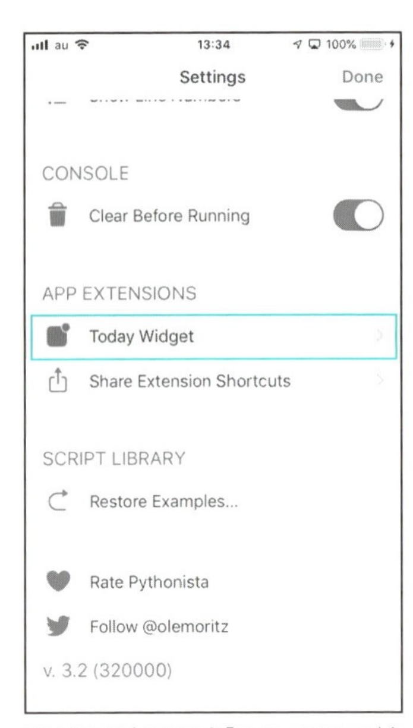

図5-44：設定画面から「Today Widget」を選ぶ。

画面に「Today Widget」という画面が現れます。ここで、Todayウィジェットとして実行するスクリプトを選びます。

「Select Script」という表示部分をタッチし、現れたファイル選択の画面で、先ほど作った「sample_widget.py」を選びます。これで、スクリプトがTodayウィジェットとして設定されました。

後は、右上の「Done」ボタンで閉じれば作業完了です。

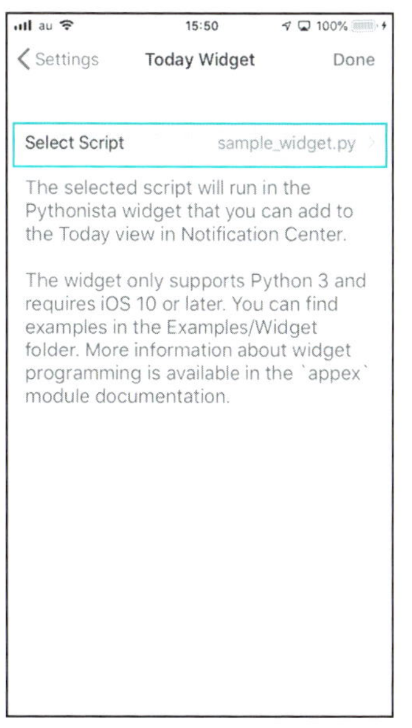

図5-45：「Select Script」をタッチしてスクリプトを選ぶ。

Todayウィジェットを利用しよう！

設定できたらホーム画面に戻り、左端からスワイプしてTodayウィジェットを呼び出しましょう。そして一番下の「編集」ボタンをタッチすると、表示するウィジェットを設定する画面になります。ここで「Pythonista」の項目を追加（左端の「＋」をタッチする）して、右上の「完了」をタッチすれば組み込みができます。

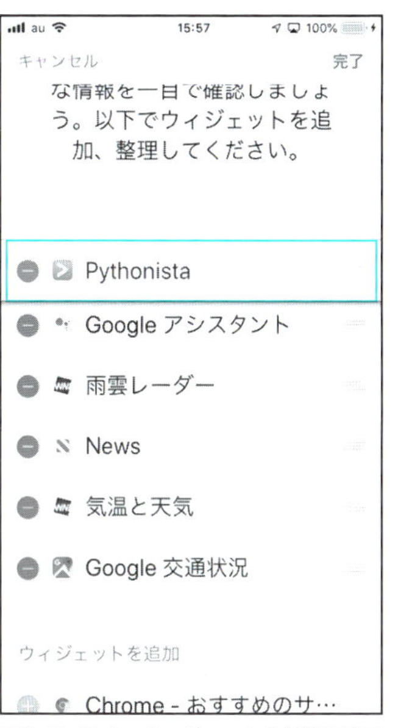

図5-46：Todayウィジェットの編集画面で、「Pythonista」を追加する。

スクリプトがウィジェットに表示される！

Todayウィジェットに、Pythonista3がウィジェットとして表示されるようになります。そこには、先ほどのsample_widget.pyによる表示が現れます。「お気に入り」の最後のイメージと、その修正日時が表示されたでしょうか。中には、「イメージが表示されない」という人もいるかもしれませんね。

iPhoneはカメラの解像度が高いため、カメラの撮影で巨大なイメージファイルが作られてしまいます。もし、うまく画像が表示されなかったら、イメージを加工し小さくしたものを「お気に入り」に入れて試してみましょう。また、バックよりフロントカメラのほうが解像度が低いので、自撮り写真なら表示できる場合もあります。

図5-47：Pythonista3のウィジェットにsample_widget.pyが表示された。

if __name__ == '__main__':の秘密

作成したスクリプトを確認しましょう。ここでは、これまでとは少し異なる形のスクリプトになっています。整理すると、こんな形で記述されているのです。

```
# coding: utf-8

def main():
  メイン処理……

if __name__ == '__main__':
  main()
```

この形は、「このスクリプトがメインプログラムとして実行されている」ということを確認の上で処理を実行するための仕組みです。Pythonでは、スクリプトファイルを外部からインポートして利用したりできます。これまでのように実行するスクリプトを書いているだけだと、こうした「メインプログラムとして実行しているわけではない」という場合でも、中の処理が実行されます。

今回のスクリプトは、ただ「書いて実行するだけ」というものではなく、Pythonista3の中からiOSのTodayウィジェットの機能として組み込まれ公開状態で動きます。ですので、きちんとしたスクリプトの作法に従って書いておいた、というわけです。これまでのように実行する処理をただ書くだけでも動作はしますが、なるべくお行儀の良い形で書いたほうがいいでしょう。

ここでは処理をmainという関数にまとめ、__name__ == '__main__'という条件をチェックして、それがTrueならmainを呼び出します。__name__というのは、実行しているプログラムのモジュール名を示す特別な変数です。そのスクリプトがメインプログラムとして実行されている場合は、この値は「__main__」というものになります。つまり、この__name__の値をチェックすることで、メインプログラムとして実行されているのかどうかがわかるようになっているのです。

なお、冒頭に「# coding: utf-8」というコメントがありますが、これはスクリプトの実行環境にエンコード方式を伝えるもので、一般的なPythonのスクリプトでよく使われる書き方です。これは、なくとも問題ありません。

C O L U M N

関数にまとめるメリットとは

これまでのように処理をそのまま書いた場合と、main関数にして呼び出す場合とでは、決定的な違いがあります。処理をそのまま書くと、「すべての変数がグローバル変数扱いになる」という点です。

関数にまとめた場合、その中で使う変数はローカル変数となり、関数から抜けると消えてしまいます。他のスクリプトに影響を与えません。スクリプトを単体で動かす場合はまだしも、他に用意されている仕組みを使って、どこかにスクリプトを組み込んで動かすような場合は、使用する変数類はなるべくローカル変数にして、グローバルな環境に影響を与えないように作成したほうがいいでしょう。

組み込み済みViewのチェック

main関数では、まず最初に「ウィジェットの名前」を使って、現在実行中のウィジェットがこのウィジェットではないかどうか調べています。

▼自身のウィジェット名を用意

```
wt_name = __file__ + str(os.stat(__file__).st_mtime)
```

stat(__file__)というのは、__file__のファイル情報を扱うオブジェクト(stat_resultというものです)を取得する関数です。__file__は、このスクリプトファイルの名前です。st_mtimeは、そのオブジェクトにある最終更新時の情報を示す属性です。

これで、スクリプトのファイル名と最終更新時刻を組み合わせた値が用意できました。これを、このウィジェットの名前としてwt_nameに保管しておきます。

▼現在のウィジェットのViewを取得

```
vw = appex.get_widget_view()
```

現在、Pythonista3に組み込まれているTodayウィジェット用のViewオブジェクトを取り出します。

▼ウィジェットのViewの名前が自身と同じだったら抜ける

```
if vw is not None and vw.name == wt_name:
  return
```

vwがNone（空っぽ、つまり値がない）でなく、名前がwt_nameと同じなら関数を抜けます。ウィジェットのViewがNoneでまだ用意されてなかったり、違う名前のViewが組み込まれている場合は、新しくViewを作って組み込む、ということです。

この後、LabelとImageViewを作成し、それらをViewに組み込んで、最後にViewをウィジェットに設定します。それで処理はおしまいです。

▼UI部品の組み込み

```
vw.add_subview(label)
vw.add_subview(img_vw)
```

▼ウィジェットに組み込み

```
appex.set_widget_view(vw)
```

LabelとImageViewの作成ではそれほど難しいことはしていないので、だいたい理解できることでしょう。Viewに組み込まれるUI部品の扱いは、通常のプログラムの場合と基本的には違いがないのです。

サイズの自動調整

これでウィジェットを作って組み込むのはできましたが、実際に使ってみると、1つ問題があります。デフォルトの状態では内容を表示しきれない、という点です。このため、「表示を増やす」をタッチして表示サイズを拡大しないと、イメージ全体が見えません。

この「表示を増やす」を使って、サイズを拡大縮小する操作に対応したプログラムはどうやって作ればいいのでしょうか。

これは、組み込まれるViewクラスの「layout」というメソッドを利用します。Viewクラスには、表示サイズなどが変更されると呼び出されるlayoutメソッドが用意されています。このメソッドを使い、現在の大きさに応じて表示内容が変わるようにすればいいのです。

そのためには、これまでのように「Viewインスタンスを作って、そこにいろいろ組み込んで表示を作る」というやり方ではダメです。表示内容を「Viewクラスを継承した独自のViewクラス」として定義し、その中にlayoutメソッドを用意して処理する必要があります。

整理すると、次のような形でスクリプトを作成することになります。

▼独自のViewクラスを使ったスクリプトの基本形

```
class 独自クラス (ui.View):

  def __init__(self, *args, **kwargs):
    初期化処理……

  def layout(self):
    レイアウト時の処理……

def main():
  ウィジェット生成の処理……
  appex.set_widget_view( 独自クラスのインスタンス )

if __name__ == '__main__':
  main()
```

独自クラスは、ui.Viewクラスを継承します。その中に組み込むUI部品などは、__init__という初期化処理のためのメソッドで作成と組み込み処理を行います。そして、大きさが変更されたときの処理をlayoutメソッドとして用意します。

main関数では、ウィジェトに関する必要な処理を行った後、set_widget_view関数で、定義した独自クラスのインスタンスをウィジェットに設定します。これで、サイズの変更に対応したウィジェットが作れます。

リサイズ対応のウィジェットを作る

では、先ほどのスクリプトを修正し、ウィジェットのサイズ変更に対応する形にしてみましょう。以下のように書き換えてください。

▼リスト5-37

```
# coding: utf-8

import appex
import ui
import os
import photos

class SampleWidgetView(ui.View):

  def __init__(self, *args, **kwargs):
    super().__init__(*args, **kwargs)

    self.bounds = (0, 0, 400, 250)

    # label
    label = ui.Label()
    label.font = ('Arial Hebrew', 16)
    label.bounds = (0, 0, 400, 20)
    label.alignment = ui.ALIGN_CENTER
```

```
    label.center = (200, 20)
    label.flex = 'WB'
    label.text_color = 'black'

    # image
    self.img_vw = ui.ImageView()
    self.img_vw.background_color = 'black'
    self.img_vw.bounds =(0, 0, 200, 200)
    self.img_vw.center = (180, 130)
    self.img_vw.flex = 'RLB'

    assets = photos.get_favorites_album().assets
    asset = assets[-1]
    label.text = str(asset.creation_date)
    self.img_vw.image = asset.get_ui_image()

    self.add_subview(label)
    self.add_subview(self.img_vw)

  def layout(self):
    if self.height < 150:
      self.img_vw.bounds = (0, 0, 100, 100)
      self.img_vw.center = (self.width / 2, 80)
    else:
      self.img_vw.bounds = (0, 0, 200, 200)
      self.img_vw.center = (self.width / 2, 130)

def main():
  wt_name = __file__ + str(os.stat(__file__).st_mtime)
  vw = appex.get_widget_view()
  if vw is None or vw.name != wt_name:
    vw = SampleWidgetView()
    vw.name = wt_name
    appex.set_widget_view(vw)

if __name__ == '__main__':
  main()
```

修正したら、動作を確かめてみましょう。既にTodayウィジェットに組み込み済みなら、自動的に更新されるはずです。

今回のウィジェトは表示エリアが狭いと小さなイメージで表示され、「表示を増やす」で大きく拡大すると大きいイメージに変わります。これならウィジェットとしてもスマートですね。

図5-48：ウィジェットのサイズ変更に応じて表示イメージのサイズが変わる。

スクリプトのポイントをチェック

では、スクリプトをチェックしましょう。

まずは、ウィジェットの表示用クラス「SampleWidgetView」です。これは、以下のような形で記述されていますね。

```
class SampleWidgetView(ui.View):

  def __init__(self, *args, **kwargs):
    super().__init__(*args, **kwargs)
    ……以下略……
```

ui.Viewを継承してクラスを作っています。__init__メソッドでは、まずsuper().__init__に引数をそのまま渡して呼び出します。

これで、基底クラス（継承元のクラス）にある初期化処理が呼び出されます。初期化処理の最初に、忘れず実行してください。

それ以降の初期化処理は、基本的には先のサンプルと同じです。ただ、作ったUI部品のオブジェクトを組み込む先が「self」に変わるだけです。

```
self.add_subview(label)
self.add_subview(self.img_vw)
```

selfは、このクラスのインスタンス自身を示す値ですね。これで、作ったLabelやImageViewがすべてこのSampleWidgetView自身に組み込まれます。

layoutメソッドについて

今回のポイントであるlayoutメソッドを見てみましょう。ここではself.heightの大きさをチェックし、それに応じて処理を行っています。

```
def layout(self):
  if self.height < 150:
    self.img_vw.bounds = (0, 0, 100, 100)
    self.img_vw.center = (self.width / 2, 80)
  else:
    self.img_vw.bounds = (0, 0, 200, 200)
    self.img_vw.center = (self.width / 2, 130)
```

高さが150未満だった場合は、ImageViewの大きさを100×100にしています。そうでない場合は、200×200にします。また、サイズを変更すると表示位置の上の幅が変わるので、centerで位置を再設定しています。

このようにselfの大きさをチェックし、それに応じてUI部品の配置を調整すれば、ウィジェットの拡大縮小に対応した画面を作ることができます。

共有シート用機能拡張を作る

iOSには、他のアプリとデータを連携する「共有シート」と呼ばれる機能があります。これは、アプリでデータを共有する際に呼び出されるシートですね。共有の機能があるアプリでは、たいていどこかに共有のためのアイコンが用意されています。それをタッチすると共有シートが現れ、どのアプリのどのアクションを実行するか選択できるようになります。

先に、ファイルをインポートする手順について説明をしましたが、そこで「ファイル」アプリの共有アイコンを利用していましたね。そのときに使ったのも共有シートです。共有シートは、けっこう多くのアプリで利用されています。

Pythonista3では、この共有シートに自分で作ったスクリプトをアイコンとして登録し、利用できるようにすることができるのです。

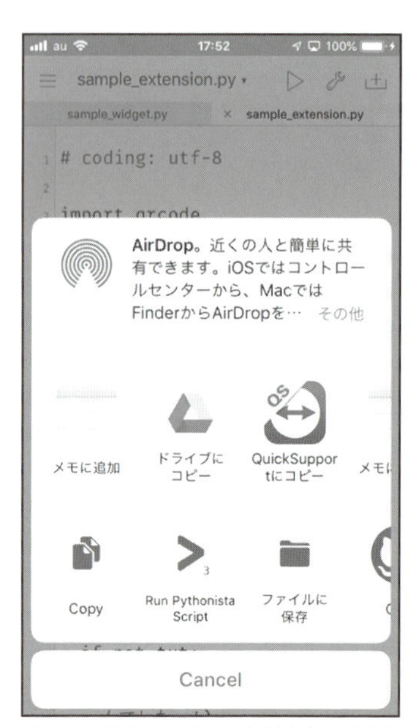

図5-49：共有のアイコンなどから呼び出される共有シート。

共有シート機能拡張スクリプト

共有シートに機能を追加するためのスクリプトはどのように作成するのでしょうか。これは、意外とシンプルです。共有シートを利用するには、「appex」というモジュールにある関数を使います。したがって、事前に「import appex」としてモジュールをインポートしておく必要があります。そして、以下のような形でスクリプトを作成していきます。

▼共有シート用スクリプトの基本形

```
def main():
  if not appex.is_running_extension():
    return
  実行する処理……

if __name__ == '__main__':
  main()
```

main関数を定義して処理を実行する形にしてあります。共有シートの機能拡張スクリプトでは、appexモジュールの「is_running_extension」という関数により、機能拡張としてスクリプトが実行されているのかどうかをチェックできます。これがTrueならば機能拡張として呼び出されており、Falseならばそうではない、ということになります。

したがって、is_running_extensionの値がFalseだった場合は処理を抜けるようにし、Trueの場合にのみ処理を実行するようにしておけばいいのです。

実行内容は普通のスクリプトと同じ!

では、is_running_extensionをチェックした後はどのようにスクリプトを書いていけばいいのか？　これは、実は「普通のスクリプトとまったく同じ」です。

共有シートに表示されるアイコンは「ショートカットアイコン」です。アプリにあるアクションと呼ばれる機能を（いちいちそのアプリに切り替えることなく）実行するものなのです。Pythonista3の場合はショートカットアイコンにより、そのスクリプトが実行されます。つまり、「作成したスクリプトを実行するアイコンが共有シートに用意できる」ということであり、実行する内容は通常のスクリプトとまったく同じなのです。

ですから、UIを使ったViewを表示するプログラムを書くもよし、シーンとスプライトのゲームを書くもよし、コンソールを使ったプログラムにするもよし、何でもOKなのです。

共有データのための関数

ただし、「普通のスクリプトを実行する」というだけなら、何のために共有シートにショートカットアイコンを用意するのかわかりません。ここに用意するからには、アプリが提供する共有データを活用したスクリプトでないと意味がありませんよね？

この「アプリが提供する共有データ」は、appexモジュールにある関数を使って得ることができます。用意されている関数について簡単にまとめておきましょう。

▼テキストを得る

```
変数 = appex.get_text()
```

テキストを得るメソッドです。アプリから提供されるテキストを戻り値として返します。これ以降のメソッドも、基本的には「アプリ側で提供されるデータを返すもの」です。

▼イメージを得る

```
変数 = appex.get_image(image_type= タイプ )
変数 = appex.get_images(image_type= タイプ )
```

イメージを得るためのメソッドです。get_imageはイメージを1つ（複数のイメージがある場合は最初の1つだけ）、get_imagesは複数のイメージをリストにまとめて返します。引数にはimage_typeというものが用意されており、これで以下のいずれかを指定できます。

'pil'	PIL.Imageとして取得
'ui'	i.Imageとして取得

▼イメージデータを得る

```
変数 = appex.get_image_data()
変数 = appex.get_images_data()
```

イメージデータを得るものです。get_image_dataは1つだけ、get_images_dataは複数をリストにまとめて返します。イメージの生データを返すものなので、戻り値はバイト文字列の形になります。

▼URLを得る

```
変数 = appex.get_url()
変数 = appex.get_urls()
```

URLを得るためのものです。get_urlは1つだけ、get_urlsは複数のURLをリストにして返します。戻り値はURLのテキストになります。

▼ファイルパスを得る

```
変数 = appex.get_file_path()
変数 = appex.get_file_paths()
```

ファイルパスを得るためのものです。get_file_pathは1つ、get_file_pathsは複数のパスをリストにして返します。パスはすべてテキストとして返されます。

▼VCardを得る

```
変数 = appex.get_vcard()
変数 = appex.get_vcards()
```

VCardデータを得るものです。VCardというのは、電子名刺などに用いられる個人情報を扱うフォーマットです。get_vcardは1つ、get_vcardsは複数をリストにまとめて返します。それぞれのVCardの値はテキストの形になっています。

▼添付データを得る

```
変数 = appex.get_attachments()
```

共有データとして渡されるすべての添付データをリストにまとめて取り出します。アプリによっては、さまざまな種類の共有データを渡すものもあります。このメソッドでは、それらをすべてまとめて取り出せます。

共有シートの機能拡張サンプル

簡単なサンプルを作ってみましょう。例によって画面右上の「+」アイコンをタッチし、「New File...」アイコンをタッチして新しいファイルを作成します。

実は、Pythonista3には機能拡張のスクリプトを作るテンプレートが用意されています（「EXTENSION SCRIPTS」というところ）。しかし、今回はすべてを一から作成したいので、「Empty Script」として作成します。ここでは、「sample_extension」という名前で作成をしましょう。そして、以下のようにスクリプトを記述します。

▼リスト5-38

```
# coding: utf-8

import io
import time
import qrcode
import appex
import clipboard
import speech
import photos

def main():
  if not appex.is_running_extension():
    print('※これは共有機能拡張プログラムです。そのまま実行することはできません。')
    return
```

```
    txt = appex.get_text()
    if not txt:
        print('テキストが見つかりませんでした。')
        return
    print(txt)
    img = qrcode.make(txt)
    img.show()
    fname = '.' +  str(time.time()) + '.png'
    with io.BytesIO() as bIO:
        img.save(bIO, 'PNG')
        with open(fname, 'wb') as f:
            f.write(bIO.getvalue())
    asset = photos.create_image_asset(fname)
    print(fname + ' で保存しました。')
    speech.say(txt, 'ja-JP')

if __name__ == '__main__':
    main()
```

今回作成したのは、テキストをQRコードに変換して表示し、フォトライブラリに保存する機能拡張サンプルです。

このスクリプト自体は、その場で実行はできません。他のアプリでテキストデータを共有しようとしたときに呼び出されます。

共有機能を使ってみる

では、試してみましょう。例として、「メモ」アプリで試してみることにします。

アプリを起動し、新しいメモを作って適当にテキストを書いてみましょう。

図5-50:「メモ」アプリで、適当にテキストを書く。

記述したら、右上にある共有アイコンをタッチしてください。画面に共有シートが呼び出されます。そこから、「Run Pythonista Script」のアイコンをタッチします。これで、Pythonista3に用意されているアクションのショートカットアイコンが表示されます。

図5-51：共有シートから「Run Pythonista Script」アイコンをタッチし、Pythonista3のショートカットアイコンを呼び出す。

ここに、作成したスクリプトのアイコンを追加しましょう。

左上の「編集(Edit)」をタッチして「＋」マークのアイコンをタッチし、先ほどのスクリプトファイル(sample_extension.py)を選択します。

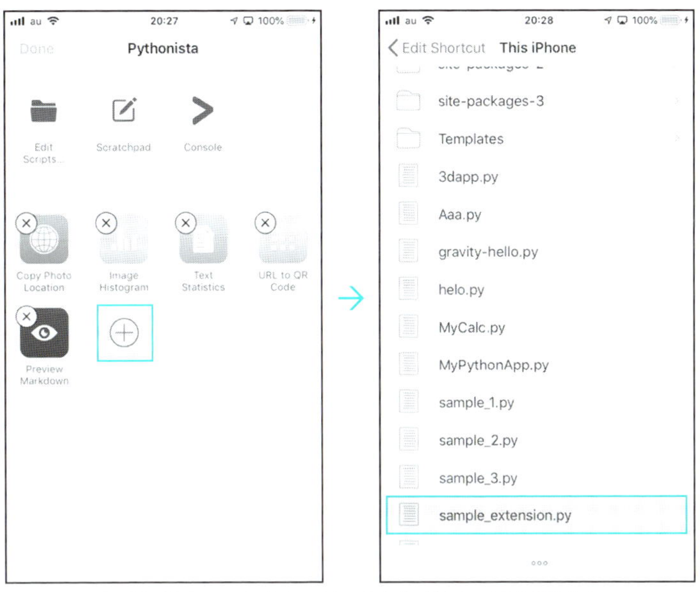

図5-52：「＋」アイコンをタッチし、スクリプトファイルを選択する。

選択したスクリプトの設定画面になります。ここで、アイコンと表示色を指定します。アイコンは、「Icon」項目をタッチするとアイコンの一覧が表示されるので、そこから選んでください。設定したら、右上の「Done」をタッチします。

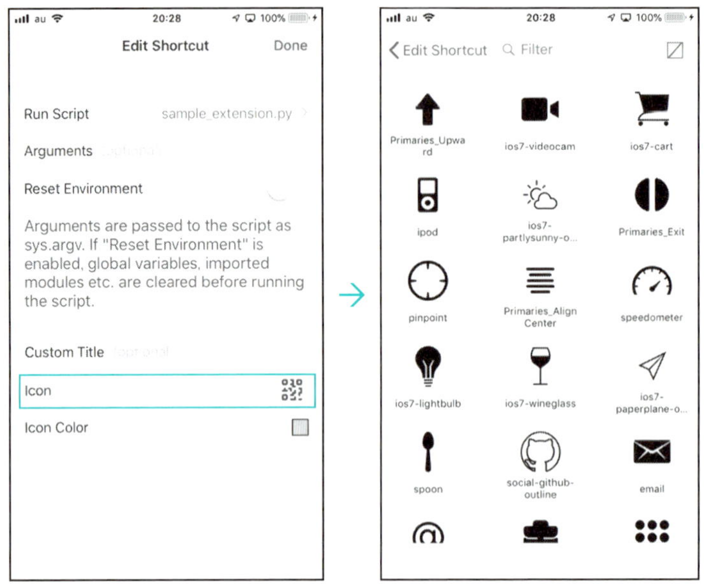

図5-53：スクリプトの設定を行う。アイコンはデフォルトで多数のものが用意されている。

設定を閉じたらショートカットアイコンの画面に戻るので、「Done」をタッチして編集モードを抜けます。追加したスクリプトのアイコンが表示され、使えるようになりました！

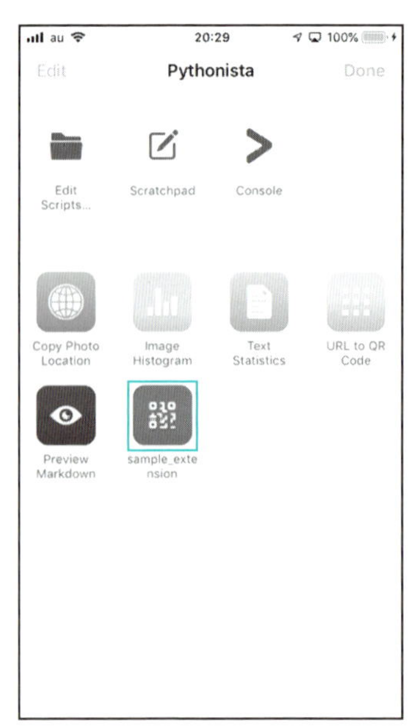

図5-54：sample_extensionのアイコンが追加された。

後は、追加されたsample_extensionのアイコンをタッチすれば、スクリプトが実行されます。コンソールが開かれ、そこにテキストとQRコード、保存したファイル名が表示されます（図5-55）。

実際にファイルが保存されているか確認をしましょう。

「写真」アプリを起動し、カメラロールのアルバムを見てください。そこにQRコードが追加されていますよ（図5-56）。

図5-55：コンソールにQRコードが出力される。

図5-56：フォトライブラリにQRコードが追加されている。

スクリプトの内容をチェックする

では、実行しているスクリプトの内容を整理していきましょう。

今回は既に説明した機能の寄せ集めですが、組み合わせ次第では面白いことができるという例になっています。

▼機能拡張のチェック

```
if not appex.is_running_extension():
  print('※これは共有機能拡張 ……中略…… ')
  return
```

まず、is_running_extensionで機能拡張として実行されているかチェックをしています。そうでない場合は、テキストをコンソールに出力し終了します。

▼テキストを取り出す

```
txt = appex.get_text()
if not txt:
  print('テキストが見つかりませんでした。')
  return
```

get_textで、テキストを変数に取り出します。テキストがない場合は、エラーメッセージを表示して抜けます。

▼QRコードを作成

```
img = qrcode.make(txt)
img.show()
```

テキストを元にQRコードを作成し、コンソールに出力をします。これは既にやりましたね。

▼ファイル名を作成

```
fname = '.' +  str(time.time()) + '.png'
```

ファイル名を作成します。現在のタイムスタンプに.pngを付けたものを用意しています。

▼QRコードを保存する

```
with io.BytesIO() as bIO:
  img.save(bIO, 'PNG')
  with open(fname, 'wb') as f:
    f.write(bIO.getvalue())
```

QRコードをfnameに保存します。io.BytesIOを使ってimgのPNGデータを書き出し、それからfnameのファイルにbIO.getValueのデータを書き出します。これで、fnameのファイルにPNGデータが書き出されます。

▼アセットを作成

```
asset = photos.create_image_asset(fname)
```

create_image_asset関数の引数に作成したファイル名を指定して、新しいアセットを作成します。create_image_assetは、引数に指定したファイルを新しいアセットとしてフォトライブラリに追加する関数です。

▼テキストをしゃべる

```
speech.say(txt, 'ja-JP')
```

最後に、アプリから受け取ったテキストを読み上げて終わりです。最後のサンプルなので、おまけに追加してみました。

後は応用次第！

……というわけで、Pythonista3の解説は、これですべて終了です。途中で小さなプログラムをいくつか作ったりしながら、Pythonista3の主だった機能についてひと通り説明をしてきました。いかがでしたか？「説明が多すぎて、なんだかわからなくなった」という人もいることでしょう。確かに、Pythonista3には非常に多くの機能が盛り込まれているので、どこから手を付けたらいいのかわからなくなってしまうかもしれません。そうした人は、以下の手順で復習をしていきましょう。

●2Dゲーム、作る？　作らない？

最初に考えるべきは「2Dゲーム」をどうするか、です。本書では2Dゲームについて1つの章を割いて説明していますが、人によって興味を持つ人と持たない人がきっぱり分かれる部分でしょう。

「面白い！」と思う人はUI部品などすっ飛ばして、まずはゲームづくりから始めましょう。好きこそものの上手なれ、ですよ。

「そこまで好きになれない」という人は、2Dゲームの部分は後回しにしてかまいません。

●UI部品の活用が基本！

ゲームを後回しにした人が最初にしっかりと覚えるべきことは、「UI部品」の使い方です。中でも、Label、TextField、Buttonの3つの使い方は確実に覚えましょう。これら3つが使えれば、もう簡単なスクリプトは作れるようになります。

●Chapter 5の中から好きなものをピックアップ！

基本ができるようになったら、Chapter 5で取り上げているさまざまな機能の中から、使ってみたいものをピックアップして覚えていきましょう。

例えば、クリップボードやテキストの読み上げなどは、プログラムにちょっとした面白さを付け加えることができます。また、ダイアログ関係は、覚えておくとユーザーとのやり取りがスムーズに行えるようになります。

このChapter 5を少しずつ覚えていくのに並行して、UI部品のまだ使っていなかったものも少しずつ使えるようになっていけば、時間とともに作れるプログラムの幅もどんどん広がっていくでしょう。

まずは小さなものから！

プログラム作成のポイントは、「小さいものからコツコツと」です。いきなり壮大なプログラムの大風呂敷を広げてしまうと、後々つらくなります。まずは、自分に作れそうな小さなものを少しずつ作っていきましょう。そうして、「こういうのは作れた」という技術と自信を少しずつ身に付けていってください。

では、いつの日か、皆さんの作ったプログラムとオンライン上のどこかで出会えることを願って――。

Appendix

Python文法超入門

ここではPythonの基礎文法について、圧縮して説明をします。
とりあえず、ここに書かれたことが頭に入っていれば、
本書の説明をなんとか読み進めることができるようになるでしょう。

Appendix A.1. 基本文法を覚える

スクリプトの書き方にはルールがある！

ここでは、Pythonというプログラミング言語の基本的な文法について、かいつまんで説明をしていくことにします。

まずは、スクリプト以前の話から始めましょう。「スクリプトは、どういう書き方をすればいいか」という話です。

スクリプトには、「こういう書き方をしないといけない」という暗黙の了解があります。まずは、そこから頭に入れておきましょう。

基本は「半角文字」

Pythonではさまざまなキーワード（予約語）や変数、関数などが使われますが、それらは基本的に「すべて半角文字で書く」と考えてください。日本語などの全角文字は、日本語のテキストを値として記述するとき以外には使わない、と考えましょう。

大文字と小文字は「別の文字」

慣れないうちはよく引っかかる問題です。Pythonでは、例えば「X」と「x」は別の文字として扱われます。大文字小文字まできっちりと正確に書かないといけないのです。

例えばPythonには真偽値と呼ばれる値があって、True、Falseと書くのですが、これをtrue、falseと書くと、「そんな値はない」とエラーになったりします。

インデントで文法を記述する

Pythonの特徴の1つに、「インデントで構文を記述する」という点が挙げられるでしょう。インデントというのは、タブや半角スペースを使って文の最初の位置を右にずらしていくことです。Pythonでは、このインデントの位置によって構文などの適用範囲を指定します。

ですから、「その文の開始位置がどこか」は非常に重要になります。冒頭にある半角スペースが1つ増えたり減ったりするだけで、もう「理解できない」となるので注意してください。

#コメントの書き方

スクリプトの中に注釈などを書いておきたい場合は、「コメント」と呼ばれるものを使います。文の冒頭に半角の＃記号を付けることにより、その文の終わりまでがコメントと見なされ、スクリプトの実行に影響しないようになります。

まずは「値」から

では、Pythonの基本文法について説明していきます。

Pythonに限らず、あらゆるプログラミング言語で共通することですが、プログラミング言語の文法を学ぼうというとき、まず最初に覚えるべきものは何だと思いますか？　それは、「値」です。

プログラミング言語は、ものすごく単純に言えば「さまざまな値を記憶し、計算するための仕組み」です。ですから、プログラミング言語で使う「値」とはどういうものか、どう使うのか、それをまず最初に頭に入れておく必要があります。

値には種類がある

この「値」というものについて考えるとき、最初に知っておきたいのは「値には種類がある」という点です。種類というとなんだか難しそうですが、例えば「数字」とか「テキスト」とかいったもののことだと考えてください。数字とテキストは性質も扱い方も違うのはなんとなく想像できるでしょう？　こうした「性質の異なる値」が、プログラミング言語ではいくつもあるのです。

では、Pythonにはどのような種類の値があるのでしょうか。もっとも基本となるものを簡単にまとめておきましょう。

●数値

数値（数字の値）は基本中の基本ですね。これは、大きく「整数」と「実数」に分けて考えることができます。

整数	これはどんなものかわかりますね。整数の値は、ただ数字を書くだけです。
実数	整数以外のものです。小数点を付けて書きます。

整数と実数の値を書くときの違いは、「小数点」です。例えば「100」と書けばそれは整数ですが、「100.0」と書けば実数になります。

●テキスト

普通のテキストも、もちろん値として利用できます。扱いたいテキストの前後に、「クォート」記号を付けて書きます。クォートというのは、「'」「"」といった記号のことです。

▼例

```
'Hello'      "あいうえお"
```

2つの書き方がありますが、働きはどちらもまったく同じです。書きやすいほうを使って書けばいい、と考えましょう。

●真偽値

これは、コンピュータに特有の値でしょう。真偽値は「正しいか否か」といった二者択一の状態を表すためのもので、「True」「False」の2つの値しかありません。Trueは正しい状態を表すときに使い、Falseは正しくない状態を表すのに使います。これらは、例えば "True" というように書いてはいけません。これだとTrueではなく、「Trueというテキスト」になってしまいますから。

●なにもない「None」

この他、「値が存在しないことを表す値」として「None」というものもあります。もう少し後になって登場する、クラスというものを使うようになると必要性がわかってきます。

値は「リテラル」として書く

この3つの種類の値が、Pythonの一番基本となるものです。これらの値は、Pythonのスクリプト(プログラムリストのことです)に直接記述して使うことができます。こうした「スクリプトに直接書かれた値」は「リテラル」と呼ばれます。このリテラルが、値の基本中の基本といってよいでしょう。

変数について

実際には、スクリプトの中では、値はリテラルとして記述することはそんなに多くはありません。それ以上に多いのは「変数」を使って値を利用する、というものです。

変数は「値を保管しておける入れ物」です。値は、まずリテラルを変数に入れ(これを「代入」と言います)、その変数どうしを計算したり、計算結果をまた別の変数に入れたりして計算処理をしていきます。変数は、そこに保管されている値として扱うことができます。例えば「100」という整数を変数に保管したなら、その変数は100という整数のリテラルと同じように扱えます。変数は、以下のような文として記述し使います。

▼変数への値の代入

```
変数名 = 値
```

Pythonでは、イコール(=)記号は「右辺の値を左辺に代入する」という働きをします。これを実行すると、まだその変数がない場合は変数を作成してそこに値を代入します。

既に変数がある場合は、変数の値を上書きします。それまで変数に保管されていた値は失われ、=の右辺が新たな値として保管されます。

値の演算

リテラルや変数などの値は、演算記号を使って演算することができます。数値だけでなく、それ以外の値も演算できるのです。では、値の種類と演算についてまとめましょう。

●数値の演算

数値では、四則演算の記号をそのまま利用して演算をすることができます。用意されている演算記号は以下のようになります(わかりやすいよう、AとBという2つの値を演算する形でまとめます)。

A + B	AとBを足す
A - B	AからBを引く
A * B	AにBをかける
A / B	AをBで割る
A // B	AをBで割った整数値を得る
A % B	AをBで割った余りを得る
A ** B	AのB乗を得る

●テキストの演算

テキストにも演算記号があります。用意されているのは以下の2つのものだけです。

'A' + 'B'	2つのテキストを1つにつなげて'AB'を作成します。
'A' * B	テキスト'A'を整数Bの数だけ繰り返しつなげます。'A' * 3ならば、'AAA'です。

比較演算とは?

これら演算記号を使った式は、基本的に「用意された値を元に計算をして、その結果が得られる」というものです。今挙げた演算は四則演算など、私たちが「計算っていうのはこういうものだよね」と感じるままのものではないでしょうか。

が、Pythonには、こうした「わかりやすい演算」以外の演算もあります。その1つが「比較演算」というものです。これは、2つの値を比較した結果を調べるものです。比較演算には以下のような記号が用意されています。

A == B	AとBは等しい
A != B	AとBは等しくない
A < B	AよりBのほうが大きい
A <= B	AよりBのほうが大きいか等しい
A > B	AよりBのほうが小さい
A >= B	AよりBのほうが小さいか等しい

これらの式は、結果を真偽値として得ます。例えばA == Bという式ならば、AとBが等しければTrue、等しくなければFalseになります。

「こんなもの、何に使うんだ？」と思うかもしれません。これは、この後で出てくる「制御構文」というもので必要になるのです。

代入演算について

もう1つ、覚えておくと便利な演算記号を紹介しておきましょう。それは、「代入演算」というものです。代入文（=記号）と四則演算の記号がセットになったもので、以下のようなものが用意されています。

`A += B`	AにBを加算する。A = A + Bに同じ
`A -= B`	AにBを減算する。A = A - Bに同じ
`A *= B`	AにBを乗算する。A = A * Bに同じ
`A /= B`	AにBを除算する。A = A / Bに同じ
`A //= B`	AをBで割った整数値を得る。A = A // Bに同じ
`A %= B`	AをBで除算した余りを得る。A = A % Bに同じ

これらは覚えてなくとも問題はありません。普通にイコールと演算記号を使えば書けるのですから。けれどA = A + Bと書くより、A += Bと書いたほうがずっと楽です。覚えておくと便利な演算記号ですね。

制御構文は処理を制御する

さて、「値」の次に覚えるのは「構文」です。中でももっとも重要なのが、「制御構文」と呼ばれるものでしょう。処理の実行手順を制御するためのものです。

Pythonなどのプログラミング言語では、さまざまな処理を行う文をいくつも書いていきます。そして実行する際は、一番最初に書かれている文から順に実行していき、最後の文まで実行したら終了します。

制御構文は、こうした処理の流れを変える働きを持っています。これは大きく「分岐」と「繰り返し」に分けて考えることができるでしょう。

分岐	必要に応じて異なる処理を実行するためのもの
繰り返し	必要に応じて処理を繰り返し実行するためのもの

この2つの制御構文について、どういうものがあってどう使うのかを覚えていきます。とりあえず、それぞれ1つずつ、計2つの構文を覚えましょう。

条件分岐の「if」構文

条件分岐の基本は「if」という構文です。いくつかのオプションが用意されていて、いろいろな書き方ができます。基本的な書き方を３つ挙げておきましょう。

▼ifの基本形(1)

```
if 条件 :
    正しい時の処理
```

▼ifの基本形(2)

```
if 条件 :
    正しい時の処理
else :
    正しくないときの処理
```

▼ifの基本形(3)

```
if 条件１ :
    条件１が正しい時の処理
elif 条件２ :
    条件２が正しいときの処理

……必要なだけelifを用意……

else :
    正しくないときの処理
```

いずれも「条件を調べ、その条件が正しいかどうかによって処理を実行する」という働きをします。それぞれ、if、elif、elseといったキーワードを使った文があって、その下に実行する部分があります。この実行部分は、それぞれのキーワードがある文より右にインデントして記述します。

ifのもっとも基本的な書き方は(1)です。これを基本としてまず覚えてください。「条件が正しければ処理を実行する」というものですね。

この基本がわかったら、(2)の「条件が正しいときとそうでないときで異なる処理を実行する」という書き方を覚えましょう。

(3)は複数の条件を用意して次々とチェックしていく書き方です。ifの応用編と考えましょう。

ifの利用例

では、if構文の利用例を挙げておきましょう。整数の値を調べ、偶数か奇数かを判定するサンプルです。

▼リストA-1

```
x = 1234
if x % 2 == 0:
    print(str(x) + "は、偶数です。")
else:
    print(str(x)  + "は、奇数です。")
```

これを実行すると、「1234は、偶数です。」と表示されます。最初の変数xの値をいろいろと変更して動作を確認してみましょう。

ここでは、「x % 2 == 0」という式を条件として使っています。x % 2は「xを2で割った余り」ですね。それがゼロと等しいか、つまり「xを2で割って余りがないかどうか」を調べています。

このように、比較演算の記号は値や変数だけでなく、式も右辺や左辺に置くことができるのです。

●printについて

ここでは、printというもので値を表示しています。このprintは「関数」と呼ばれるものです。関数については後で説明するので、今は「printの後に()で値を付けると、それを表示するんだ」ということだけ覚えておきましょう。

値の変換について

このサンプルでは値を表示する際に、変数xとテキストをつなげてテキストを表示しています。例えば、以下の部分がそうです。

```
print(str(x) + "は、偶数です。")
```

これは、実はとても重要なものです。単純に値をつなげて表示するなら、このようにしてもいいはずですね。

```
print(x + "は、偶数です。")
```

ですが、これは動きません。このようにすると、TypeErrorというエラーが発生します。なぜなら、変数xは整数ですから、＋記号でテキストと演算することはできないからです。

＋記号は数値ならば足し算をし、テキストならば1つにつなげます。これらは、「両方の値が同じ種類である」というのが基本です。片方が数字で片方がテキストだと、「これは数字を足し算するの？　テキストをつなげるの？」とわからなくなってしまいます。

このような場合、値を別の種類の値として取り出して演算を行うのです。さまざまなやり方があるのですが、とりあえず整数とテキストの変換だけ覚えておきましょう。

▼値を整数にする

```
int( 値 )
```

▼値をテキストにする

```
str( 値 )
```

Pythonでは、こんな具合に値を別の種類の値に変換することで、演算などがうまくいくことがよくあります。

この2つの変換の方法だけ、ここで頭に入れておきましょう。

繰り返しの基本「while」

さて、もう1つの制御構文である「繰り返し」は、複数の構文が用意されています。その中で、もっとも基本となるのは「while」という構文です。if構文と同様に、「条件をチェックして処理を実行する」というものです。

▼while構文の基本形(1)

```
while 条件 :
    繰り返す処理……
```

▼while構文の基本形(2)

```
while 条件 :
    繰り返す処理……
else:
    繰り返し終了時の処理……
```

どちらの書き方も、まずwhileというキーワードを使った文があり、その下に実行部分があります。実行部分は、上のwhileの文より右にインデントして記述します。

while構文は、その後に条件を用意し、この条件がTrueの場合はその後にある処理を実行します。実行後、再びwhileに戻って条件をチェックし、Trueならば処理を実行する。そしてまたwhileに戻り……という具合に、whileの条件がTrueである間はひたすらその後の処理を実行し続けます。

そして、条件の値がFalseになったら構文を抜けます。このとき、else:部分が用意されている場合は、構文を抜ける前にその処理を実行します。

whileの利用例

では、このwhileも簡単な利用例を挙げておきましょう。数字の合計を計算するサンプルです。

▼リストA-2

```
x = 100
n= 1
total = 0
while n <= x:
    total += n
    n += 1
print(str(x) + 'までの合計は、' + str(total) + 'です。')
```

実行すると、「100までの合計は、5050です。」と表示されます。ここではwhile n <= xというようにして、変数nの値がxと等しいか小さい間、繰り返しを続けます。繰り返し部分では変数totalにnの値を足し、それからnの値を1増やします。

こうして繰り返すごとにnの値を増やしていき、やがてxより大きくなったら構文を抜け出す、というわけです。

なお、繰り返しにはもう1つ「for」というものもありますが、これはもう少し後になって説明することにします。

構文とインデントに注意しよう

これで、分岐と繰り返しというもっとも基本的な構文を覚えました。これらの構文は、まず構文の基本的な設定をまとめた文があり、その後に実行する処理の部分があります。

```
構文 :
    実行する処理……
```

このような形ですね。ここで重要なのは、「構文の中で実行する処理は、すべてその構文より右にインデントされていないといけない」という点です。

例えば、先ほどのサンプルの一部をピックアップしてみましょう。

```
while n <= x: #(1)
    total += n #(2)
    n += 1 #(3)
print(str(x) + 'までの合計は、' + str(total) + 'です。')
```

こんな部分がありましたね。(1)の文がwhile構文の文であり、その後の(2)と(3)はwhile構文の中で実行される部品です。どちらも、(1)より右に同じ幅だけインデントされていることがわかります。

その後のprint ～の文は、whileと同じ位置に戻っています。これで、このprintがwhile構文から抜けた後にあることがわかります。

このように、Pythonでは「構文に入ったら右にインデントし、構文を抜けたら元の位置にインデントを戻す」という形で記述します。インデントの位置によって、それがどの構文の中にあるかがわかるようになっているのです。

Pythonのスクリプトを読むときは、文のインデントの位置をよく確認しながら、「この構文はどこからどこまでを実行するものか」を常に意識しながら読んでいく習慣をつけましょう。

Appendix A.2. たくさんの値をまとめて扱う

リストについて

Pythonには、多数の値をまとめて扱うための仕組みがいくつか用意されています。次は、これらの機能について説明をしましょう。

まず最初に取り上げるのは、「リスト」です。リストは、複数の値を扱う基本と言っていいものでしょう。以下のように値を作成します。

▼リストの基本形

```
変数 = [ 値1, 値2, …… ]
変数 = list( 値1, 値2, ……)
```

どちらの書き方も、値をカンマで区切って記述します。これで、変数にそれらの値をひとまとめに扱うリストが代入されます。

保管される値のやり取り

リストは、それぞれの値に「インデックス」と呼ばれるゼロから始まる通し番号を割り振って管理しています。リストに保管されている値をやり取りする際には、このインデックス番号を使います。

▼リストの値を取り出す

```
変数 = リスト [ 番号 ]
```

▼リストの値を変更する

```
リスト [ 番号 ] = 値
```

リストは、[]という記号にインデックスの番号を用意して値を特定します。注意してほしいのは、「値がない番号を指定するとエラーになる」という点です。

例えば、3つの値が保管されているインデックス番号は0～2です。[3]というように指定をするとエラーになります。

では、簡単な利用例を挙げておきましょう。

▼リストA-3

```
arr = [100, 200, 0]
arr[2] = arr[0] + arr[1]
print(arr)
```

これを実行すると、[100, 200, 300]と表示されます。変数arrに保管されるリストから、インデックス0と1の値を足してインデックス2に代入をしています。こんな具合に、リストから必要に応じて値を取り出したり変更したりできます。

書き換え不可な「タプル」

リストに似たものに、「タプル」というものもあります。以下のように作成します。

▼タプルの作成

```
変数 = ( 値1, 値2, …… )
```

▼タプルの値を取り出す

```
変数 = タプル [ 番号 ]
```

これは、「値の書き換えができないリスト」です。リストと同様に、[]を使ってインデックス番号を指定して値を取り出せます。が、変更はできません。

Pythonには値を多数扱う特別な値がいくつかありますが、それらは「値を書き換えできるもの」と「書き換えできないもの」に分かれています。リストは「できる」ものの代表であり、タプルは「できない」ものの代表と言っていいでしょう。

数列を作成する「レンジ」

Pythonでは、一定間隔で値を用意する「数列」を扱うためのものもあります。それが「レンジ」です。レンジは、一定の数列をリストやタプルのようにまとめて扱います。

▼ゼロから指定した値の手前までのレンジ

```
変数 = range( 終了値 )
```

▼例

```
range(10)
```

⬇

```
[0, 1, 2, 3, 4, 5, 6, 7, 8, 9]
```

▼指定した値から指定した値の手前までのレンジ

```
変数 = range( 開始値 , 終了値 )
```

▼例

```
range(5, 10)
```

⬇

```
[5, 6, 7, 8, 9]
```

▼指定した範囲から一定間隔で取得するレンジ

```
変数 = range( 開始値 , 終了値 , 間隔 )
```

▼例

```
range(10, 50, 5)
```

⬇

```
[10, 15, 20, 25, 30, 35, 40, 45]
```

レンジは、一定範囲の数列を扱うものです。この後で触れる、forという繰り返し構文で一番多用するでしょう。

このレンジもタプルと同じく、「書き換え不可なリスト」です。[]で番号を指定して値を取り出すことができますが、レンジは次に説明する「繰り返し」で利用することが多いので、[]で個々の値を利用することはあまりないでしょう。

リスト専用の繰り返し「for」

リストやタプル、レンジといったものは、多数の値を保管しています。それら「保管するすべての値を順に取り出して処理を行う」という場合のために、Pythonでは専用の繰り返し構文が用意されています。

▼for構文の基本形(1)

```
for 変数 in 値 :
    繰り返す処理……
```

▼for構文の基本形(2)

```
for 変数 in 値 :
    繰り返す処理……
else:
    繰り返し終了時の処理
```

この「変数 in 値」の「値」部分にリストやタプル、レンジを指定します。すると、それらの中から順に値を取り出し、変数に代入して処理を実行します。

これを利用すると、例えば数字の合計なども簡単に計算することができます。

▼リストA-4

```
x = 100
n = 0
total = 0
for n in range(1, x + 1):
    total += n
print(str(x) + 'までの合計は、' + str(total) + 'です。')
```

これで、「100までの合計は、5050です。」と合計結果が表示されます。ここでは、for n in range(1, x + 1):というように繰り返しを用意していますね。rangeにより、1～xまでの数列が作られます。そこから順に値を取り出し、それを変数totalに加算しているのです。

インデックスの応用

リスト・タプル・レンジは、いずれも特定の値をインデックスで取り出すことができます。このインデックスは、[]という記号を使って指定します。特定の要素の番号を指定するだけでなく、範囲を指定することもできます。

▼指定範囲の値を得る

```
変数 = リスト [ 開始値 : 終了値 ]
```

これで、インデックス番号で指定された範囲の値を取り出すことができます。例えば[2:5]とすれば、2～5のインデックス番号の要素を新しいリストとして取り出します。

また、インデックス番号はゼロから順に割り振られますが、「マイナスの値」を使うこともできます。

マイナス値は、「最後から数えたインデックス番号」です。例えば[-1]とすれば、一番最後の値を取り出せますし、[-5]とすれば、「最後から５番目の値」が取り出せます。また、数字を省略するとゼロと判断されます。

ですから、例えば[:-1]とすれば、一番最後の項目を除いたすべてを取り出せます。いろいろな応用ができる書き方ですね。

集合を扱う「セット」

ここまでのリスト・タプル・レンジは、すべてインデックス番号を使って値を管理していました。が、Pythonには多数の値を扱うのにインデックスを使わないものもあります。その１つが、「セット」です。

▼セットの作成

```
変数 = { 値１, 値２, ……}
変数 = set( [値１, 値２, ……] )
```

このセットは、「数の集合」としての働きをするものです。インデックスがないため、保管される値を個々に取り出したりはできません。できるのは、「セットの中に値があるかないか」を調べることぐらいです。

このセットは、プログラミングビギナーのうちはあまり使うことはないでしょう。本書でもまったく使っていませんので、当分は「そういう機能があるらしい」という程度に知っていれば十分です。

キーで値を管理する「辞書」

インデックスではなく、「名前」を使って値を管理するものもあります。それが「辞書」です。辞書は、「キーワード」と呼ばれる名前を付けて値を管理します。

▼辞書を作成する

```
変数 = { キー１:値１, キー２:値２, …… }
dict ( キー１ = 値１ , キー２ = 値２ , ……)
```

▼辞書の値の操作

```
変数 = 辞書 [ キー ]
辞書 [ キー ] = 値
```

辞書も[]記号で値を指定しますが、数字ではなく、キーワードを記述します。例えばx['a']とすれば、辞書xの中にある'a'というキーワードの値を取り出す、という具合です。

では、利用例を挙げておきましょう。

▼リストA-5

```
dic = {'taro':'taro@yamada',
    'hanako':'hanako@flower',
    'ichiro':'ichiro@baseball'}
for n in dic:
    print(n + ', ' + dic[n])
```

これを実行すると、変数dicの内容を表示します。以下のようなテキストが出力されるでしょう。

```
taro, taro@yamada
hanako, hanako@flower
ichiro, ichiro@baseball
```

ここでは、for n in dic:というようにして繰り返し処理をしています。変数dicから順に項目を取り出し変数nに代入していますね。これは普通のリストと同じです。ただし！　決定的に違うのは「取り出されるのは保管される値ではなく、キーワードである」という点です。

リストやタプルでは、forで取り出されるのは保管されている値でした。しかし辞書の場合、得られるのはキーワードです。取り出したキーワードを使い、あらためて辞書から値を取り出すことになります。この違いをよく頭に入れておきましょう。

Appendix A.3. 関数を使おう

関数を定義する

ここまでのサンプルは、基本的にすべて「順に処理を実行していく」というものでした。制御構文で分岐したり繰り返したりすることはあっても、「書かれているものを順番通りに実行していく」という点に大きな違いはありません。

しかし、このやり方では面倒なこともあります。例えば、「同じ処理を何度も実行する」ような場合です。こんなとき、まったく同じ処理をスクリプトの中で何回も書いて実行しないといけません。これは面倒ですね。

何度も行うような処理は、それだけをメインのスクリプトから切り離し、いつでも利用できるようになっていればとても便利ですね。こういう「メイン処理から切り離して呼び出せるようにしたもの」が、「関数」です。

関数は、以下のように定義をします。

▼関数の定義

```
def 関数名 ( 引数1, 引数2, …… ):
        ……実行する処理……
```

関数は、defの後に名前を付けて定義します。その後にある()は、「引数」と呼ばれるものを用意するためのものです。

引数は、関数を呼び出すときに必要な値を渡すのに使います。必要なければ省略できますが、その場合も()は記述する必要があります。

関数で実行する処理は、def ～の行よりも右にインデントした位置で記述をします。これは忘れないようにしましょう。

関数を作成する

では、実際に関数を利用した例を挙げておきましょう。ごく簡単なメッセージを表示するサンプルを考えてみます。

▼リストA-6

```
def tax(p):
  price = p * 1.08
  print(str(p) + '円の税込金額は、' +str(price) + '円です。')

tax(1000)
tax(12345)
```

金額を引数にして呼び出すと、税込価格を計算する関数taxを用意し利用しています。実行すると、こんなテキストが出力されます。

```
1000の税込金額は、1080.0円です。
12345の税込金額は、13332.6円です
```

ここでは、def tax(p):というように関数を定義しています。そしてこれは、tax(1000)というように呼び出しています。この()に書いた引数1000がtax関数の引数pに渡され、そこにある処理が実行された、というわけです。

こんな具合に、関数を定義するといつでも必要なときにそれを呼び出し、処理を実行させることができるようになります。

結果を返す関数

関数は処理を実行するというだけでなく、「処理した結果を返す」という使い方もします。例えば、先ほどの消費税計算の関数は、実行すると結果を表示するより、「計算した結果を返す」というほうが汎用性の高いものになりそうですね。

こうした結果を返す関数を作る場合、「return」というものを使います。

▼関数の定義

```
def 関数名 ( 引数1, 引数2, …… ):
    ……実行する処理……
    return 値
```

このreturnは、関数などから抜けて処理を戻す働きをするものです。この後に値を用意しておくと、その値を呼び出した側に送り返します。

戻り値を使ってみる

戻り値を使った例を挙げておきましょう。先ほどのサンプルを、戻り値利用の形に書き直してみます。

▼リストA-7

```
def tax(p):
  return p * 1.08

p = tax(12300)
print('12300円の税込金額は、' +str(p) + '円です。')
```

実行すると、「12300円の税込金額は、13284.0円です。」といったメッセージが出力されます。ここではp = tax(12300)というようにして、tax関数の値を変数pに代入していますね。こうすることでtaxから返された値を受け取り、処理することができます。

値を返す関数は、このように「値そのもの」として扱うことができます。例えば、数字を返す関数taxは数値として変数に代入したり、式に使ったりできるのです。

キーワード引数について

引数は必要な値を渡すものですが、引数の数が増えたりすると、どれがどういう役割の値なのかわかりにくくなります。このようなとき、引数にキーワード（名前）を付けて使えるようにすることができます。

▼関数の定義(3)

```
def 関数 ( キー1=初期値1 , キー2=初期値2 , ……):
      実行する処理……
```

引数に「キー＝初期値」と記述すると、そのキーを使って引数を指定できるようになります。また、初期値を設定できるため、値を省略できるようになります。

キーワード引数を使ってみる

では、これも利用例を挙げておきます。先ほどのサンプルを、キーワード引数を使って書き直します。

▼リストA-8

```
def tax(p, tax=0.08):
  return p * (1.0 + tax)

p = tax(123400)
print('123400円の税込金額は、' +str(p) + '円です。')
p = tax(123400, tax=0.1)
print('123400円の税込金額は、' +str(p) + '円です。')
```

ここでは税率の値を、taxというキーワード引数として指定できるようにしました。関数の呼び出しと結果がどうなっているのか見比べてみましょう。

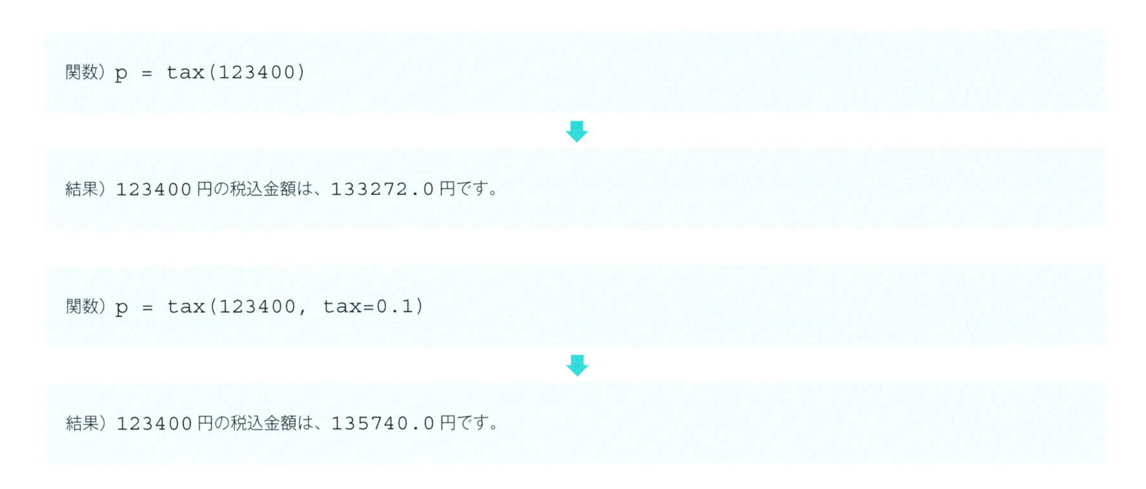

taxを省略すると8%税率として計算し、tax=0.1と付けておくと10%税率で計算するようになります。こんな具合に、「不要なら省略していい」という引数が用意できるようになります。

Appendix

A.4.

クラスの利用

クラスは「設計図」

プログラムが複雑になってくると、どうやって大量のスクリプトをきれいに整理し、扱えるようにするかが重要になってきます。

多くのプログラミング言語では「ある機能に必要な処理やデータを、すべてひとまとめにして扱えるようにする」という機能を実装しています。それは「クラス」と呼ばれるもので、Pythonにも用意されています。

クラスは、「処理とデータ」をひとまとめにして扱えるようにしたものです。処理とは「関数」、データとは「変数」のことだと考えていいでしょう（ただし、後述しますがクラスに組み込まれた関数は「メソッド」と呼ばれます）。

データと処理をひとまとめにできれば、その機能を使う上で必要なものをすべて揃えることができます。例えば「ウインドウのクラス」なら、ウインドウに関するデータ（位置や大きさなど）、ウインドウを操作する機能（移動やリサイズなど）が、すべてその中に用意できます。

ウインドウを利用する上で必要なものがすべてクラスの中にあり、そのクラスさえあればどこでもウインドウを使えるようになります。

クラスは、このような「独立して扱えるプログラムのかたまり」としての性質を持ちます。この独立性が、クラスの特徴と言えるでしょう。

クラスの定義

クラスは関数と同様に、あらかじめ定義したものを利用します。クラスの定義の基本は、以下のようになります。

▼クラスの定義

```
class クラス名:
    変数
    ……必要なだけ変数を用意……

    def メソッド (self, 引数 ):
        ……メソッドの処理……

    ……必要なだけメソッドを用意……
```

class クラス名:の後に、インデントを付けて変数やメソッドの定義を書いていきます。このように、クラスの中に組み込む変数やメソッドは、必ずclass ～より1つ右にインデントした位置で記述をします。またメソッドの実行内容は、def ～よりさらに1つ右にインデントした位置で記述をします。

クラスには、変数と関数を用意しておくことができますが、関数は「メソッド」と呼ばれます。このメソッドの特徴は、「第1引数に、必ずselfを用意する」という点です。後で説明しますが、これは、クラスを利用するのに作られたオブジェクト（「インスタンス」と呼ばれるものです）が渡されます。Pythonのシステムで自動的に設定するものですので、必ず用意してください。第1引数（self）がないと、メソッドとして認識されません。

クラスを作ろう

では、クラスを作って利用する簡単なサンプルを作ってみましょう。例として、「Book」というクラスを用意し、使ってみます。

▼リストA-9

```
class Book:
  title = ''
  author = ''
  price = 0

  def print(self):
    print('"' + self.title + '" by ' + self.author + '.(' + str(self.price) + '円)')

b1 = Book()
b1.title = 'Pythonista3入門'
b1.author = 'Python-Taro'
b1.price = 3500
b1.print()
```

ここでは、Bookを使って簡単なデータを表示しています。実行すると、以下のようなテキストが出力されます。

```
"Pythonista3入門" by Python-Taro.(3500円)
```

これは、Bookのprintというメソッドで出力されたものです。ちゃんとBookクラスが機能していることが確認できました。では、内容を見ていきましょう。

selfの働き

ここでは、class Book:というようにしてクラスの定義を行っています。その直後には、title、author、priceといった変数が並んでいます。そしてその後に、def print(self):というようにしてprintメソッドが定義されています。

printメソッドで実行している文を見てみましょう。print関数を使って、保管している値をテキストにまとめて出力しているだけですが、よく見ると、title、auther、priceの値を利用するのに、「self.title」「self.author」「self.price」といった書き方をしています。

保管されている変数の値を取り出すときは、「self.○○」というように、必ずselfの後にドットを付けて変数を記述する、という形になります。これは、「selfの中にある○○変数」を意味しています。このようにクラスに保管している変数の値は、selfの中から取り出すのです。

では、このselfというのは一体何でしょうか。これは、「インスタンス」というものなのです。

クラスとインスタンス

インスタンスは、クラスをメモリに読み込んで実際に操作できるようにしたものです。

クラスは、「設計図」に相当するものです。それ自体を操作することはありません（そういう使い方をするクラスも作れますが、普通はそうしません）。クラスを利用する場合は、それをメモリ内にコピーし、インスタンスというものを作って利用します。

ちょっと面倒くさいように思うかもしれませんが、そうすることで、クラスのコピーをいくらでも作って利用できるようになります。例えばウインドウのクラスを作ったら、必要に応じていくらでもインスタンスを作成し、たくさんのウインドウを表示させることができます。もし「クラスをそのまま動かす」となっていたら、複数のウインドウを表示するためには複数のクラスを作らないといけません。こっちのほうがはるかに面倒ですね。

この、「今、動いているインスタンス自身」を示すのが、selfだったのです。インスタンスはいくつも作ることができます。ですから、メソッドで内部の値を利用するときは、「今、このメソッドが動いているインスタンス自身の中に保管してある変数」を取り出さないといけません。そこで、クラスのメソッドにはすべて「self」を用意し、インスタンス自身の変数やメソッドを簡単に取り出せるようにしているのです。

インスタンスの使い方

では、このインスタンスはどのように作って利用すればいいのでしょうか。先ほどのサンプルで、インスタンスを利用している部分を見てみましょう。

▼インスタンスの作成

```
b1 = Book()
```

まず最初に、クラスからインスタンスを作成します。これは、クラス名の後に()を付けて実行するだけです。クラスを関数と同じような感覚で呼び出せばいいのです。

▼インスタンス変数の設定

```
b1.title = 'Pythonista3 入門'
b1.author = 'Python-Taro'
b1.price = 3500
```

作成したインスタンスの変数に値を設定しています。インスタンスの変数は、インスタンスが代入されている変数の後にドットを付け、変数名を記述します。このようにして、インスタンス変数は自由に利用できるのです。

▼メソッドの実行

```
b1.print()
```

メソッドの実行も変数と同じで、インスタンスが代入されている変数の後にドットを付け、呼び出すメソッドを記述します。これで、そのインスタンス内のメソッドが呼び出されます。

コンストラクタについて

実際使ってみて、どう感じましたか？「インスタンスを作るのは思った以上に面倒くさい」と感じたかもしれません。インスタンスを作り、用意されている変数に１つ１つ値を代入し、ようやくメソッドが呼び出せる。確かに面倒くさいですね？

それもこれも、１つ１つのインスタンス変数に値を設定していかないといけないからです。でもインスタンスを作るときに、必要な値をすべて引数にして渡すことができれば、ずっと簡単にインスタンスが使えるようになりますね。

これは、「コンストラクタ」と呼ばれる特殊なメソッドを用意することで実現できます。以下のような形をしています。

▼コンストラクタの定義

```
def __init__(self, 引数……):
    初期化処理……
```

コンストラクタは、「__init__」という名前のメソッドです。このメソッドをクラスに定義すると、インスタンスを作成する際に、このメソッドが自動的に呼び出され実行されます。引数を用意しておいて、その引数を変数に代入するような処理を記述しておけば、「必要な値を引数に渡してインスタンス生成」ができるようになるのです。

Bookクラスにコンストラクタを追加

では、先ほどのBookクラスを使ったサンプルを、コンストラクタ利用の形に書き直してみましょう。

▼リストA-10

```
class Book:
  title = ''
  author = ''
  price = 0

  def __init__(self, t, a, p):
    super().__init__()
    self.title = t
    self.author = a
    self.price = p

  def print(self):
    print('"' + self.title + '" by ' + self.author + '.(' + str(self.price) + '円)')

b1 = Book('Pythonista3 入門', 'Python-Taro', 3500)
b1.print()
```

コンストラクタ利用のポイント

先ほどとまったく同じことを行っています。今度はクラスの定義部分が少し長くなっていますね。その代わり、インスタンスを作って利用する部分はずいぶんと簡単になっています。

```
b1 = Book('Pythonista3 入門', 'Python-Taro', 3500)
b1.print()
```

たったこれだけです！　ここではタイトル、作者、価格の、3つの値を引数に指定してインスタンスを作成しています。これなら、インスタンスを作って利用するのもぐっと簡単になりますね。
コンストラクタを見てみると、こんなことをしています。

▼コンストラクタの定義

```
  def __init__(self, t, a, p):
```

コンストラクタの定義では、t, a, pという3つの引数を用意してあります。先ほど、インスタンスを作るのに3つの引数を記述していましたね。それらが、このt, a, pに渡されます。

▼基底クラスの__init__呼び出し

```
    super().__init__()
```

これは、クラスの元になっているクラスのコンストラクタを呼び出す処理です。この後の「継承」について説明したあとで、改めて触れます。今は、「コンストラクタで最初に書くおまじない」とでも思っていてください。

▼引数を変数に代入

```
    self.title = t
    self.author = a
    self.price = p
```

引数に渡された値をそれぞれインスタンス変数に代入しています。これで、コンストラクタの処理は完了です。思ったよりも難しくはないでしょう？

継承について

クラスを利用する最大の利点は、「再利用しやすい」ということでしょう。クラスを定義しておけば、これをコピー＆ペーストして他のスクリプトでも利用できるようになります。

それだけでなく、クラスには「再利用をしやすくする仕組み」が用意されているのです。それが、「継承」です。

継承は、既にあるクラスの機能をすべて受け継いで新しいクラスを定義する機能です。継承元のクラスにある変数やメソッドは、すべて新しいクラスで使えるようになります。新しいクラスでは、ただ「新たに追加したい機能」だけを用意すればいいのです。こうして、既にあるクラスをさらにパワーアップしたクラスを簡単に作れます。

この継承を利用したクラス定義は、以下のような形で行います。

▼クラスの定義

```
def クラス名 ( 基底クラス名 ):
    ……クラスの内容……
```

クラス名の後に、()で継承するクラスを記述します。この、継承する元になるクラスを「基底クラス」、新しく作ったクラスを「派生クラス」と言います。()に基底クラスを指定することで、基底クラスにある全機能が使えるようになります。

それ以外の点は、継承を使っても使わなくともまったく同じです。変数やメソッドの定義は、何ら変わるところはありません。ただ、「そのクラスにない変数やメソッドも、（基底クラスにあれば）使えるようになる」という違いがあるだけです。

継承を利用する

では、継承を利用してクラスを作ってみましょう。前回のサンプルで作成したBookを継承し、新たにComicBookというクラスを作ってみます。

▼リストA-11

```
class Book:
  ……前回と同じなので省略……

class ComicBook(Book):
  artist = None
  original = None

  def __init__(self, t, a, p, artist=None, original=None):
    super().__init__(t, a, p)
    self.artist = artist
    self.original = original

  def print(self):
    print('"' + self.title + '" (' + str(self.price) + '円)')
    print('\t作者:' + self.author)
    print('\t原作:' + self.original)
    print('\t画  :' + self.artist)


b1 = Book('Pythonista3入門', 'Python-Taro', 3500)
b1.print()
print()
b2 = ComicBook('the·パイソン', 'パイソン太郎', 800, original='Pythonへの道', artist='パイソン太郎')
b2.print()
```

ここではBookインスタンスと、ComicBookインスタンスをそれぞれ作成して利用しています。実行すると、以下のように出力されるでしょう。

```
"Pythonista3入門" by Python-Taro.(3500円)

"the·パイソン" (800円)
        作者:パイソン太郎
        原作:Pythonへの道
        画  :パイソン太郎
```

最初の行がBookによる出力で、2行目以降がComicBookによる出力です。ComicBookのほうが、情報量も出力のスタイルもパワーアップしているのがわかりますね。

ComicBookのポイントをチェック

新たに定義したComicBookがどのようになっているのか、見ていくことにしましょう。

▼クラスの定義

```
class ComicBook(Book):
  artist = None
  original = None
```

最初のクラス定義部分では、Bookを継承しているのがわかりますね。そして、新たにartistとoriginalという変数を追加しています。既にBookにある変数がそのまま使えるため、改めて用意する必要はありません。

▼コンストラクタ

```
  def __init__(self, t, a, p, artist=None, original=None):
```

今回のコンストラクタでは、t, a, pの3つの引数に加えて、新たに追加した変数のためのキーワード引数(artistとoriginal)を追加してあります。

▼基底クラスのコンストラクタ呼び出し

```
    super().__init__(t, a, p)
```

コンストラクタの最初にこの文がありますね。この「super」というものは、基底クラスのインスタンスを得る特別なキーワードです。

このComicBookはBookを継承しています。ということは、ComicBookのインスタンスの背後には、その基底クラスであるBookクラスのインスタンスがあって、そこにBookインスタンスの変数などが揃えられている、と考えることができます。

この「基底クラスのインスタンス」を示すのが、superです。super().__init__とすることで、基底クラスの__init__メソッドを呼び出しているのです。基底クラスであるBookの__init__は3つの引数が用意されていましたから、ここでは__init__(t, a, p)というように、必要な値を引数に渡して__init__を呼び出しています。

この基底クラスの__init__で、t, a, pの各値はtitle, author, priceの各変数に代入されます。ですから、後は新たに追加したキーワード引数の処理だけ用意すればいいのです。

```
    self.artist = artist
    self.original = original
```

▼printメソッド

```
def print(self):
  print('"' + self.title + '" (' + str(self.price) + '円)')
  print('\t作者：' + self.author)
  print('\t原作：' + self.original)
  print('\t画　：' + self.artist)
```

printメソッドを新たに定義しています。全部で5つの変数を組み合わせて表示を行っています。Bookにある変数も、ComicBookにある変数も、まったく同じように扱っていることがわかるでしょう。

オーバーライドについて

ここでは、ComicBookでprintメソッドを定義していますね。このprintはBookクラスにもありました。まったく同じメソッドを、派生クラスのComicBookでも定義しているのです。

このようにすると、ComicBookインスタンスのprintが呼び出されると、ComicBookにあるprintがまず実行されるようになります。基底クラスのBookにあるprintは使われなくなるのです。

このように、基底クラスにあるメソッドとまったく同じものを派生クラスに用意することで基底クラスのメソッドを上書きし、使われないようにすることを「オーバーライド」といいます。オーバーライドを使うことで、基底クラスにあるメソッドの内容を新しいものに置き換えることができるようになります。

後は、どうする?

これで、Python文法の超入門はおしまいです。「値と変数」「制御構文」「リスト」「関数」「クラス」、これらがひと通り理解できれば、Pythonの基本的なスクリプトは理解できるようになるはずです。

といっても、もちろん「あらゆるPythonのスクリプトがスラスラ理解できるようになる」というわけではありませんよ、念のため。

Pythonには、さまざまな機能が組み込まれています。標準で多数のモジュールが用意されていますし、それ以外にも多くのモジュールが流通し自由に使えるようになっています。多くのスクリプトはそれらを駆使して書かれていますから、モジュールの使い方がわかっていないとスクリプトは理解できないでしょう。

ここでの説明は、あくまで「本書のスクリプトを読む上で最低限必要なこと」をまとめたに過ぎません。もし、本気でPythonを使おうと思うなら、きちんとしたPythonの入門書を別途購入してキッチリ学習してくださいね。

「それより、早くPythonista3を使ってみたい！」という人は、これより本編の続きに戻って読み進めていきましょう。

Index

掌田津耶乃（しょうだ つやの）

日本初のMac専門月刊誌「Mac+」の頃から主にMac系雑誌に寄稿する。ハイパーカードの登場により「ビギナーのためのプログラミング」に開眼。以後、Mac、Windows、Web、Android、iPhoneとあらゆるプラットフォームのプログラミングビギナーに向けた書籍を執筆し続ける。

最近の著作本：

「Pythonフレームワーク Flaskで学ぶWebアプリケーションのしくみとつくり方」（ソシム）
「PHPフレームワーク Laravel実践開発」（秀和システム）
「見てわかるUnity2019 C#スクリプト超入門」（秀和システム）
「Angular超入門」（秀和システム）
「サーバーレス開発プラットフォーム Firebase入門」（秀和システム）
「これからはじめる人のプログラミング言語の選び方」（秀和システム）
「React.js & Next.js超入門」（秀和システム）

著書一覧：

http://www.amazon.co.jp/-/e/B004L5AED8/

筆者運営のWebサイト：

https://www.tuyano.com

ご意見・ご感想の送り先：

syoda@tuyano.com

本書のサポートサイト：

http://www.rutles.net/download/498/index.html

装丁　米谷テツヤ
編集　うすや

Pythonではじめる iOSプログラミング　iOS+Pythonで数値処理からGUI、ゲーム、iOS機能拡張まで

2019年10月31日　初版第1刷発行
2021年 4 月15日　初版第2刷発行

著　者　掌田津耶乃
発行者　黒田庸夫
発行所　株式会社ラトルズ
〒115-0055　東京都北区赤羽西4-52-6
電話 03-5901-0220　FAX 03-5901-0221
http://www.rutles.net

印刷・製本　株式会社ルナテック

ISBN978-4-89977-498-3　